窑变天目釉建盏

工艺黑瓷品茗杯

手绘青花白瓷品茗杯

珐琅彩品茗杯

白瓷品茗杯

直身玻璃杯

青花瓷茶荷

玻璃公道杯

无把公道杯

飞天把公道杯

侧握把公道杯

粉彩盖碗

青花瓷盖碗

手绘陶瓷盖碗

珐琅彩盖碗

玻璃盖碗

飘逸杯

玻璃茶壶

石瓢紫砂壶

紫砂壶

三羊开泰手抓壶

朱泥紫砂壶

紫泥紫砂壶

段泥紫砂壶

青瓷茶具套组

青花瓷茶壶套组

创意茶器套组

珐琅彩茶器套组

手绘白瓷品茗杯

手绘粉彩品茗杯

开片青瓷品茗杯

青花瓷茶壶

青瓷茶壶

握把壶

吉林省职业教育『十四五』规划教材

茶艺与茶文化

第3版

潘素华 李柏莹——主编

新形态一体化教材

知行并重 提升品位 理实一体

资源丰富 课证结合 拓展就业

数字资源总码

旅游教育出版社

·北京·

视频学习资源使用指南

微课堂视频资源介绍

本列表列示出各微课堂视频资源在本教材中的页码及对应二维码，读者扫码识别后可使用免费资源。

微课堂视频资源列表

视频名称（教材页码）	对应二维码	视频名称（教材页码）	对应二维码	视频名称（教材页码）	对应二维码
茶与儒家（31）		茶与道家（35）		茶与佛家（39）	
英式下午茶礼仪（51）		茶树（60）		茶叶的分类（70）	
永葆青春的绿茶（73）		黄茶问答（77）		本真质朴的白茶功效（79）	
茗品宝库武夷茶（82）		名扬四海的红茶（84）		古韵悠悠的普洱（97）	
茶与健康（100）		一花一世界（109）		花草茶（111）	
茶叶的品鉴（125）		行茶的基本礼仪（150）		茶具的基本礼仪（156）	
温杯洁具（158）		泡茶的基本礼仪（170）		绿茶的冲泡（176）	
红茶清饮壶泡法（181）		紫砂壶冲泡乌龙茶（187）		冲泡普洱生茶（202）	

续表

视频名称（教材页码）	对应二维码	视频名称（教材页码）	对应二维码	视频名称（教材页码）	对应二维码
点茶（203）		西湖龙井茶艺表演（228）		碧螺春茶艺表演（230）	
君山银针茶艺表演（232）		白毫银针茶艺表演（233）		正山小种茶艺表演（235）	
大红袍茶艺表演（236）		安溪铁观音茶艺表演（239）		安化黑茶茶艺表演（240）	
普洱熟茶茶艺表演（241）		茉莉花茶茶艺表演（244）			

在线课程

本课程为国家在线精品课程、吉林省一流核心课程，已上线智慧树教学平台（http://b2cpnsh.zhihuishu.com），线上课程名为“茶文化与茶艺”。在线课程由智慧树制作完成。用户使用中的问题由智慧树提供帮助支持。

跟随名师学习在线课程，结合本教材，高效组织课堂教学与项目实训。

课程设计原则

1. 茶叶冲泡与文化结合，普及基础知识，讲授传统茶文化。

2. 线上教学与线下实训相结合，培养学生的实践能力和对茶的鉴赏能力。

3. 茶学领域优秀专业教师根据教学大纲授课，与教学进度一致。

课程目标

通过该课程的学习，使学生了解茶作为一种文化现象在中国的形成、发展及传播，了解中国茶道与中国传统文化的结合，掌握茶树栽培、茶叶加工与分类等茶学基础知识，学会茶叶冲泡等茶艺基本技能，提高艺术欣赏水平，并懂得一些关于茶叶的识别、保管、品评知识，受到茶文化熏陶，提升学生艺术品位的层次，引导学生追求高层次的生活情趣和精神享受。

前　言

茶叶一片含千古文化，香茗一壶容万载风流。中国是茶的故乡。中华茶文化根植于中华文化，博大精深，为中华民族之国粹。中华茶文化是我国传统饮茶风俗习惯和品茗技艺的结晶，具有东方文化的深厚意蕴。茶滋润了中国人几千年，一直有"国饮"之誉。古人云："文人七件宝，琴棋书画诗酒茶。"喝茶作为一件雅事，自古以来被视为文人墨客的专利。同样饮茶在我国也是一件俗事，君不见，开门七件事："柴米油盐酱醋茶。"中国人爱喝茶，是因为喝茶有益，喝茶有礼，喝茶有道。人们通过茶事活动可以增长知识、修身养性。因此，茶艺师这个职业越来越受社会上的欢迎。为适应社会的需要，同时也是为了更好地传承中华茶文化，我们编写了这本教材。

本教材主要用于中职、高职及本科院校的通识课程，也可用于酒店管理类、茶艺与茶文化类的专业课程教学。同时，也适合用于社会酒店、餐厅、茶馆、茶楼、茶城等相应岗位的职业培训。它是一本理实一体的教材。

本教材具有以下亮点：

第一，知行并重，提升品位。

本教材编写以服务项目化教学为主，理论阐述与实践相结合，注重知识传授的同时兼顾学生的操作技能。力求做到向学生传播普及性的茶学知识，帮助学生树立民族文化自豪感，继承和弘扬中华茶文化，提升学生的艺术品位，引导学生追求高层次的生活情趣和精神享受。

第二，生动形象，资源丰富。

教材的内容安排中将各种与茶有关的图片、视频、典故、链接、微课等教学资源有机地编写入教材体系，丰富了教材内容，强化了教学效果。

第三，课证结合，拓展就业。

依据国家茶艺师职业技能标准，将本课程与职业资格证考评相结合，适应社会需求，提高学生职业技能，拓展就业空间。

本教材第一主编由吉林省经济管理干部学院潘素华教授担任，第二主编由吉林省经济管理干部学院李柏莹老师担任。全书共八个项目，潘素华老师负责项目四、项目五、项目六、项目七的编写，并负责大纲与框架的构建及教材的统稿工作；李柏莹老师负责项目一、项目二、项目三、项目八的编写；李娌负责最后统稿工作。

本书第2版于2024年5月被评选为吉林省职业教育“十四五”规划教材，与之配套的网络课程“茶文化与茶艺”上线智慧树平台。此课程先后于2019年评为吉林省精品在线开放课程、2022年职业教育国家在线精品课、2024年吉林省职业教育一流（在线）核心课程。

本教材在第3版的编写过程中得到吉林省茶文化产业协会、吉福国际茶城、长春市明盛羽商贸有限公司的大力支持和友情赞助。本教材配套的视频资源由吉林省经济管理干部学院潘素华、李柏莹、冉祥云、张立瑜、吉林职业工程师范学校黄平、长春职业技术学校杨春梅、吉林工商学院杨静达、长春师范学院蔡杰、长春职业技术学院王莎莎、长春职业技术学校郑微等老师主讲。第3版新增的“点茶技艺”微课视频由长春市明盛羽商贸有限公司总经理、中国茶叶学会茶叶感官审评与检验专业委员会委员、国家一级评茶师、国家一级茶艺师、吉林省首席技师工作室领办人宋子跃老师主讲。解说词配音由长春光华学院播音与主持艺术专业毕业学生周丽佳同学承担，在此致以谢忱。在编写中笔者参阅了一些专家的专著和相关文献，在此由衷地表示感谢！

中华茶文化博大精深，编者的学识和能力有限，教材中难免会有不足，恳请同行和广大读者批评指正。

目　录

项目一

香茗闻道静养德——茶文化传承

【理论目标】

● 深刻理解茶文化的概念、构成要素及独特价值，构建系统的茶文化知识框架。

● 清晰梳理中国茶文化从古代起源到现代发展的完整脉络，掌握各阶段的关键特征与重要事件。

● 深入领会中国茶道的核心理念、实践方式及其与哲学思想的紧密联系，把握茶道精神的精髓。

● 精准把握中外不同地区饮茶习俗的特点、形成原因及文化寓意，拓宽文化视野。

【实践目标】

● 能够依据所学茶文化知识，在茶艺服务情境中准确运用，包括茶叶品鉴、茶具选用、泡茶技巧展示等方面，提高服务水平与客户满意度。

● 通过对茶文化的深入学习与实践，将茶道精神内化为个人品德修养，在日常生活中展现出优雅、平和、包容的气质与素养，提升审美能力和文化鉴赏力，促进个人的全面发展与精神成长。

六羡歌

〔唐〕陆羽

不羡黄金罍，不羡白玉杯，

不羡朝入省，不羡暮登台，

千羡万羡西江水，曾向竟陵城下来。

任务一　茶文化概述

【基础知识】

一、茶文化内涵

茶，首先是以物质形式出现，并以其实用价值发生作用。在中国，茶经过一段时期的发展，逐步注入了深刻的文化内涵，对人类社会产生精神和社会功用。中国的茶并不像西方人喝的咖啡、吃的罐头那样简单，不了解东方文化的特点，不了解中华文明的精神，就不可能了解中国茶文化的精髓。中国最早的好茶之人，大多是文人、道士、隐士或者佛家弟子，他们从饮茶中将自我与山水自然结合为一体，接受天地雨露的恩惠，排遣人世的纷扰，求得明见心性、回归自然的特殊情趣。这样一来，茶的自然属性便与中国的文化相结合了。所以，中国人一开始便把茶提高到很高的品位。正是茶的这种物质和精神的双重功能，使其形成了独特的文化领域——茶文化。

广义上的茶文化，分为茶的自然科学和茶的人文科学两方面，是指人类社会在历史实践过程中所创造出来的与种茶、制茶以及饮茶有关的物质财富和精神财富的总和。它包括茶艺、茶道、茶礼、茶器以及与茶有关的众多文化现象。狭义上的茶文化，着重于茶的人文科学，主要指茶对精神和社会的功能。

二、茶文化的内容

中国茶文化包括茶艺、茶的礼仪、茶融合的人文精神，以及社会各阶层所形成的与茶相关的众多文化现象。

（一）茶艺

所谓茶艺，不仅仅只是泡茶技法，更包括整个饮茶过程的美学意境。中国历史上，真正的茶人是很懂品饮艺术的，讲究选茗、蓄水、备具、烹煮、品饮，整个过程不是简单的程式，而是包含着丰富的艺术精神。

茶，要求名山之茶，清明前茶。茶芽不仅要鲜嫩，而且根据形状起上许多美妙的名称，引发人美好的想象。一芽为“莲蕊”，一芽一叶称“旗枪”，一芽二叶叫“雀舌”。其中既包含着自然科学的道理，又有人们对天地、山水等大自然的情感和美学的意境。水，讲究泉水、江水、井水，甚至直接取天然雨露，称“无根水”，同样要求自然与精神的和谐一致。茶具与山水结合，与诗词相融，更是赋予了丰富的色彩，黑、白、青、彩变幻万千，形成了独树一帜的收藏与鉴赏文化。烹茶的过程也被艺术化了，人们观其色，嗅其味，从水火相济、物质变换中体味五行协调、相互转化的微妙玄机。至于品饮过程，便更有讲究，从煎茶、煮茶到清饮泡茶，行何礼仪，宾主之情，茶朋之谊，要尽在其中玩味。因此，对饮茶环境是十分讲究的。或是江畔松石之下，或是清幽茶寮之中，或是朝廷文事茶宴，或是市中茶坊，路旁茶肆等，不同环境饮茶会产生不同的意境和效果。这个过程，被称为“茶艺”，是一种从美学角度上来对待饮茶之艺。

（二）茶礼

中国人饮茶，不仅要追求美的享受，还要以茶培养、修炼自己的精神道德，在各种饮茶活动中去融洽人际关系，求得自己思想的自洁、自省，也沟通彼此的情感。以茶雅志，以茶交友，以茶敬宾等，都属于这个范畴。通过长期实践，人们把这些思悟过程用一定的仪式来表现，这便是茶仪、茶礼。

（三）茶道

茶艺与饮茶的精神内容、礼仪形式交融结合，使茶人得其道，悟其理，求得主观与客观，精神与物质，个人与群体，人类与自然、宇宙和谐统一的大道，这便是中国人所说的“茶道”了。“当代茶圣”吴觉农在《茶经评述》一书中提出，茶道是“把茶视为珍贵、高尚的饮料，饮茶是一种精神上的享受，是一种艺术，或是一种修身养性的手段”。他把茶道作为一种精神境界上的追求，一种具有教化功能的艺术审美享受。

（四）茶事

茶与其他文化相结合，派生出许多与茶相关的文化。茶的交易中出现茶法、茶榷、茶马互市，既包括法律，又涉及经济。文人饮茶，吟诗、作画，民间采茶出现茶歌、茶舞，茶的故事、传说也应运而生。于是茶又与文学艺术相结合，出现茶文学、茶艺术。随着各种茶肆、茶坊、茶楼、茶馆的出现，茶建筑也成为一门特殊的学问。

三、茶文化的特点

（一）历史性

茶文化的历史非常悠久。原始社会后期，茶已成为货物交换的物品。武王伐纣，茶叶已成为贡品。战国，茶叶生产已有一定规模。先秦的《诗经》总集有茶的记载。汉朝，僧侣多饮用茶叶。魏晋南北朝，已有饮茶之风。隋朝，全民普遍饮茶。唐代，茶业昌盛，茶叶成为“人家不可一日无”的饮品，出现茶馆、茶宴、茶会，提倡客来敬茶。宋朝，流行斗茶、贡茶和赐茶。清朝，曲艺进入茶馆，茶叶对外贸易发展。

茶文化是伴随商品经济的出现和城市文化的形成而孕育诞生的。历史上的茶文化注重文化意识形态，以雅为主，着重于表现诗词书画、品茗歌舞。茶文化在形成和发展中，融合了儒家思想与道家和释家的哲学色泽，并衍生出各民族的礼俗，它们共同成为优秀传统文化的组成部分且独具光彩。

（二）时代性

物质文明和精神文明的发展，给茶文化注入了新的内涵和活力，当前茶文化内涵与表现形式正在不断扩大、延伸、创新和发展。新时期茶文化融入现代科学技术、现代新闻媒体和市场经济精髓，使茶文化价值功能更加显著，对现代化社会的作用进一步增强。新时期茶文化传播方式呈大型化、现代化、社会化和国际化趋势，其内涵迅速延伸，影响扩大，为世人瞩目。

（三）民族性

我国各民族酷爱饮茶，茶与民族文化生活相结合，形成具有各自民族特色的茶礼、茶艺及饮茶习俗。以民族饮茶方式为基础，经艺术加工和锤炼而形成的各民族茶艺，更富有生活性和文化性，表现出饮茶的多样性和丰富多彩的生活情趣。比如，藏族、土家族、佤族等少数民族的茶与喜庆婚礼，充分展示了茶文化的民族性。

（四）地域性

名茶、名山、名水、名人、名胜孕育出各具特色的地区茶文化。我国地域广阔，茶类花色繁多，饮茶习俗各异，加之各地的历史、文化、生活及经济差异，形成各具地方特色的茶文化。在经济、文化中心的大城市，形成了独具特色的都市茶文化。目前很多城市每年都举办茶文化节，显示出都市茶文化的特点与魅力。

（五）国际性

随着中国茶走出国门，传播世界，中国传统茶文化同各国的历史、文化、经济及人文相结合，演变成当地国的茶文化，如英国茶文化、日本茶文化、韩国茶文化、印度茶文化、俄罗斯茶文化及土耳其茶文化等等。在英国，饮茶成为生活的一部分，是英国人表现绅士风度的一种礼仪，也是英国王室生活中必不可少的程序和重大社会活动中必需的议程。日本茶道源于中国，日本茶道具有浓郁的日本民族风情，并形成独特的茶道体系、流派和礼仪。韩国人认为茶文化是韩国民族文化的根，每年 5 月 24 日为全国茶日。中国茶文化是各国茶文化的摇篮。茶人不分国界、种族和信仰，茶文化可以把全世界茶人联合起来，切磋茶艺，推动学术交流和经贸洽谈。

（六）大众性

茶文化是一种范围广泛的文化，它雅俗共赏，各得其所。随着茶的物质文化的发展，茶的精神文化和制度文化也向着广度和深度发展，逐渐形成了固有的道德和民风民情，成为精神生活的重要组成部分。爱茶文人也为后人留下了许多与茶相关的文学艺术作品。所以，茶和茶文化一体牵动众心，既是一种审美活动，又是一种休闲方式，群众性是茶文化的一个重要特征。

四、茶文化的复兴

百年前，日本人冈仓天心在《茶之书》写道：“对晚近的中国人来说，喝茶不过是喝个味道，与任何特定的人生观念并无关联。”在饮茶的精致化和对茶文化精神领域的发掘与修葺上，在物质贫瘠的时代确实是被忽视的，甚至连饮茶本身也在受到国际化的影响和同化。但是，随着物质生活渐渐提升，人们对文化生活品质越来越重视，由此，曾经的茶文化颓势逐步得以遏止，新的秩序悄然建立。

（一）现代茶生活

饮茶的公共空间自古有之，唐代已有“茶坊”“茶肆”，宋代有“茶楼”，元代有“茶房”“茶铺”，明代有“茶社”“茶馆”，清代有“茶寮”，20 世纪后多称为“茶馆”。随着经济的发展和消费者需求的提高，茶馆也开始分化转型，不仅有面向大众的公园街边茶馆，也有更为前沿精致的茶空间。部分茶空间是由传统茶楼转型而来，运用更富质感的装潢，提供精致餐点，主要作为商务洽谈场所面对高端消费人群。这类场所注重包厢的私密性，以及环境品位与客人身份的契合。

而另一类茶空间，则更偏向于休闲与体验意味浓厚的“茶艺馆”。这类茶空间多位于风景优美、环境清幽之地，或隐于山林中的度假酒店内。前者的品饮方式多为茶艺师在准备室泡茶，用公道杯均匀几次的茶汤后，与茶点一同递至客人桌前。而后者则更偏重于饮茶这件事本身的体验感，由茶艺师坐在客人面前冲泡，引导客人共同品饮，感受每一道茶汤的滋味。一些茶室亦有由茶艺师做简要指引、客人自己冲泡的形式，除常用的盖碗、紫砂壶冲泡方式外，也有部分茶室提供日本抹茶、复原唐代煮茶、宋代点茶的体验。

除了作为基础的品饮场所之外，大多数的茶空间还将茶道、香道、古琴、禅修、插花等艺术的展示与教学结合在一起，形成类似书院的体系，作为修习之地和文化场所。部分更为开放的茶室，亦时兴与各类艺术家或手作人合作，将茶空间作为展览的载体，时常做不同主题的布展和雅集，通过与不同领域的合作，既保证了来访者常看常新的体验，也将茶文化融入方方面面，让大家看到茶在创作和生活中的包容性与无限可能。

（二）便利化的饮茶方式

在全球化的浪潮下，社会的发展速度非凡，在快节奏的生活中，人们开始探索生活的意义，更需要获得短暂的抽离，喝茶这项古老惬意的事情，成为现代生活中兼容并蓄的休闲方式。

袋泡茶出现于 20 世纪初，直到上世纪 70 年代末才开始流行。茶包在现代社会的全球风行还是离不开嗜茶的英国人的传播，其中的代表就是“立顿”与“川宁”两个英国百年品牌。20 世纪 20 年代左右，茶包在美国已经大受欢迎，甚至战时有不少国家会发放茶包给士兵作为补给，然而英国人对茶包却始终持怀疑态度。直到 20 世纪 50 年代，在家务革新等变化的冲击下，茶包才终于在英国流行起来。在如今英国人的日常饮茶中，袋泡茶已经占 90% 以上。由于具有定量、卫生、方便、快速的特点，袋泡茶在全世界风行开来。可以说，袋泡茶的畅销，顺应了现代社会中人们快节奏的生活方式，代表了新一代的潮流文化。全球袋泡茶市场正呈快速增长之势，世界袋泡茶的年消费量已占世界茶叶总消费量的23.5%，尤其在欧美国家，袋泡茶已成为茶叶消费的主导产品。随着当下设计行业的发展和消费者审美的提升，越来越多形态、材质各异的茶包逐渐出现在市场上。

【拓展链接】

中国茶饮市场发展

相较于咖啡，茶类饮品更受中国消费者青睐。2020年，包含现制茶饮、茶叶/茶包/茶粉、即饮茶在内的整个茶市场在非酒精饮料市场中的占比为33.3%，约为同期咖啡市场规模的6.3倍。作为同样含有咖啡碱且具备成瘾性的功能性饮品，茶相较于咖啡在中国消费者心中具备更高的接受度和心智地位。2020—2021年期间，现制茶饮的市场规模约为现磨咖啡的10.9倍，且相较于非现制类茶饮增速更快，说明现制茶饮在包括茶和咖啡等在内的成瘾性饮品赛道中发展最快。相较于其他茶产品，现制茶饮增速更快。2020年，中国茶市场中茶叶/茶包/茶粉、即饮茶、现制茶饮的规模占比分别为43.1%、29.2%、27.7%，虽然现制茶饮规模占比最低，但是相较于其他茶产品增长最快。相较于茶叶/茶包/茶粉和即饮茶，现制茶饮更具社交属性，能够充分满足当代消费群体的社交需求。

资料来源：孙双双．中国新式茶饮潜力巨大，2030年市场规模近2000亿元．中国食品工业，2022（03）：100-103.

中国是茶文化大国，由于传统的茶文化及饮茶习惯、袋泡茶质量、缺少有知名度的品牌等原因，袋泡茶并没有成为中国饮茶的新宠儿。在中国传统的茶叶售卖体系里，大多的茶类是论斤出售，即使一些产量稀少的高端茶品，也以两为单位售卖，鲜少像茶包一样论每泡出售。这种售卖方式对于初了解茶的人来说，体验成本太过高昂，短期内若饮用不完，倘若保存不当，茶叶可能会因受潮等情况而影响滋味。但当下，也有越来越多的茶品牌注意到这一点，开始推出按每泡的投茶量来做小包装的产品。小罐茶的出现及爆红，可以说给传统茶企的宣传推广带来了新的思路。小罐茶的营销让茶叶销售有了新的思路，很多茶商开始制作小罐装茶叶，在方便客户冲泡的同时，也比袋泡茶更有质量保证，符合国人的饮茶习惯。

【拓展链接】

新式茶饮——奈雪的茶

奈雪的茶创立于2015年，总部位于深圳市，这个名字源于公司创始人彭心“奈雪”的网名。彭心从自身体验出发，以自己手握度的尺寸打样，经过18次开模最终设计出了符合女性追求纤细和易握手感的“奈雪杯”。2015年11月，奈雪的茶首店——深圳卓越世纪店正式开业。定位精准是创始企业能否捷足先登的关键一步。彼时，国内奶茶店大多还停留在街边低端小店的档次，规模十几平米甚至几平米，以粉末冲泡为主。奈雪的茶没有走老路，而是第一个“吃螃蟹”对标国际巨头星巴克。其选择了深圳Shopping Mall中一个200平方米左右的大店，直接将奶茶店从街边小店杀入一线城市的主流消费场景，从低端小店提升到商务休闲的档次。当奈雪提出200平方米奶茶门店的商租要求时，超级购物中心的反应是“不解”和“惊讶”。

随后几年间，奈雪的茶摆出“豪吃”之势，2017年开始在全国布局。至今，新开设的门店在选址上70%都集中于国内一二线大城市的Shopping Mall中，且大多比邻星巴克，这些连锁门店多元化、个性化明显。IPO之后，奈雪的茶计划在今明两年再开650家左右门店，其中约70%规划为200平方米面积、装修高档的门店。显然，这将超出多数行业者的想象：因为开店比奈雪的茶多的，没有它高端；比奈雪的茶做得高端的，开店却比它少。

奈雪的茶一改行业多年的奶茶多为奶精冲制而成的方式，而是精选鲜果、鲜奶和优质茶叶等为核心原材料制作鲜果茶，这导致了目前奈雪的茶最高成本来自食材原料，占比达到了近四成，在前十名的茶饮品牌中占比最高。其首创的中西结合“茶饮＋软欧包”创意组合，再加上超200平方米门店的高端配置，使得其客单价超过行业平均水平。

资料来源：陈平．奈雪的茶：如何领跑新茶饮赛道？．中国商界，2021（07）：70–75.

（三）时代的新宠——奶茶

奶茶是与时代潮流结合最好的茶叶饮料，年轻人对于茶叶的直接接触基本来自奶茶。近年，奶盖茶的出现是对奶茶不断创新的成果，也让茶用它最本真的状态与牛奶融合，茶叶的经营模式也越来越多样化。

北魏杨衒之的《洛阳伽蓝记》中记载，在公元5世纪时，茶已经流传到我国北方游牧民族地区。那时在西北地区，牛奶很丰富，而茶和牛奶都是需要煮的饮料，机缘巧合，奶茶就此诞生了。奶茶至少在公元400年前后就已经普及到北方游牧民族地区。

1. 英式奶茶

在航海大发现时代末期，中国茶几经辗转到达了英国皇室，英国贵族更喜欢在茶叶中加入糖或者牛奶，这种调制的饮茶方式从英国的上流社会向外扩散被传播开。此后，奶茶这种茶叶调饮方式开始普及于欧洲各地，进而传播到全世界，到现在还是阿拉伯人和英国人喝茶的主要形式。传统的英式奶茶以茶为基础，只用少量牛奶，杯的体积较小，一般于早餐、下午茶或晚餐后聊天时饮用。

2. 东南亚拉茶

印度、马来西亚和新加坡的奶茶称为“拉茶”，制作方法与我国的香港奶茶差不多，唯多一道“拉”的程序，已成为讲技巧的一门手艺。所谓“拉茶”即是将已煮好的奶茶由一个器皿从高空倒入另一个器皿中，此过程会被重复数次，高度的冲力被认为可以激发奶茶浓郁之香气并使之滑润均匀。

3. 港式奶茶

奶茶到了香港，“生产”出了丝袜奶茶，也就是我们口中的“港式奶茶”：以红茶混合浓鲜奶加糖制成，下奶及糖较多，杯的体积较大，热饮或冻饮均可。与英式奶茶不一样，港式奶茶是普罗大众和低下阶层的流行饮料，一般于早餐或下午茶时饮用，如出外用膳的话即使于午餐或晚餐也会喝到，在茶餐厅、快餐店或大排档都有供应，配搭中餐或西餐均可。很多茶餐厅均有茶叶配搭或制作奶茶的独门秘方，作为招徕顾客的卖点。香港另有一种名为“鸳鸯”的饮料，是把奶茶和咖啡混合起来。

4. 台式珍珠奶茶

台式奶茶主要在于红茶与牛奶、糖的融合，入口甜，牛奶的丝滑流入心田，回味的是红茶的香气。台湾的奶茶最大优点就是顺应潮流，不断创新。台湾的奶茶从刚出来的珍珠奶茶到现在已有了近上百种的口味，每次的推陈出新都会给顾客带来新的体验。目前台式奶茶的品牌在经历了30多年的发展以后越来越成熟，用茶叶创造了更多的经济价值。

五、学习茶文化的意义

（一）弘扬文化

茶艺既是古老的，又是现代的，更是未来的。茶艺的发展方兴未艾，茶艺这一中华民族的瑰宝，以中华民族五千年灿烂文化内涵为底蕴屹立于世界文化之林。中国茶人通过茶艺的研习和展示，传播中国茶文化，弘扬中华文化，让世界更加了解中国。

（二）净化心灵

茶，自然的产物，既可满足人的物质需求，又可以使人与自然融为一体，真实感受自然赐予人类的世界。所以说，茶是一“艹”、一“木”、一“人”生，体现了人与自然的和谐统一。唐代“茶圣”陆羽在《茶经》中说“茶宜精行俭德之人”，宋人苏东坡说“从来佳茗似佳人”，清人郑板桥说“只和高人入茗杯”。自古以来，茶品、人品往往被人们相提并论。

人们在识茶、品茶、评茶的过程之中，进入一种忘我的境界，远离尘嚣，给身心带来愉悦，习得茶洁净淡泊、朴素自然的高贵品质，从而达到净化心灵的目的。

（三）强健身体

茶作为一种最好的保健饮料，已广泛地被世界人民所接受。饮茶能振奋精神，广开思路，清除身心的疲劳；饮茶能让人精神愉快，身体健康；茶艺活动能规范人们的行为，养成良好的习惯；以茶入菜或以茶佐菜，可发挥茶的美味营养功效，增添饮食的多样化和生活情趣。

鉴于茶对于人体的保健作用，很多国家都在开发茶叶的综合利用，我国已经生产出红素菌、保健茶、养生茶、降脂延寿茶等茶类保健品。这些茶叶产品的开发，为茶产业的发展开辟了更为广阔的空间。

（四）掌握技能

茶艺是一门综合性的艺术，更是一门生活技能。茶艺涉及社会的文化、科技、经济、艺术、教育等领域。通过习茶，人们可以探求知识、掌握技能、完善自我、丰富人生。

随着茶事业的发展，茶艺馆的普及，以及国际茶文化交流的日益繁盛，茶艺作为一种职业技能也受到社会越来越多的关注。学习茶艺，对于个人的从业、择业，以及事业的发展，都能提供有力的支持和帮助。

（五）美化生活

茶艺可雅俗共赏。不同地位、不同信仰、不同文化层次的人对茶艺有不同的追求。贵族讲“茶之珍”，意在炫耀权势，夸示富贵；文人学士讲“茶之韵”，托物寄怀，激扬文思，交朋结友；佛家讲“茶之德”，意在去困提神，参禅悟道，见性成佛；道家讲“茶之功”，意在品茗养生，保生尽年，羽化成仙；普通百姓讲“茶之味”，意在去腥除腻、涤烦解渴、美化生活、享受人生。

品茗赏艺，既是一种物质享受，更是一种精神体验。学习茶艺，经常参加茶艺活动，是提升生活的品位、美化生活的一个很好的选择。

【任务训练】

1. 阐述广义和狭义茶文化内涵的具体内容，并举例说明茶文化是如何从茶的物质属性发展出其独特的精神文化属性的。

2. 举例说明茶礼在日常生活中的具体表现形式，并探讨茶礼对人际关系和个人修养的积极影响。

【拓展链接】

捂碗谢茶

在百姓日常生活中，凡有客进门，无须问询客人，是否需要饮茶，主人总会冲上杯热气腾腾的茶，面带笑容，恭敬地送到客人手里。至于客人饮与不饮，无关紧要，这是一种礼遇，一种“欢迎”的意思。按中国人的习惯，当客人饮茶，茶在杯中仅余下1/3时，就得续水。此时，客人若不想饮茶，或已经饮得差不多了，或想起身告辞，客人就会平摊右手掌，手心向上托住茶杯，左手背朝上，轻轻移动手臂，用手掌捂在茶杯（碗）之上按一下。客人要表达的是：谢谢你，请不必再续水了！主人见此情景，会停止续水。此谓“捂碗”谢茶。

任务二　茶文化发展史

【基础知识】

中国对于茶的利用历史悠久，从神农氏的传说中的药用到后来的食用，再到饮用的发展，中国在茶叶的使用上已经有了千年的经验。虽然会制茶、饮茶，但这并不等于茶文化的诞生，茶叶的发展史也不能与茶文化历史等同。人们对茶叶的利用达到了一种精神享受以后，就会出现与茶叶相关的文化现象，茶叶也担负起一定的社会功能，这是茶文化出现的前提条件。

一、士大夫文人的启蒙期——魏晋南北朝茶文化

茶文化的面貌初见于两晋南北朝，这一时期的文人成就丰厚，而且将茶与政治和文学创作结合到了一起，茶正式被赋予文化意义。

（一）汉代缘起

茶文化，是从茶叶被当作饮料，人们发现了它对人脑有益神、清思的特殊作用才开始的。这从汉人王褒所写《僮约》可以得到证明。这则文献记载了一个饮茶、买茶的故事。《僮约》中详细写了奴仆需要做什么工作，其中有两句是“武阳买荼”，“烹荼尽具”。就是说，奴仆每天不仅要到武阳市上去买茶叶，还要煮茶和洗刷器皿。这张《僮约》写作的时间是汉宣帝神爵三年（公元前 59 年），是西汉后期之事。“武阳买荼”意为赶到邻县的武阳（今成都以南彭山区）将茶叶买回。《僮约》证明，当时在成都一带已有茶的买卖，如果不是大量人工种植，市场便不会形成经营交易。汉代考古证明，此时不仅巴蜀之地有饮茶之风，两湖之地的上层人物亦把饮茶当作时尚。

最早开始喜好饮茶的大多是文化人。汉赋大家司马相如写《凡将篇》从药物的角度介绍了茶，与司马相如齐名的扬雄作《方言》，书中有这样的记述：“蜀西南人谓茶曰蔎。”虽然只有短短的八个字，但是它的意义却是相当深远的。

在汉代，茶虽然还没有形成广泛饮用之势，但是受到了文学家的关注，为茶文化的产生打下了基础。

【拓展链接】

《僮约》故事

西汉宣帝神爵三年（公元前59年）正月，资中（今四川资阳）人王褒客居在成都安志里一个叫杨惠的寡妇家里。杨氏家中有一个名为“便了”的髯奴，王褒支使他去买酒。便了认为王褒是外人，为他跑腿办事就很不情愿。他就来到了男主人的墓前进行抱怨：“大夫您当初买我的时候，只是让我看守家里，可没有让我为别的男人买酒啊。”王褒知道了这件事，很生气，就在正月十五这天，花了一万五千钱从杨氏手中买下便了。便了虽然不情愿，却也没有办法，不过他要求：“既然如此，您要像杨家买我时那样，把以后我应当做的事在契约中写明白，不然我可不干。”王褒此人擅长辞赋，精通六艺，为了让便了得到教训，就写下了一篇题为《僮约》的契约，这个文件长约六百字，罗列了名目繁多的劳役项目和干活时间的安排，这样便了从早到晚也得不到空闲，这么繁重的活儿使便了难以负荷。他痛哭着向王褒求情说，如果照这样干活，他用不了多久就会累死，早知道这样，他宁愿天天替王褒买酒。从《僮约》文辞的语气上看，这只不过是作者的消遣之作，因为里面有很多揶揄、幽默的句子。然而王褒就在这不经意之中，在中国茶史上留下了非常重要的一笔。

（二）茶以养廉

我国两汉时期崇尚节俭。西汉初期，皇帝乘车还要乘坐牛车。东汉时期即便是国家富足，但是道德标准依旧是崇尚清廉、友爱、孝养、守正，士大夫阶层皆以简朴为美德。虽然封建社会中不乏奢侈的王公贵族，但是整个的社会风气还是以清廉为美。

两晋南北朝风气大变，门阀制度的形成，让帝王、贵族狂征暴敛，互相攀比，加之这个时期主流的饮品还是酒，奢靡之风与酒相伴，茶还没有成为交流载体。晋初的三公世胄之家都是以奢侈著名。贵族子弟，以赌博为事，一掷百万为输赢。玩够了又大吃大嚼，乃至“贾竖皆厌粱肉”。

在这种社会风气下，一些有识之士提出了廉洁的倡议。东晋时，陆纳任吴兴太守，将军谢安欲到陆府拜访。陆纳的侄子陆椒见叔叔无所准备，便自作主张准备了一桌十来个人的酒馔。谢安到来，陆纳仅以几盘果品和茶水招待。陆椒怕怠慢了贵客，忙命人把早已备下的酒馔搬上来。当侄子的本来想叔叔会夸他会办事，谁知客人走后，陆纳大怒，说："你不能为我增添什么光彩也就罢了，怎么还这样讲奢侈，玷污我一贯清操绝俗的素业！" 当即把侄儿打了四十大板。陆纳反对侄子摆酒请客，用茶水招待谢安并非吝啬，亦非清高简慢，而是要表示提倡清操节俭。在当时的社会风气下，陆纳的以茶待客的行为是很难得的。

南北朝时，有的皇帝也以茶表示俭朴。南齐世祖武皇帝，是个比较开明的帝王，他在位十年，朝廷无大的战事，百姓得以休养生息。齐武帝不喜游宴，死前下遗诏，说他死后丧礼要尽量节俭，不要多麻烦百姓，灵位上千万不要以三牲为祭品，只放些干饭、果饼和茶饮便可以。并要"天下贵贱，咸同此制"，想带头提倡简朴的好风气。

在提倡茶以养廉的过程中，饮茶已不是仅仅为提神、解渴，它开始产生社会功能，成为以茶待客、用以祭祀并表示一种精神、情操的手段。当此之时，饮茶已不完全是以其自然使用价值为人所用，而是已进入精神领域。茶的"文化功能"开始表现出来。

（三）乱世文人以茶雅志

魏晋南北朝时期，不少人对于当时动荡的局势感到十分忧心，但他们又无力改变这种境况，于是很多人最终选择隐逸于山林。

隐士大多志趣高洁、学识渊博。这一时期的隐士，大多都有着多种不同爱好。同时，这些隐士还具有注重养生的特点，他们认为，整天与酒肉打交道不雅。酒会使人兴奋，一旦喝醉便会举止失措，胡言乱语。而茶可以终日饮用而保持头脑清醒，于是很多文人从好酒转向好茶。

《世说新语》载：东晋晋阳侯王濛好饮茶，每有客至必以茶待客，有的士大夫以为苦，每欲往王濛家去便云"今日有水厄"。把饮茶看作遭受水灾之苦。此时的茶叶在口感上并不好，但是文士依旧以其作为高雅的饮品来彰显自己的气节，饮茶已经被当作精神现象来对待。

（四）宗教引领下的饮茶风尚

南北朝时，是各种文化思想交融碰撞的时期。尤其是南朝，自西晋末年社会动乱，许多士族迁移到南方，江南生活优裕，重视文化，黄河文化移植到长江流域，而且有很大发展。南朝无论诗赋、散文、文学理论都很有成就，尤其是玄学相当流行。玄学是魏晋时期一种哲学思潮，主要是以老庄思想糅合儒家经义。玄学家大都是所谓名士，所以非常重视门第、容貌仪止，爱好虚无玄远的清谈。

南朝时，古代的神仙家们开始创立道教。道士修行长生不老之术，炼“内丹”，实际就是做气功。在道士看来，茶不仅能使人不眠，而且能升清降浊、疏通经络，所以道人们爱喝茶。北魏末期，随着无数的农民为躲避地主逼债而投身佛门，佛教空前繁荣。整个国家有寺院四万座，僧尼二百万。而在江南的梁朝，则有寺院二千八百四十六座，僧尼八万二千七百人。官府以公帑和土地施舍寺院，甚至给予寺院租税权利。寺院还可以从事农耕、买卖、手工艺、算命、问诊抓药等等，有的聚财甚丰。

佛教在这时正处于与汉文化进一步结合的阶段，儒、道、佛经常大论战，各种思想常常激烈交锋，水火不容，但各家对茶都不反对。于是，除文人之外，和尚、道士也推崇茶。

在这个时期，茶走进了文化圈，尽管还没有形成完整的茶艺和茶道，对这种精神现象也没有系统总结，还不能称之为专门的学问，但中国茶文化已经能够看见端倪。

二、光辉盛世的形成期——唐朝茶文化

唐代是我国封建社会最兴盛的时期，国家富强，天下安宁，为文化发展打下了非常好的政治基础。唐朝疆域广大，非常注重外交，当时的长安不仅是唐朝的政治、文化中心，也是国际经济、文化交流中心。中国茶文化正是在这种大气候下形成的。

（一）禅茶文化的形成

佛教自汉代传入中国，逐渐向全国传播开来，为社会各阶层所接受。尤其在隋唐之际，由于朝廷的提倡得到特殊发展，使僧居佛刹遍于全国各地。茶文化的兴起与禅宗关系极大。禅宗主张佛在内心，提倡静心、自悟，所以要坐禅。坐禅对老和尚来说或许较为容易，年轻僧人诸多尘念未绝，既不许吃晚饭，又不让睡觉，便十分困难了。唐人封演所著《封氏闻见记》载：“开元中，泰山灵岩寺有降魔大师，大兴禅教。学禅务于不寐，又不夕食，皆许其饮茶，人自怀挟，到处举饮，以此转相仿效，遂成风俗。”晚间不食不睡，茶既解渴，又能驱赶睡神，真是帮了僧人们的大忙。正如唐代诗人李咸用《谢僧寄茶》诗

所说:“空门少年初志坚，摘芳为药除睡眠。”

饮茶需要耐心和工夫，把茶变为艺术又需要一定物质条件。寺院常建于名山名水之间，气候常宜植茶，所以唐代许多大寺院都种茶。

茶之成为佛门良友有其内在道理。僧人饮茶既已成风，民间信佛者自然争相效仿。古代文献中有许多唐代僧人种茶、采茶、饮茶的记载，唐代著名诗僧皎然也极爱茶，他曾作诗曰:“九日山僧院，东篱菊也黄。俗人多泛酒，谁解助茶香。”诗中道出了僧人与茶的特殊关系。故唐代名茶多出于佛山大刹。

（二）科举推行下的文人茶

唐朝推行严格的科举制度，以进士科取士，以致非科第出身者不能为宰相。每当会试，不仅应考举子像被关进鸡笼一般困于场屋，就是值班监考的翰林官们亦终日劳乏，疲惫难挨。于是，朝廷特命以茶果送到试场。唐人韩偓所撰《金銮密记》说:“金銮故例，翰林当直，学士春晚困，则日赐成象殿茶果。”《凤翔退耕传》亦载:“元和时，馆阁汤饮待学士者，煎麒麟草。”这里的“麒麟草”是指送会试举子的茶。学子们来自四面八方，朝廷一提倡，饮茶之风在士人群中传播更快。

唐代科举把作诗列入主要考试科目。以诗中第是士人心中的理想目标。利禄所在，令文人无不攻诗。于是吟咏成风，出现诗歌的极盛时期，成为我国文学史上光辉的一页。诗人要激发文思，要有提神之物助兴。像李白、李贺那种好喝酒的诗人不少，但茶却适于更多不善酒的诗人。所以卢仝赞茶的好处:“三碗搜枯肠，唯有文字五千卷。”人们说李白斗酒诗百篇，而卢仝却说三碗茶便有五千卷文字，茶比酒助文兴的功效更大了。饮茶必有好水，好水连着好山，诗人们游历山水，品茶作诗，茶与山水自然、文学艺术联系起来，茶之艺术化成为必然。

（三）皇室引领茶文化

封建皇帝终日生活在花柳粉黛和肥腴甘浓的环境中，难免患昏沉积食之症。为提神、为消食、为治病，每日饮茶，因而向民间广为搜求名茶，各地要定时、定量、定质向朝廷纳贡，称为“贡茶”。如阳羡茶、蒙山茶，都是有名的贡品。皇室饮茶与一般僧侣、士人又不同，不仅要名茶、名水，还要金银茶器，茶具艺术必然得到发展。

中唐以后唐王朝实施禁酒措施。酒在我国是许多人爱好的传统饮品，它的作用主要是兴奋神经。但酒的原料主要是粮食，倘若国无余粮便很难提倡饮酒。唐朝自贞观初年至开元二十八年（740年），一百一十年间由三百万户增长到八百四十一万余户，而由于安史之乱造成的农民逃亡使粮食总产量下降。大量造酒与粮食的紧缺形成矛盾，于是，自肃宗乾元元年（758年）开始在长安禁酒，规定除朝廷祭祀飨燕外，任何人不得饮酒。这造成长安酒价腾跃高昂。杜甫有"街头有酒常苦费"的诗句，并说："速宜相就饮一斗，恰有三百青铜钱。"有人计算，当时这一斗酒的价钱，可买茶叶六斤。民间禁酒，酒又极贵，文人无提神之物，茶又有益健康，原本不好喝茶的也改成喝茶。故《封氏闻见记》说："按古人亦饮茶耳，但不如今溺之甚，穷日尽夜，殆成风俗，始于中地，流于塞外。"

（四）《茶经》划时代的著作

在我国封建社会里，研究经学典籍被视为士人正途。像茶学、茶艺这类学问，只是被认为难入正统的"杂学"。《茶经》的作者陆羽不像一般文人被儒家学说所拘泥，虽然他对儒家学说十分熟悉并悉心钻研，深有造诣，但他把深刻的学术原理融于茶这种物质生活之中，从茶文化学角度讲，陆羽开辟了一个新的文化领域。

1. 茶圣陆羽

陆羽，字鸿渐，一名疾，字季疵，号竟陵子、桑苎翁、东冈子，或云自太子文学徙太常寺太祝，不就。唐复州竟陵（今湖北天门）人，一生嗜茶，精于茶道，以著世界第一部茶叶专著——《茶经》闻名于世，对中国茶业和世界茶业发展作出了卓越贡献，被誉为"茶仙"，尊为"茶圣"，祀为"茶神"。他也很善于写诗，但其诗作目前世上存留的并不多。他对茶叶有浓厚的兴趣，长期研究，熟悉茶树栽培、育种和加工技术，并擅长品茗。唐朝上元初年，陆羽隐居浙江湖州苕溪，撰《茶经》三卷，成为世界上第一部茶叶专著。

【拓展链接】

陆羽生活的年代正是"安史之乱"前后，中国文化史上儒释道三家并行，南方则儒禅汇流。陆羽初到江南，结识了时任无锡尉的皇甫冉，皇甫冉是名士，为陆羽的茶事活动提供了许多帮助。但对陆羽茶事活动帮助最大而且情谊最深的还是诗僧皎然。皎然俗姓谢，是南朝谢灵运的十世孙。皎陆相识之后，竟能结为忘年之交，结谊凡四十余年，直至相继去世，其情谊经《唐才子传》的铺排渲染，为后人所深深钦佩。皎然长年隐居湖州杼山妙喜寺，但“隐心不隐迹”，与当时的名僧高士、权贵显要有着广泛的联系，这自然拓展了陆羽的交友范围和视野思路。陆羽在妙喜寺内居住多年，收集整理茶事资料，后又是在皎然的帮助下，“结庐苕溪之滨，闭门对书”，开始了《茶经》的写作。

2.《茶经》的价值

《茶经》首次把饮茶当作一种艺术过程来看待，创造了从炙茶、选水、煮茗、列具、品饮这一套中国茶艺。我们把它称之为“茶艺”，不仅指技艺程式，还因为它贯穿了一种美学意境和氛围。

《茶经》首次把“精神”二字贯穿于茶事之中，强调茶人的品格和思想情操，把饮茶看作“精行俭德”、进行自我修养、锻炼志向、陶冶情操的方法。

陆羽首次把我国儒、道、佛的思想文化与饮茶过程融为一体，首创中国茶道精神。这一点在《茶之器》中反映十分突出，无论一只炉，一只釜，皆深寓我国文化之精髓。我们不能把《茶经》仅看作一般的“茶学”，它是自然科学与社会科学、物质与精神的有机结合。

《茶经》的问世，对中国的茶叶学、茶文化学，乃至整个中国饮食文化都产生了巨大影响。

【拓展链接】

《茶经》节选

一之源

茶者，南方之嘉木也。一尺、二尺乃至数十尺；其巴山、峡川，有两人合抱者，伐而掇之。其树如瓜芦，叶如栀子，花如白蔷薇，实如栟榈，蒂如丁香，根如胡桃。

其字，或从草，或从木，或草木并。

其名，一曰茶，二曰槚，三曰蔎，四曰茗，五曰荈。

其地，上者生烂石，中者生栎壤，下者生黄土。

凡艺而不实，植而罕茂，法如种瓜。三岁可采。野者上，园者次。阳崖阴林，紫者上，绿者次；笋者上，芽者次；叶卷上，叶舒次。阴山坡谷者，不堪采掇，性凝滞，结瘕疾。

茶之为用，味至寒，为饮，最宜精行俭德之人。若热渴、凝闷、脑疼、目涩、四肢烦、百节不舒，聊四五啜，与醍醐、甘露抗衡也。采不时，造不精，杂以卉莽，饮之成疾。

茶为累也，亦犹人参。上者生上党，中者生百济、新罗，下者生高丽。有生泽州、易州、幽州、檀州者，为药无效，况非此者！设服荠苨，使六疾不瘳。知人参为累，则茶累尽矣。

3.《茶经》的影响

陆羽的《茶经》，是对整个中唐以前唐代茶文化发展的总结。陆羽之后，唐人又发展了《茶经》的思想。如苏廙著《十六汤品》，从煮茶的时间、器具、燃料等方面讲如何保持茶汤的品质，补充了唐代茶艺的内容。唐人张又新曾著《煎茶水记》，对天下适于煎茶的江、泉、潭、湖、井的水质加以评定，列出天下二十名水序列。张氏此作将茶与全国名水相联系，引起茶人对自然山水的更大兴趣，使山川、自然在更广阔的意义上与茶结合，进一步体现中国茶文化学中天、地、人的关系。在茶道思想方面，唐人刘贞亮总结的茶之“十德”，卢仝通过诗歌总结茶的精神作用等，都具有深刻的意义。此外，温庭筠曾作《采茶录》，虽仅四百字，但却以诗人、艺术家的特有气质，把煮茶时的火焰、声音、汤色皆以形象的笔法再现，也是很有特点的作品。至于唐人诗歌中有关茶的描写便更多了。

【拓展链接】

茶十德

〔唐〕刘贞亮

以茶散郁气；
以茶驱睡气；
以茶养生气；
以茶除病气；
以茶利礼仁；
以茶表敬意；
以茶尝滋味；
以茶养身体；
以茶可行道；
以茶可雅志。

走笔谢孟谏议寄新茶（简称《七碗茶诗》）

〔唐〕卢仝

日高丈五睡正浓，军将打门惊周公。
口云谏议送书信，白绢斜封三道印。
开缄宛见谏议面，手阅月团三百片。
闻道新年入山里，蛰虫惊动春风起。
天子须尝阳羡茶，百草不敢先开花。
仁风暗结珠蓓蕾，先春抽出黄金芽。
摘鲜焙芳旋封裹，至精至好且不奢。
至尊之馀合王公，何事便到山人家。
柴门反关无俗客，纱帽笼头自煎吃。
碧云引风吹不断，白花浮光凝碗面。
一碗喉吻润，
二碗破孤闷。
三碗搜枯肠，惟有文字五千卷。
四碗发轻汗，平生不平事，尽向毛孔散。
五碗肌骨轻，
六碗通仙灵。
七碗吃不得也，惟觉两腋习习清风生。
蓬莱山，在何处？
玉川子，乘此清风欲归去。
山中神仙司下土，地位清高隔风雨。
安得知百万亿苍生命，堕在巅崖受辛苦！
便为谏议问苍生，到头还得苏息否？

三、民族融合的传播期——宋辽金茶文化

从五代到宋辽金，是我国封建社会的一个大转折时期。仅从中原王朝看封建制度已走过了它的鼎盛时期，开始向下滑坡。但从全中国看却是北方民族崛起，南北民族大融合，北方社会向中原看齐和大发展的时期。

（一）宋代宫廷茶文化

唐朝是文人、隐士、僧人引领茶文化的时代，宋朝则不然，自五代起，很多宰辅重臣皆好饮茶，宋朝一建立便在宫廷中兴起饮茶风尚，宋太祖赵匡胤便有饮茶癖好，历代皇帝也皆有嗜茶之好，宋徽宗赵佶还亲自作《大观茶论》。这时，茶文化已成为整个宫廷文化的组成部分。皇帝饮茶自然要显示自己高于一切的至尊地位，于是贡茶花样翻新，频出新品。宋人的龙团凤饼之类精而又精以至每片团茶可达数十万钱。这种茶的玩赏心理价值早已大大超出它的实际使用价值。它虽不能看作中国茶文化的主流和方向，但上之所倡，下必效仿，遂引起茶艺本身的一系列改革。饮茶成为宫廷日常生活的内容，考虑全国大事的皇帝、官员很自然地将之用于朝仪，自此茶在国家礼仪中被纳入规范。至于祭神灵、宗庙，更为必备之物。唐代茶人大体勾画出了茶文化的轮廓，各阶层茶文化需要各层人士进一步创造。宋朝可以说是茶文化的发展时期。

宋代宫廷对于茶叶的需求促生了诸多的著名的贡茶产地。北苑在南唐属建州（今福建南平）。其地山水奇秀，多寺院名胜，又产好茶，故自南唐便为造茶之地。宋朝宋子安的《东溪试茶录》载："旧记建安郡官焙三十有八，自南唐岁率六县民采造，大为民所苦。我朝自建隆以来，环北苑近焙，岁取上贡，外焙具还民间而裁税之。"可见，北苑原是南唐贡茶产地。唐代的饼茶较粗糙，中间做眼以穿茶饼，看起来不太雅观。所以南唐开始制作去掉穿眼的饼茶，并附以蜡面，使之光泽悦目。宋太宗太平兴国年初，朝廷开始派贡茶使到北苑督造团茶。为区别于民间所用，特颁制龙之图案的模型，自此有了龙团、凤饼。

【拓展链接】

龙团凤饼

蔡襄（1012—1067）字君谟，号端明，世称忠惠公。仙游人，宋仁宗天圣年间进士，庆历年间任福建转运使（漕）。在建安督造御茶时，创制"小龙团"以进。皇祐元年（1049 年）著《茶录》，分上、下篇，是我国重要的茶学专著。他精通制茶、品质鉴别及品茶技艺。明张岱在《夜航船 · 饮食》记述："蔡襄善别茶。建安能仁院有茶生石隙缝间，名石岩白，寺僧遣人遗内翰王禹玉。襄至京访禹玉烹茶饮之，襄捧瓯未尝，辄曰'此极似能仁院石岩白，何以得之？'禹玉叹服。"

欧阳修《归田录》云："茶之品莫贵于龙凤，谓之'小团'，凡廿八片重一斤，其价值金二两，然金可有而茶不可得。每因南郊、致斋、中书、枢密院各赐一饼，四人分之，官舍往往镂金花其上，盖其贵重如此。”“每斤计工值四万钱”，“每胯（锜）计工价近三仟”。苏东坡《建茶》诗云：“糠粃团凤友小龙，奴隶日铸臣双井”。用来比喻小龙团好过大龙团；双井胜于日铸。其实两者都是贡茶。

蔡襄写就《茶录》后向仁宗皇帝亲书奏呈，直叙撰写目的在于补陆羽《茶经》之不足：“昔陆羽《茶经》不第建安之品。丁谓《茶图》独论采造之本，至于烹试曾未有闻。”蔡襄对建茶的发展和茶艺的形成有重要贡献。

资料来源：吴文南，莫贤书．龙团凤饼　名冠天下．农业考古，2000（04）：303–308.

宋代宫廷茶文化的另一种表现是在朝仪中加进了茶礼。如朝廷春秋大宴，皇帝面前要设茶床。皇帝出巡，所过之地赐父老绫袍、茶、帛，所过寺观赐僧道茶、帛。皇帝视察国子监，要对学官、学生赐茶。宋朝在贵族婚礼中已引入茶仪。《宋史》卷一百一十五《礼志》载：宋代诸王纳妃，称纳彩礼为“敲门”，其礼品除羊、酒、彩帛之类外有“茗百斤”。后来民间订婚行“下茶礼”即由此而来。这样，便使饮茶上升到更高的地位。朝仪中饮茶不同于帝王品饮龙团凤饼，朝仪茶礼已是一种精神的象征。

（二）斗茶之风

斗茶，又称“茗战”，它是古人集体品评茶之品质优劣的一种形式。宋徽宗在《大观茶论》序中写道：“天下之士，励志清白，兢为闲暇修索之玩，莫不碎玉锵金，啜英咀华，较筐筥之精，争鉴裁之别。”这是说文士们斗茶的情形。其实，宋人斗茶既非自徽宗时才起，也并非主要文人所为，而是很早便由民间兴起。蔡襄的《茶录》中记载，斗茶之风很早便由贡茶之地建安兴起。蔡襄称之为“试茶”。建安北苑诸山，官私茶焙之数达一千三百三十六，制茶者做出茶来，自然首先要自己比较高下，于是相聚品评。

社会各阶层流行起来的斗茶风气，对促进茶叶学和茶艺的发展起了巨大推动作用。宋人制茶比唐人要精，宋代贡茶数量很大，皇室对茶的要求是精工细作。宋代改唐人直接煮茶法为点茶法，所谓点茶，是以极细的茶末用沸水冲下去，用力搅打，使茶与水融为一体，然后趁热喝下。

【拓展链接】

点茶法

唐人直接将茶置釜中煮，直接通过煮茶、救沸、育华产生饽沫以观其形态变化。宋人改用点茶法，即将团茶碾碎成末，置碗中，再以不老不嫩的滚水冲进去，再以茶筅充分搅打，使茶均匀地混合，成为乳状茶液。这时，表面呈现极小的白色泡沫，宛如白花布满碗面，称为乳聚面，不易见到茶末和水离散的痕迹，如茶开始与水分离，称“云脚散”。由于茶液浓，拂击有力，茶汤便如胶乳一般“咬盏”。乳面不易云脚散又要咬盏，这才是最好的茶汤。斗茶便以此评定胜负。

唐代饮茶多加盐以改变茶之苦涩，增其甜度，宋代不加盐，以免点茶云脚早散。其余则大体同唐代。到南宋初年，又出现泡茶法，为饮茶的普及、简易化开辟了道路。

宋代文人在饮茶环境方面还是很讲意境的。范仲淹饮茶，喜欢临泉而煮。他镇青州时，曾在兴隆寺南洋溪清泉出处创茶亭。环泉古木茂密，隔绝尘迹，赋诗抚琴，烹茶其上，日光玲珑，珍禽上下，那意境还是很美的。苏东坡喜欢临江夜饮，以抒发这位大文学家与天地自然为侣的浩然之气。

宋人对茶艺的又一贡献是真正将茶与相关艺术融为一体，由于宋代著名茶人大多是著名文人，更加快了这种交融过程。像徐铉、王禹、林逋、范仲淹、欧阳修、王安石、梅尧臣、苏轼、苏辙、黄庭坚等这些第一流的文学家都好茶，所以著名诗人往往有茶诗，书法家有茶帖，画家有茶画。这使茶文化的内涵得以拓展，成为文学、艺术等纯精神文化直接关联的部分。因此，宋代贡茶虽然有名，但真正领导茶文化潮流，保持其精神的仍是文化人，就连皇帝也不免受文人的影响。如宋徽宗，便是追随文人茶文化的一个。他所著的《大观茶论》，对茶的采制过程及烹煮品饮、民间斗茶之风都叙述很详细。

【拓展链接】

《大观茶论》——点茶节选

点茶不一。而调膏继刻，以汤注之，手重筅轻，无粟文蟹眼者，调之静面点。盖击拂无力，茶不发立，水乳未浃，又复增汤，色泽不尽，英华沦散，茶无立作矣。有随汤击拂，干筅俱重，立文泛泛。谓之一发点、盖用汤已故，指腕不圆，粥面未凝。茶力已尽，云雾虽泛，水脚易生。妙于此者，量茶受汤，调如融胶。环注盏畔，勿使侵茶。势不砍猛，先须搅动茶膏，渐加周拂，手轻筅重，指绕腕旋，上下透彻，如酵蘖之起面。疏星皎月，灿然而生，则茶之根本立矣。第二汤自茶面注之，周回一线。急注急上，茶面不动，击指既力，色泽惭开，珠玑磊落。三汤多置。如前击拂，渐贵轻匀，同环旋复，表里洞彻，粟文蟹眼，泛结杂起，茶之色十已得其六七。四汤尚啬。筅欲转稍宽而勿速，其清真华彩，既已焕发，云雾渐生。五汤乃可少纵，筅欲轻匀而透达。如发立未尽，则击以作之；发立已过，则拂以敛之。结浚霭，结凝雪。茶色尽矣。六汤以观立作，乳点勃结则以筅著，居缓绕拂动而已，七汤以分轻清重浊，相稀稠得中，可欲则止。乳雾汹涌，溢盏而起，周回旋而不动，谓之咬盏。宜匀其轻清浮合者饮之，《桐君录》曰："茗有饽，饮之宜人，虽多不力过也。"

（三）市民茶文化

宋以前，茶文化几乎是上层人物的专利。至于民间，虽然也饮茶，与文化几乎是不沾边的。宋代城市集镇大兴，市民成为一个很大的阶层。唐代的长安，居民大多为官员、士兵、文人以及为上层服务的手工业者，商业仅限于东西两市。宋代开封，三鼓以后仍夜市不禁，商贸地点也不再受划定的市场局限。各行业分布各街市，交易动辄数百千万钱。要闹之地，交易通宵不绝。商贾所聚，要求有休息、饮宴、娱乐的场所，于是酒楼、食店到处皆是。而茶坊也便乘机兴起，跻身其中。茶馆里自然不是喝杯茶便走，而是一饮几个时辰，把清谈、交易、弹唱结合其中，以茶进行人际交往的作用在这里被集中表现出来。大茶坊有大商人，小茶坊有一般商人和普通市民，当时汴梁茶肆、茶坊最多，十分引人注目。

南宋都城临安及所属州县已有一百一十万人口，城内大小店铺连门俱是。同行业往往聚一街，更需以酒店、茶坊为活动场所。许多歌伎酒楼也兼营茶汤，饮茶与民间文艺活动又联系起来，市民茶文化主要是把饮茶作为增进友谊、社会交际的手段，它的兴起把茶文化从文化人和上层社会推向民间，成为茶风俗的重要部分。北宋汴京民俗，有人迁往新居，左右邻舍要彼此"献茶"，邻舍间请喝茶叫"支茶"。这时，茶已成为民间礼节。

宋代是茶文化由中间阶层向上下两头扩展的时期。它使茶文化逐渐成为全民的礼仪与风尚。

（四）辽金少数民族茶文化

自唐代，中原饮茶习俗便开始向边疆传播。但具有文化意义的饮茶活动则是自宋代才扩展到边疆民族的。

辽宋对峙，澶渊之盟后两者以兄弟之礼相互来往。辽国是契丹人建立的政权，常以“学唐比宋”勉励自己。所以，宋朝有什么风尚，很快会传到辽国。少数民族以牧猎为生，多食乳、肉而乏菜蔬，饮茶既可帮助消化又补充了维生素，所以他们比中原人甚至更需要茶。

我国自唐宋以后行“茶马互市”，甚至把茶作为吸引、控制少数民族的“国策”，这也使边疆民族更加以茶为贵。宋朝的茶文化，首先是通过使者把朝廷茶仪引入北方。辽朝朝仪中，“行茶”是重要内容。《辽史》中有关这方面的记载比《宋史》还多。宋使入辽于参拜仪式后，主客就座，便要行汤、行茶。宋使见辽朝皇帝，殿上酒三巡后便先“行茶”，然后才行肴、行膳。皇帝宴宋使，其他礼仪后便“行饼茶”，重新开宴要“行单茶”。

辽朝茶仪大多仿宋礼，但宋朝行茶多在酒食之后，辽朝则未进酒食首先行茶。至于辽朝内部礼仪，茶礼更多。如皇太后生辰，参拜之礼后行饼茶，大馔开始前又先行茶。契丹人有朝日之俗，崇尚太阳，拜日原是契丹古俗，但也要于大馔之后行茶，把茶仪献给尊贵的太阳。宋朝的贡茶和茶器也传入辽朝，宋朝贺契丹皇帝生辰礼物中，有“金酒食茶器三十七件”“的乳茶十斤，岳麓茶五斤”，契丹使过宋境各州县，宋朝官吏亦赠茶为礼。

南宋与金对峙，宋朝饮茶礼仪、风俗同样影响到女真人。女真人又影响到夏朝的党项人。自此北朝茶礼大为流行。金代的女真人不仅朝仪中行茶礼，民间亦渐兴此风。女真人婚礼中极重茶，男女订婚之日首先要男拜女家，这是北方民族母系氏族制度遗风。当男方诸客到来时，女方合族稳坐炕上接受男方的大参礼拜，称为“下茶礼”。至于契丹、女真的汉化文人，更是经常效仿宋人品茶的风尚。所以，宋朝在推动茶文化向各地区、各层面扩展方面做了重大贡献。

四、制度衰退的曲折期——元明清茶文化

（一）元代粗犷文化融入茶文化

蒙古入主中原，中原传统的文化体系受到一次大冲击。忽必烈建元大都，开始学习中原文化，但由于秉性质朴，不好繁文缛节，所以虽仍保留团茶进贡，但大多数蒙古人还是爱直接喝茶叶。于是，散茶大为流行。团茶本为保存方便，但到宋代过分精制，既费工又费时，而且成本昂贵，失去了其合理的使用价值。

蒙古人对饮茶并不反对，反对的是宋人饮茶的繁琐，他们要求简约。于是，首先在制茶、饮茶方法上出现了大变化。元代茶饮有四类：

1. 茗茶

品饮方法已与近代泡茶相近。先采嫩芽，去青气，然后煮饮。这种方法有人认为可能是连叶子一起吃下去，所以叶必嫩不可。

2. 末子茶

采茶后先焙干，再磨细，但不再榨压成饼，而是直接储存。这种茶是为点茶用，近于日本现在茶道用的末茶。

3. 毛茶

毛茶是在茶中加入胡桃、松实、芝麻、杏、栗等物一起吃，连饮带嚼。这种吃法虽有失茶的正味，但既可饮茶，又可食果，颇受民间喜爱。至今我国湖南、湖北等地吃茶爱加青果、青豆、米花，北方则加入红枣，便是元代毛茶的遗风。元代不仅民间喜爱毛茶，文人也有以毛茶自娱的。倪瓒是著名文人，他住在惠山中，以核桃、松子等杂果磨成粉合制成石子般的小块，客人来，茶中加入这种“添加剂”，称作“清泉白石茶”。

4. 蜡茶

蜡茶也就是团茶。但当时数量已大减，大约只有宫廷吃得。从以上情况看出，团茶仍保存，但数量已很少。末茶制作也较简易，是为保留宋代斗茶法。而直接饮青茗和毛茶就更简便。这既适于北方民族，也适应于汉族民间。

（二）明代以茶雅志的茶文化

明清是中国封建社会的衰落时期。明朝统治者对文人实行高压政策，文人是很难抒发政见的。

在此情况下，不少文人胸怀大志而无处施展，他们又不愿与世俗权贵同流合污，乃以琴棋书画表达志向。而饮茶与这诸种雅事便很好地融合了。明初茶人大多为饱学之士，其志并不在茶，而常以茶雅志，别有一番抱负。

【拓展链接】

朱权《茶谱》

朱权（1378—1448），明太祖朱元璋第十七子，慧心敏悟，精于史学，旁通释老。

朱权对品饮从简行事，摆脱了延续千余年之久的繁琐程序，以具有时代特色的方式享受饮茶的乐趣。在《茶谱》里，朱权对茶品、茶器、茶具等一一提出了明确的要求：茶品“以味清甘而香，久而回味，能爽神者为上”。若“杂以诸香”，必然“失其自然之性，夺其真味”。为保持茶自然之性，贮茶以“不夺茶味”“香味愈佳”为度。点茶有序，“先须熁盏”，再“以一匕投盏内，先注汤少许调匀，旋添入。环回击拂，汤上盏可七分则止。着盏无水痕为妙”。为使茶能“香气盈鼻”，提倡以梅、桂、茉莉三花调茶。

资料来源：朱海燕，王秀萍，刘仲华．朱权《茶谱》的“清逸”审美思想［J］．湖南农业大学学报（社会科学版），2011，12（02）：82-85.

文徵明《品茶图》

明代，茶人独创幽静清雅的茶寮，是文人生活的重要场所。在这里读书看画、品茗独坐、接友待客，长日清谈，也是小型雅集的聚会所。明代文震亨《长物志》中道：“茶寮：构一斗室相傍山斋，内设茶具，教一童专主茶役，以供长日清谈，寒宵兀坐。幽人首务，不可少废者。”文徵明有一幅作于嘉靖十年（1531）的《品茶图》，是年文徵明六十二岁，自绘与友人于林中茶舍品茗的场景。

堂内二人对坐品茶清谈，几上置茶壶、茗碗；茶寮内炉火正炽，一童扇火煮茶，准备茶事，茶童身后几上摆有茶叶罐及茗碗，一场小型的文人茶会即将展开。画上作者的题诗也点明了此层意旨：“碧山深处绝纤埃，面面轩窗对水开。谷雨乍过茶事好，鼎汤初沸有朋来。”诗后跋文：“嘉靖辛卯，山中茶事方盛，陆子传过访，遂汲泉煮而品之，真一段佳话也。”

资料来源：周智修等. 茶艺培训教材Ⅲ. 中国农业出版社，2022：P254.

这一时期为时不长，但在中国茶文化史上非常重要，它不仅是辞旧辟新的阶段，更重要的是集中体现了中国士人茶文化的特点，反映了茶人清节励志的积极精神。除了诗、文及茶画，即便是饮茶器具也都以有深刻含意的词句命名。竹茶炉叫“苦节君”，盛茶具的都篮叫作“苦节君行省”，焙茶的笼子称作“建城”，贮水的瓶子叫作“云电”，意谓将天地云霞贮于其中。茶人寄予茶不同的含义，借茶来表达自己的愿望。

（三）清代的平民茶文化

明代以后封建政治渐渐走向了没落，表面看这一时期文人与明前期的风流雅致相似，但实际上完全失去了那阔大的抱负与胸怀。这一时期的饮茶文化更讲究，对茶的产地、滋味，水的高下，鉴别极精。在茶道哲学倾向上是唯美主义，所以对茶具的精致化有很大促进。

清代的统治者，尤其是康熙、乾隆皆好饮茶，乾隆首倡了新华宫茶宴，每年于元旦后三日举行。仅清一代在新华宫举行的茶宴便有六十次之多。这种情况使得清代整个上层社会品茶风气尤盛，进而也影响到民间。

清代前期，中国的茶叶生产有了惊人的发展，种植的面积和产量较前朝都有了大幅度的提高。茶叶更以大宗贸易的形式迅速走向世界，曾一度垄断了整个世界市场。茶由此进入了商业时代。清代是中国历史上茶馆行业鼎盛的时期，各类茶馆遍布城乡，数不胜数，构成了近代绚烂多彩的茶馆文化现象。

以北京为例，清末民初茶馆遍于全城，而且有适合于各层次人们活动的场所。有专供商人洽谈生意的清茶馆；有饮茶兼品尝食品的“贰浑铺”；有说书、表演曲艺的书茶馆；有兼各种茶馆之长、可容三教九流的大茶馆；还有供文人笔会、游人赏景的野茶馆。茶馆里既有走卒贩夫，也有大商人、大老板，也可以有唱曲儿的、卖艺的，还可以有提笼架鸟的八旗子弟。在茶馆里，封建的等级制度是不好讲究了，茶作为人际交往的手段，通过茶馆这种特殊场合最突出、最充分地发挥出来。

清末民初饮茶方法简易化，复杂的茶具不再被用，而壶与碗便被突出出来。随着不同发酵程度的茶叶出现，不同茶的色、香、味也得以显现，这对不了解茶的内在属性的外国人更有吸引力。随着茶叶和茶具的出口，中国茶更广泛为世界各国所知。中国茶文化随着时代的变化走向世界。

五、多元交汇的复兴期

（一）初兴阶段

1981—1982 年全国茶叶积压，点燃了茶文化宣传的火种。为了开拓国内市场，引导消费，国家商业部茶叶畜产局组织各地大力开展茶知识宣传，扩大茶叶销售。在中央电视台“为您服务”栏目介绍茶的知识，接着各地也纷纷开展了饮茶的宣传活动。庄晚芳先生主编的通俗读物《饮茶漫话》，1983 年被日本的松崎芳郎翻译并在期刊上连载，为茶文化的宣传提供了基本框架。在庄晚芳先生的倡导下，1982 年在杭州成立“茶人之家”，并出版了当时唯一的茶文化刊物《茶人之家》。1988 年吴觉农先生主编的《茶经述评》也正式出版发行。这期间，各种茶学研讨会也陆续举办。1988 年，庄晚芳先生提出的中国茶德“廉、美、和、静”四字原则，引起了茶学界的广泛关注和讨论，成为中国茶道的基本精神。1989 年 9 月，“首届茶与中国文化展示周”在北京民族文化宫举行，全面展示了中国茶文化的深厚底蕴和丰富多彩的内涵。全国有 120 余家茶叶主管企业参加展出。日本、美国、英国、摩洛哥、突尼斯、巴基斯坦、毛里塔尼亚等国家和中国香港、台湾地区的多家企业参加贸易洽谈。

（二）复苏阶段

为了弘扬茶文化，茶行业内的民间社团纷纷组建。1990 年中华茶人联谊会在北京正式成立，担负起国内茶人和世界华人的茶文化交流任务；1992 年中国茶叶流通协会在浙江宁波召开成立大会，也将弘扬茶文化列为工作任务之一；1994 年中国国际茶文化研究会经过多年酝酿在杭州宣告成立。中国国际茶文化研究会连续多年举办国际茶文化研讨会，研讨会的规模一次比一次大，规格一次比一次高，内容一次比一次丰富，影响一次比一次广泛。

在 20 世纪 90 年代十年间，出版发行的茶典籍有《中国茶经》《中国茶事大典》《中国茶文化经典》《中国茶事大辞典》《中国古代茶叶全书》《中国茶叶五千年》《中国名茶志》等，还有历代的茶史、茶道、茶艺、茶具、茶馆、茶人传记、介绍各地名茶以及众多介绍茶文化的图书，为进一步弘扬和发展茶文化提供了充实的基础资料。

（三）发展阶段

21世纪以来，是茶文化与构建和谐社会紧密融合的阶段。泡茶饮茶艺术受到更广泛的重视，人们从审美角度宣传茶文化。各地大力发掘和整理深藏在民间的各种饮茶习俗和各种茶类的泡饮方法，并经过艺术加工搬进茶馆，搬上舞台。同时，全国各地茶文化传播工作如火如荼地开展。

【任务训练】

1. 绘制中国茶文化发展时间轴，标注关键特征、代表事件及影响，阐述各阶段的传承关系。

2. 选择一位在中国历史上与茶有着紧密联系的名人（如陆羽、苏轼等），深入研究其生平事迹、茶文化观点和茶相关的作品。

【拓展链接】

饮茶起源的传说——神农说

中国古代有一位神农氏，立誓遍尝百草，用来制药，以解除百姓疾病之苦，为此数次中毒，但他都凭借丰富的自救经验而死里逃生了。有一天，神农氏又进山采药，翻山越岭，不辞辛劳，到了中午，火辣的太阳在天上照着，不觉有些口干舌燥起来，便寻找就近的水源，以解口渴之苦。忽然一片树叶飘到眼前，拾起一看，竟不知何物。

神农氏本就有遍尝百草之誓，这次当然也不会错过。但由于几次中毒的教训，他不由得慎重起来，看看叶子，颜色青绿可爱，还有一股清香扑鼻而来。凭着丰富的经验，神农氏知道它应该属于无毒的一种植物，尝后有苦涩味，神农氏断定它是一种止渴提神的药。而正是这种药，衍生出后来品类繁多的茶叶家族和后世博大精深的茶文化。

被誉为“茶圣”的陆羽在《茶经》中记载，“茶之为饮，发乎神农氏”，而中国饮茶起源于神农的说法，也因民间传说而衍生出很多不同的观点。神农发现茶的饮用和药用价值，是当中最普遍的说法。

任务三　以茶行道

【基础知识】

茶原本为一世间俗物或生活必备品，例如民间俗语说道“开门七件事，柴米油盐酱醋茶”，而当人们赋予它精神内涵后，如中国文人推崇的七件事“琴棋书画诗酒茶”，茶便成为了道的载体。

中国茶道，是极具包容性的，通过各种与茶相关的表现形式上升到精神境界，例如茶诗、茶舞、茶戏、茶画等艺术形式。中国人对茶道的阐释丰富、多元，而且非常具有包容性，不同民族、不同信仰、不同学派都能融合茶的思想，形成各自的茶学体系。茶道实际是整个中华文明精华集结交融的产物。本节从影响中国传统文化最深的儒、道、佛三种思想探究中国茶道。

一、儒家思想与中国茶道精神

儒家思想产生于古代，是中国文化的根基。各家茶文化精神都是以儒家的中庸为前提。清醒、达观、热情、亲和与包容，构成儒家茶道精神的欢快格调。儒家茶道是寓教于饮，寓教于乐。在民间茶礼、茶俗中，儒家的欢快精神表现得特别明显。中国茶道，也多方体现了儒家中庸之温、良、恭、俭、让的精神，并寓修身、齐家、治国、平天下的人生抱负于品茗饮茶的日常生活之中。

茶与儒家

（一）茶之和

中国茶道引入儒家自然观解释茶性、茶事、茶人，充分体现了儒家对中庸、和谐的基本价值追求。有人说，西方人性格像酒，火热、兴奋，但也容易偏执、暴躁、走极端，动辄决斗，很容易对立；中国人性格像茶，总是清醒、理智地看待世界，不卑不亢，执著持久，强调人与人相助相依，在友好、和睦的气氛中共同进步，中国人的思维方法或许可尽量减少人类不必要的灾难。所以，茶文化从中国这块土壤上诞生，有着深厚的思想根源。

儒家在处理人与自然的关系中，主张天人合一，五行协调。在社会生活中，中国人主张有秩序，相携相依，多些友谊与理解。

儒家中庸思想与茶道的融合。儒家主张在饮茶中沟通思想，创造和谐气氛，增进彼此的友情。饮茶可以更多地审己、自省，清清醒醒地看自己，也清清醒醒地看别人。各自内省的结果，是加强理解，“理解万岁”！过年过节，各单位举办茶话会，表示团结；有客来敬上一杯香茶，表示友好与尊重。常见酗酒斗殴的，却不见茶人喝茶打架，哪怕品饮终日也不会抡起茶杯翻脸。

中国茶文化贯穿着和谐的精神。中国历史上，无论煮茶法、点茶法、泡茶法，都讲究“精华均分”。好的东西，共同创造，也共同享受。从自然观念讲，饮茶环境要合乎自然，程式技巧等茶艺手段既要与自然环境协调，也要与人事、茶人个性相符。青灯古刹中，体会茶的苦寂；琴台书房里体会茶的雅韵；花间月下宜用点花茶之法；民间俗饮要有欢乐与亲情。从社会观说，整个社会要多一些理解，多一些友谊。茶壶里装着天下宇宙，壶中看天，可以小中见大。

【拓展链接】

陆羽风炉

陆羽创中国茶艺，无论形式、器物都首先体现和谐统一。他所做的煮茶风炉，形如古鼎，符合《周易》思想。而《周易》被儒家称为“五经之首”。除用易学象数原理严格定其尺寸、外形外，这个风炉主要运用了《易经》中三个卦象：坎、离、巽，来说明煮茶包含的自然和谐的原理。坎在八卦中为水；巽在八卦中代表风；离在八卦中代表火。陆羽在三足间设三窗，于炉内设三格，三格上，一格刻“翟”图，翟为火鸟，然后绘离的卦形；一格刻鱼图，绘坎卦图样；另一格刻“彪”图，彪为风兽，然后绘巽卦。陆羽说，这是表示“风能兴火，火能熟水”。故又于炉三足上写下：“坎上巽下离于中”“体均五行去百疾”“圣唐灭胡明年铸”。在西方人看来，水火是两种根本对立难以相容的事物。但在中国人看来，二者在一定条件下却能相容相济。

（二）茶之悦

儒家认为饮茶可以使人清醒，可以使人更多地自省，可以养廉，可以修身，可以修德，茶道强调的就是茶对人格自我完善的重要性。儒家的这种人格思想是中国茶文化的基础。茶是至清之物，就不可避免地主张清心寡欲、六根清净。高雅、深邃、清心、宁神的饮茶过程就是一个精神调节和自我修养过程，就是灵魂的净化过程。文人多有仕途失意，大多寄情于自然，文友相叙吟诗联句，与佳茗相伴，与茶结缘者不可胜数。茶可以使人清醒，排遣孤闷，令人心胸开阔，助诗兴文思而激发灵感。

中国的儒学，即使在它走向保守以后，仍然是入世而不是避世。中国的知识分子，从来主张“以天下为己任”“为生民立命”“为天地立心”，很有使命感和责任心，中国茶文化很好地吸收了这种优良传统。

儒家的人生观是积极的、乐观的。在这种人生观的影响下，中国人总是充满信心地展望未来，也更积极地重视现世人生，他们往往能从日常生活中找到乐趣。在我国的茶文化中也同样蕴含着积极的、济世的乐观主义精神。我国古代嗜茶者比比皆是，苏东坡因自己嗜茶，故想不通当年晋人刘伶何以长期沉湎于酒中。唐代韦应物则在《喜园中茶生》中写到诗人自己于政事之余栽种茶树，表达了诗人亲手种植茶树、观荒园茶生的喜悦心情。

茶人们于松风明月间仍时时不忘家事、国事。茶人们从饮茶中贯彻儒家修、齐、治、平的大道理，大至兴观群怨，规矩制度节仪，小至怡情养性，无一不关心时事。至于消闲的作用，当然是有的。儒家向来主张一张一弛，文武之道，不必要终日、终生都绷着脸，当进则进，当退则退。即使闲居野处，烹茶论茗，也一直保持着儒家积极入世的精神。

（三）茶之礼

中国向来被称为“礼仪之邦”。儒家思想中的礼，比如敬老爱幼，兄弟礼让，尊师爱徒，一直被视为民族文化被传承。中国人主张礼仪，是主张互相节制、有秩序。茶使人清醒，所以在中国茶道中也吸收了“礼”的精神。

南北朝时茶已用于祭礼，唐以后历代朝廷皆以茶荐社稷、祭宗庙，以至朝廷进退应对之盛事，皆有茶礼。宋代宫廷茶文化的一种重要形式便是朝廷茶仪，朝廷春秋大宴皆有茶仪。

【拓展链接】

宋徽宗《文绘图》

宋徽宗赵佶，一生爱茶，更著有茶书《大观茶论》，他所绘的《文会图》乃茶画作品中的翘楚。此作品描绘了在宫中的某一处庭院皇帝以茶宴请群臣的景象，细致刻画出园林里点茶品茗的盛况。宽敞的庭院，勾栏掩映，树影婆娑。三棵参天古树矗立其中，一棵明显为柳树，另外两棵则互相交缠，如若“连理”。徽宗赵佶比较喜爱以奇石、瑞鹤等元素来表现祥瑞，这里的古树应是同样表现祥瑞之意。偌大的席上都被摆满了，尤以菜肴、酒壶、杯盏为多，体量稍大的果盘、花卉更多居中摆放，聊以点缀。九位文人三三两两地围坐在雅席旁，神情、姿态各异，他们或侃侃而谈，或互相求教，或静坐思索。侍者们则端捧杯盘，往来其间。雅席的另一边则是备茶场景。那里设有三两小桌、茶床，桌上有数只青白釉茶盏、黑漆盏托，桌下则有一个白釉茶瓶。

宋代是茶文化发展的高峰，宋太祖赵匡胤、宋徽宗赵佶等最高统治者对茶的喜爱直接推动了茶文化的普及，自上而下形成了全民饮茶之风，进而从唐代的煎茶道发展到宋代的点茶道，而在点茶的技艺里又衍生出斗茶的娱乐项目。

资料来源：许嘉蕾．从《文会图》看茶文化与中国传统艺术文化的互渗．汉字文化，2021（11）：166–167.

在《宋史・礼志》《辽史・礼志》中，到处可见“行茶”记载。《宋史》卷一百一十五《礼志》载，宋代诸王纳妃，称纳彩礼为“敲门”，其礼品除羊、酒、彩帛之类外，还有“茗百斤”。这不是一种随意的行为，而是必行的礼仪。自此以后，朝廷会试有茶礼，寺院有茶宴，民间结婚有茶礼，居家茗饮皆有礼仪制度。

释家仪轨中，茶礼是重要内容。元代德辉记载《百丈清规》中十分具体地规定了出入茶寮的规矩。如何入蒙堂，如何挂牌点茶，如何焚香，如何问讯，主客座位，点茶、起炉收盏、献茶，如何鸣板送点茶人……规定十分详细。至于僧堂点茶仪式，同样有详细规定。这可以说是影响禅宗茶礼的主要经典，同样也影响了世俗茶礼的发展。

明人邱浚《家常礼节》更深刻地影响民间茶礼，甚至其影响传布到国外。如韩国至今家常礼节仍重茶礼。这些茶礼表面看被各阶层、各思想流派所运用，但总的说，都是中国儒家“礼制”思想的产物。茶礼过于繁琐，当然使人感到不胜其烦，但其中贯彻的精神还是有许多可取之处。如唐代鼓励文人奋进，向考生送“麒麟草”；清代表示尊重老人举行“百叟宴”；民间婚礼夫妻行茶礼表示爱情的坚定、纯洁……都有一定积极意义。

茶礼所表达的精神，主要是秩序、仁爱、敬意与友谊。现代茶礼可以说把仪程简约化、活泼化了，而“礼”的精神却加强了。无论大型茶话会，或客来敬茶的“小礼”，都表现了中华民族好礼的精神。

二、道家思想与中国茶道精神

中国茶文化吸收了儒、道、佛各家的思想精华，中国各重要思想流派都作出了重大贡献。儒家从茶道中发现了兴观群怨、修齐治平的大法则，用以表现自己的政治观、社会观。表面看，儒与道朝着完全相反的方向发展。儒家立足于现实，什么事都积极参与，喝茶也忘不了家事、国事、天下事；道家强调“无为”，避世思想浓重。但实际上，在中国，儒道经常是相互渗透，相互补充的。儒家主张“一张一弛文武之道”“大丈夫能屈能伸”，条件允许便积极奋斗，遇到阻力，便拐个弯走，退居山林。而道家的“避世”“无为”，也反映了中国文化柔韧的一面，可以说对儒家思想是个补充。

茶与道家

【拓展链接】

老庄思想

老子姓李名耳，生于两千七百多年以前的楚国。一般人容易只看事物的外部，老子强调要深入事物的内部；一般人只看事物的正面，老子专爱强调它的反面。人们说刚强的好，他说牙齿硬，掉得快；舌头软，至死与人同在。人们说聪明好，他又说大智若愚；人们说要有为，他便说无为而治是第一流的政治家。老子主张以小见大，师法自然，回归到质朴的自然状态，国家也好治理了，人自己苦恼也少了。老子的思想从矛盾的另一个侧面丰富了中国文化思想，为中国文化扩大了领域，增加了弹性和韧性。庄子是老子的学生，他喜欢用幽默的语言、生动的故事，天上地下的恢宏气魄、无边无际的浪漫手法和诗一样的语言说明人间和宇宙万物中的大道理。老庄思想的共同特点是不把人与自然、物质与精神分离，而将其看成一个互相包容、联系的整体。中国茶文化是这种思想的典型反映。

（一）茶之天然本真

中国茶人接受了老庄思想，强调天人合一，精神与物质的统一。中国茶道认为茶是“南方之嘉木”，是大自然恩赐的“珍木灵芽”，在种茶、采茶、制茶时必须顺应大自然的规律才能产出好茶。行为方面，中国茶道讲究在茶事活动中，一切要以自然为美，以朴实为美，动则行云流水，静如山岳磐石，笑则如春花自开，言则如山泉吟诉，一举手，一投足，一颦一笑都应发自自然，任由心性，绝不造作。精神方面，道法自然，返璞归真，表现为自己的心性得到完全解放，使自己的心境得到清静、恬淡、寂静、无为，使自己的心灵随茶香飞舞，仿佛自己与宇宙融合，升华到“无我”的境界。

【拓展链接】

苏轼　汲江煎茶

宋代大文学家苏轼更把整个汲水、烹茶过程与自然契合。他的《汲江煎茶》诗云：

活水还须活火烹，自临钓石取深情。
大瓢贮月归春瓮，小杓分江入夜瓶。
雪乳已翻煎处脚，松风忽作泻时声。
枯肠未易禁三碗，坐听荒城长短更。

诗人临江煮茶，首先感受到的是江水的情意和炉中的自然生机。他亲自到钓石下取水，不仅是为煮茶必备，而且取来大自然的恩惠与深情。大瓢请来水中明月，又把这天上银辉贮进瓮里，小杓入水，似乎又是分来江水入瓶。茶汤翻滚时，发出的声响如松风呼啸，或是真的与江流、松声合为一气了。然而，茶人虽融化于茶的美韵和自然的节律当中，却并未忘记人间，而是静听着荒城夜晚的更声，天上人间，明月江水，茶中雪乳，山间松涛，大自然的恩惠与深情，荒城的人事长短，都在这汲、煎、饮中融为一气了。茶道中天人合一、情景合一的精神，被描绘得淋漓尽致。

（二）茶之养生

把饮茶推向社会的是佛家，把茶变为文化的是文人儒士，而最早以茶自娱的是道家。我国关于饮茶的大量记载出现在晋和南北朝。其中，许多饮茶的故事出现在道家的神怪故事中。道家思想宗教化变为道教，但中国人对上帝鬼神的信仰总是不十分笃实的，道教其实并没有太严格的教义，只不过把老庄思想神化。所以，道家也常被称为神仙家。当时，佛教传入中国不久，不少人还难以认识佛的本质，常把佛也归入神仙家之类。道教的要义无非是清静无为，重视养生，茶对这种修炼方法再有利不过，所以道士们皆乐于用。

茶除有助于空灵虚静的道家精神要求外，道家思想宗教化之后所采用的修炼方法显然与茶相宜。道教的修炼方法一曰内丹，即胎息以炼自身之气；二曰存思，即将自己的意念寄托于天地山川或身体某个部位，求得“忽兮恍兮，其中有象”的效果；三曰导引沐浴，用意念引导阳光、雨露、星月之辉淋浴己身而去除污浊之气；四曰服食烧炼，即通过食品中化学物质或草木果品，帮助健身强体。道教的修炼方法，是典型的中国“现实主义”，来世先不必去求，今生首先要做个寿星，称个“神仙”。用现代科学道理分析，这不过是一套气功修炼的方法。修炼气功，人不能睡，但又要在尽量虚静空灵的状态下才能产生效果，除去其中的宗教迷信色彩，这原来是气功保健和开发特异智能的好方法。要打坐，炼内丹，必有助功之物。

道家炼所谓“金石之药”，虽然对我国古代化学研究作出贡献，但真的吃下去却常常出问题，甚至丧生。而服用草木果品，却是很有道理的。茶能提神清思，而且确实有升清降浊、疏通经络的功效，所以不仅道家练功乐用，佛家坐禅也乐用。因此，可以说道家研究茶的药理作用是最认真的。道家修炼，又主张内省。当饮茶之后，神清气爽，自身与天地宇宙合为一气，在饮茶中可以得到这种感受。

【拓展链接】

道家茶人陶弘景

道家最伟大的茶人大概要算陶弘景了。陶为南朝齐梁时期著名的道教思想家，同时也是大医学家。他字通明，自号华阳居士，丹阳秣陵（今江苏镇江）人。陶弘景曾仕齐，拜左卫殿中将军。入梁，在句曲山（茅山）中建楼三层，隐居起来。时人看见，以为是神仙。梁武帝礼请下山，陶弘景不出，但武帝有要事难决时便派大臣去请教，号称“山中宰相”。他的思想脱胎于老庄哲学和葛洪的神仙道教，也杂有儒、佛观点。陶氏在医药学方面很有成就，曾整理古代的《神农本草经》，并搜集魏晋间民间新药，著成《本草经集注》七集，共载药物七百三十种。现已在敦煌发现残本。另著有《真诰》《真灵位业图》《陶隐居本草》《补阙肘后百一方》《药总诀》等书。可见他既是个政治家、思想家，又是医药学家。他在《桐君采药录》中的注解内，备述西阳（今湖北黄冈）、武昌、声江（今安徽合肥）、晋陵（今江苏武进）等地所产好茶，以及巴东所产珍茗。陶氏是从茶的药用价值方面来看待茶的。

（三）茶之无为

老庄主张“无为”，实际上，无为之中包含有为，包含着一个阔大无边的大宇宙观。庄子的思想向往天上地下、无边无际的遨游，一会儿是直上九重霄汉的大鹏，一会儿是游于三江四海的鲲鱼。道家认为，事物是不断发展变化的，所谓一生二,二生三,三生万物。

唐宋以后儒家趋向保守，畏天命而谨修身；佛教虽出现了许多流派，但总的说是认为在劫难逃。只有道教，用无边的宇宙和生息不断的观念鼓舞自己“长生不死”“羽化飞升”，表现出对生命的无限热爱，所以，不能一概以“唯心主义的幻想”来看。抱着这种乐观的理想饮茶，使许多茶人十分注意从茶中体悟大自然的道理，获得一种淡然无极的美感，从无为之中看到大自然的勃勃生机。所以，真正的茶人胸怀通常是十分阔大的，虚怀若谷，并不拘泥茶艺细节。

自我修养要“忘我、无私”，与大自然契合，由茶釜中沫饽滚沸想到那滚滚的江河、湖海、大气、太极。最后，自己忘掉了，茶也忘掉了，海也忘掉了，大气和星河也忘掉了，人、茶、器具、环境浑然一气，这才能真正身心愉悦，即所谓大象无形也。所以，中国茶道精神要在无形处、无为处、空灵虚静中感受自然，无形的精神力量大于有形的程式。这正是受道家影响的结果。

三、禅文化与中国茶道精神

禅，只是佛教中的许多宗教分支之一，当然不能说明整个佛教与中国茶文化的关系。但应当承认，在佛学诸派中，禅宗对茶文化的贡献确实不小。尤其在精神方面，有独特的体现，并且在对中国茶文化向东方国家推广方面，曾经起到重要作用。

中国文化是一个大熔炉，任何一种外来思想若不在这个熔炉中冶炼、适应，便很难在这块土地上扎根，更谈不到发展。佛教，在中国古代史上是影响最大的外来文化，它之所以能在中国不断发展，正是因为首先有这样一个与中国传统交融、适应的过程。

（一）茶之禅意

佛理与茶理真正结合是禅宗的贡献。佛教刚入中国还与玄道、神仙相伴，到后来其宗教特征才越来越鲜明。第六世中国禅宗的传人慧能对禅宗的彻底中国化作出了重要贡献，他主张一是“顿悟”，不要修行那么长时间等来世。二是主张“相对论”，他对弟子说，我死后有人问法，汝等皆有回答方法，天对地，日对月，水对火，阴对阳，有对无，大对小，长对短，愚对智……即说话考虑这两方面，不要偏执。这既与道家的阴阳相互转换的思想接近，又与儒家中庸思想能相容纳。三是认为佛在“心内”，过多地造寺、布施、供养，都不算真功德，你在家里念佛也一样，不必都出家。这对统治者来说，免得寺院过多与朝廷争土地，解决了许多矛盾；对一般人来说，修行也容易；对佛门弟子来说，可以免去那么多戒律，比较地接近正常人的生活。所以禅宗发展很快。尤其到唐中期以后，士大夫朋党之争激烈，禅宗给苦闷的士人指出一条寻求解除苦恼的办法，又可以不必举行什么宗教仪式，做个自由自在的佛教信徒，所以士人也推崇起佛教来。而这样一来，佛与茶终于找到了相通之处。

茶与佛家

（二）茶之意境

有人认为僧人们“吃茶去”的口语犹如俗人“吃饭去”“喝酒去”“旁边待着去”！至多也只能说明僧人有饮茶嗜好，大多是些“茶痴茶迷”，谈不到茶与禅的一味或沟通。其实，所谓“茶禅一味”也是说茶道精神与禅学相通、相近，也并非说茶理即禅理。

禅宗的有无观，与庄子的相对论十分相近，从哲学观点看，禅宗强调自身领悟，即所谓“明心见性”，主张所谓有即无，无即有，不过是劝人心胸豁达些，真靠坐禅把世上的东西和烦恼都变得没有了，那是不可能的。从这点说，茶能使人心静，不乱，不烦，有乐趣，但又有节制，与禅宗变通佛教规戒相适应。所以，僧人们不只饮茶止睡，而且通过饮茶意境的创造，把禅的哲学精神与茶结合起来。

禅是中国化的佛教，主张“顿悟”，你把事情都看淡些就“大觉大悟”了。在茶中得到精神寄托，也是一种“悟”，所以说茶可得道，茶中有道，佛与茶便连接起来。道家从饮茶中找一种空灵虚无的意境，儒士们失意，也想以茶培养自己超脱一点的品质，三家在求“静”、求豁达、明朗、理智这方面在茶中一致了。但道人们过于疏散，儒士们终究难摆脱世态炎凉，倒是禅僧们在追求静悟方面执著得多，所以中国“茶道”二字首先由禅僧提出。这样，便把饮茶从技艺提高到精神的高度。

【拓展链接】

吃茶去

中国禅宗史上有个名气很大的禅师，叫赵州和尚，几乎是无人不知、无人不晓。

赵州和尚最著名的公案是“吃茶去”。“吃茶去”实际上是一则禅林偈语。说起它的来历，却有一段有趣的故事。赵州和尚嗜茶成癖，每日的口头禅就是“吃茶去”。

一天，有位僧人前来赵州和尚处。

赵州和尚问他：“你以前曾到过这里吗？”

僧人回答说：“曾经到过。”

赵州和尚说：“吃茶去。”

不久又有另一个僧人来到。

赵州和尚问：“曾经到过这里吗？”

僧人如实回答：“以前不曾到过。”

赵州和尚对他说：“吃茶去。”

事后赵州禅院院主不解其意，问赵州和尚：“为什么到过也说吃茶去，不曾到过也说吃茶去？”

当时赵州和尚突然高声叫道：“院主！”

院主大吃一惊，不知不觉应了一声。

赵州和尚马上就说：“吃茶去。”

赵州和尚这三声颇有意味的“吃茶去”说出后，很快在禅林流传开来，成为一句禅林法语，又称赵州法语，禅门称作“赵州禅关”，经常在禅家的公案中为僧侣喜闻乐道。

（三）茶之禅仪

唐末，禅宗对于戒律进行了重新规范，制定了《百丈清规》。对僧人的坐卧起居、饮食之规、长幼次序、人员管理等都作了规定。僧人一律进僧堂，连床坐禅，晨参师，暮聚会，听石磬木鱼声行动，饮食用现有物品随宜供应，以示俭朴。茶是佛家的良友，对茶的规矩也规范得非常清楚，从此佛家茶仪正式出现。

唐宋佛寺常举办大型茶宴。如余姚径山寺，南宋宁宗开禧年间经常举行茶宴，僧侣多达千人。宋代径山寺茶质量很高，径山寺以佛与茶同时出名，号称江南禅林之冠。茶宴上，要坐谈佛经，也谈茶道，并赋诗。径山茶宴有规定程式，先由主持僧亲自“调茶”，以表对全体佛众的敬意。然后由僧一二献给宾客，称“献茶”。宾客接茶后，打开碗观茶色，闻茶香，再尝味，然后评茶，称颂茶叶好，茶煎得好，主人品德高。这样，把佛家清规、饮茶谈经与佛学哲理、人生观念都融为一体，开辟了茶文化的新途径。

禅门清规将日常饮茶和待客方法也加以规范。元代德辉所记录的《百丈清规》，对出入茶寮的礼仪、“头首”在僧堂点茶的过程，都有详细记载。蒙堂挂出点茶牌，点茶人入寮先行礼讯问合寮僧众。寮主居主位，点茶人于宾位，点茶过程中要焚香，点完茶收盏，寮主“起炉”、相谢。然后请众僧人，点茶人复问讯、献茶。茶喝毕，寮主方与众僧送点茶人出寮……仪式虽然复杂，但合乎中国古代社会礼仪，所以不仅禅院实行，俗人也竞相效仿。到元明之时，出现“家礼”“家规”，也效仿禅院礼仪，把家庭敬茶方法也规定进来。

饮茶作为礼仪，早在唐代已在朝廷出现，宋代更加以具体化。但朝廷茶仪民间是难以效仿的，倒是禅院茶礼容易为一般百姓接受。所以，在民间茶礼方面，佛教的影响更大。

【任务训练】

1. 依传统茶道品茶，从茶的各方面特征领悟自然人生之道，写不少于800字感悟文，谈茶道如何融入生活提升个人修养。

2. 学习茶道基本礼仪规范及不同场合应用，分组演练。

【拓展链接】

径山茶宴

径山禅寺创建于唐天宝年间，由法钦禅师开山。南宋时名僧大慧宗杲住持该山，弘传临济杨岐宗法，提倡“看话禅”，由此道法隆盛。南宋嘉定年间被评列为江南禅院“五山十刹”之首，号称“东南第一禅院”。径山寺的茶文化历史悠久，每年春季都要举行茶宴，自唐以来，径山境会亭茶宴形成一套颇为讲究的茶宴礼仪，径山茶宴是径山寺接待贵客上宾时的一种大堂茶会，是独特的以茶敬客的庄重传统茶宴礼仪习俗，是我国古代茶宴礼俗的存续，也是我国茶俗文化的杰出代表。径山茶宴源于唐朝中期，盛行于宋元时期，后流传至日本，成为日本茶道之源。

径山茶“色淡味长”，品质优良，自宋以来被选为皇室贡茶并用以招待高僧及名流。南宋时都城南迁杭州，众多宫廷显贵以及陆游、范成大等名流都曾慕名到径山寺参佛品茶。宋孝宗皇帝还偕显仁皇后登临径山，改寺名为“径山兴圣万寿禅寺”，且亲书寺额。所题“孝御碑”，历八百余年至今残碑犹存。朝廷也多次假径山寺举办茶宴招待有关人士，进行社交活动。每遇朝廷钦赐袈裟、锡杖的盛典或祈祷会时，都会设茶宴款待寺院高僧及当地的社会名流，从而使得径山茶宴名扬天下。

径山茶宴兼具山林野趣和禅林高韵而闻名于世，举办茶宴时众佛门弟子围坐茶堂，茶宴之顺序和佛门教仪，依次为：

点茶：由住持亲自冲点香茗“佛茶”，以示敬意；

献茶：由寺僧们依次将香茗奉献给来宾；

闻香：赴宴者接过茶后先打开茶碗盖闻香；

观色：举碗观赏茶汤色泽；

尝味：启口，在“啧啧”的赞叹声中品味；

叙谊：论佛诵经，谈事叙谊。

径山茶宴堂设古雅，程式规范，主恭客庄，礼仪备至，依时如法，和洽圆融，蕴涵丰富，体现了禅院清规和礼仪、茶道的完美结合，具有品格高古、清雅绝伦的独特风格，堪称我国禅茶文化的经典样式。径山茶宴悠久的历史价值和丰富的文化内涵，以茶论道，茶禅一味，体现了中国禅茶文化的精神品格。

任务四　民俗茶语

【基础知识】

中国的茶文化源远流长，其实不仅是汉族有各种各样的茶文化，很多少数民族都有自己“约定俗成”的茶文化。这些茶文化不但表达了不同地域、不同民族对茶的喜爱，而且这里还蕴含着人们在生产生活中得到的人生哲理。

一、云南少数民族茶文化

中国是茶的故乡，云贵高原又是中国茶的原生故地。云南，既有宜茶的人文环境，又有宜茶的自然环境。云南不仅茶多、茶好，而且有宜茶的好山、好水和会烹茶、敬茶的各族好儿女。苍山脚下、洱海之滨、滇池之畔，到处都是茶山、茶树、茶花、茶人。中国古代茶人讲究品茶环境，而整个云南就可看作天下最美的“自然茶寮”。

（一）昆明九道茶

九道茶，是昆明书香人家待客的茶仪。昆明号称花城，读书人更爱花。饮昆明“九道茶”，主人先把你带入一个花的氛围，主人家一般都植有各种名花奇卉，山茶花更是独压群芳，必不可少的。所谓“九道茶”，是指茶艺的九道程序，即择茶、净具、投茶、冲泡、浸茶、匀茶、斟茶、敬茶、品饮。云南姑娘具有天然的清丽、雅洁气质，故这些工作常由少女担任。她们会在父母的示意下首先摆出家中珍藏的几种好茶，任客评论选择。客人选好某种茶叶后，少女铺好蜡染茶巾，将各种器具当着客人的面洗涤，表示器具清洁无污，然后投茶，冲水。待茶香溢出，茶色正好，便以娴熟优美的动作倒入杯中。再以客人年纪、辈分或身份分次序将一杯杯茶敬献于客人的面前。家主随即说“请茶”，客人便可品饮了。茶过几巡，主人往往讲一些有关茶的故事与传说，以及云南的湖光、山色、景物、风情。

（二）白族三道茶

白族的三道茶里的“三道”，不是指程序，而是请客人品饮三种不同滋味的茶饮。操作一般也由女儿们进行。第一碗送来，是加糖的甜茶，首先向客人表示甜美的祝愿。第二道，却专寻苦叶浓重的纯茶，不加佐料。这时，便可叙家常、谈往事，既有对过去生活的艰苦经历介绍，也可以讲述某些生动的故事使人体味人生历程的艰辛与美好。最后敬献一道，便是可以咀嚼、回味的米花茶，同时也象征祝你未来吉祥如意。这就是白族三道茶，主要表达的是有苦有甜有回味的“人生之道”。

（三）布朗族青竹茶

在茶叶的主产地西双版纳，布朗族主要聚居于勐海县的布朗山。布朗族是“濮人”的后裔，也是我们这个星球上最早种植茶叶的民族之一。商周时期，生活在元江流域和澜沧江思普地区的濮人已经开始种植茶叶。布朗族的青竹茶，是一种简便实用又特殊的饮茶方法。

其特点是用新鲜香竹作为煮茶和饮茶工具，煮茶的鲜竹筒长约 30 厘米，口径有的达碗口大小。饮茶的鲜竹筒一般长 15 厘米左右，底部很细很尖，插在地上，口径有酒盅大小。做法是先将装满山泉水的大竹筒靠在火塘上烘烤至沸腾，投入茶叶（多为毛茶），煮 7~8 分钟后，将茶水倒入短竹筒内饮用。这种茶多在打猎或远离寨子劳动时饮用。这种青竹茶，将山泉水、鲜竹青香与茶香味融为一体，滋味十分浓烈。

（四）傣族的竹筒茶

竹筒香茶是傣族人民特别钟爱的一种茶饮。傣族同胞世代生活在我国云南地区的南部和西南部，以西双版纳最为集中。傣族同胞能歌善舞且又热情好客。他们饮用的竹筒香茶，其制作和烤煮的方法尤为奇特，通常可分为五道程序：

（1）装茶：把采摘来的细嫩且经初加工而成的毛茶，放入生长期约为一年的嫩香竹筒中，分层逐层装实。

（2）烤茶：把装有茶叶的竹筒放于火塘边烘烤，为让筒内茶叶受热均匀，一般每隔 4~5 分钟应翻动竹筒一次。等到竹筒的色泽由绿转黄，筒内茶叶已烘烤适宜，便可停止烘烤。

（3）取茶：等到茶叶烘烤结束，用刀劈开竹筒，即变成了清香扑鼻、形若长筒的竹筒香茶。

（4）泡茶：取适量竹筒香茶，放在碗中，以刚沸腾的开水冲泡，3~5 分钟后便可饮用。

（5）喝茶：竹筒香茶品饮起来，既具茶的醇厚浓香，又有竹的馥郁清香，喝起来令人倍感清甜。也难怪傣族同胞不分男女老少，人人都喜饮竹筒香茶。

（五）基诺族的凉拌茶

滇南山区的基诺族主要聚居于云南西双版纳景洪基诺山。基诺山，是著名的产茶区，驰名中外的普洱茶是当地的特产。

凉拌茶以现采的茶树鲜嫩新梢为主料，再配以黄果叶、辣椒、大蒜、食盐等制成，具体加何物可依各人的爱好而定。制作时，先将刚采来的鲜嫩茶树新梢用手稍加搓揉，把嫩梢揉碎，然后放在清洁的碗内；再将新鲜的黄果叶揉碎，辣椒、大蒜切细，连同适量食盐投入盛有茶树嫩梢的碗中；最后加上少许泉水，用筷子搅匀，静置 15 分钟左右即可食用。与其说凉拌茶是一种饮料，还不如说它是一道菜更确切，因为它主要是在基诺族吃米饭时当菜吃的。凉拌茶味道清凉咸辣，爽口清香，吃后提神醒脑，具有一定的营养价值。基诺族人也把凉拌茶称为“拉拨批皮”。

以茶敬客，是西南各少数民族的普遍礼俗，甚至比汉民族更重用茶。侗族以“油茶”待客。油茶是用茶叶、糯米、玉米为原料加油而成，不仅制作方法十分讲究，而且注重饮用礼仪，在举火、献茶、饮用方面都有规矩。边疆民族各有各的茶俗礼仪，展现出不同的民族文化风采。

二、高原藏茶

（一）公主开启藏茶之路

藏族饮茶的历史可追溯到唐代，即 7 世纪中叶，至今已有一千三百多年。谈到藏民族饮茶不能不使人想起汉藏友谊的使者文成公主。公元 633 年，西藏赞普松赞干布平定藏北战乱，为加强与中原政权的联系，于贞观十五年（641 年）派使臣到长安，请求与唐王朝联姻。唐太宗决定把宗室之女文成公主嫁给松赞干布。文成公主入藏时携带了大量工匠和物资，据说仅作物种子即达三千八百余种，同时带入冶金、纺织、缫丝、造纸、酿酒等技艺，并将饮茶习俗带入西藏。唐代正是中原茶文化形成的时期，大量唐人入藏不仅带入饮茶之法，而且带入茶的礼仪和文化内容。茶成为深化西藏与中央王朝联系的纽带。

历史上的藏民大部分以游牧为生，多食乳酪，又少蔬菜，茶易化解乳肉，补充无蔬菜之缺憾。高原气候干燥，饮茶不仅能生津止渴，还能防治当地多种常见病，故官民皆乐于饮用。所以，藏民把茶不是仅看作为一般饮料，更将其视为神圣之物，认为“一日无茶则滞，三日无茶则病”。

（二）藏族寺院茶文化

藏族地区由于笃信佛教，更重视佛事中的茶事。人们往往把茶与神的功能联系在一起，藏民向寺庙求“神物”时，有药品，有“神水”，还要有茶。拉萨大昭寺至今珍藏着上百年的陈年茶砖，从饮用功能来说早已是无用之物了，僧人们却视为护寺之宝。可见，藏民看待茶，甚至比汉族还要神圣。茶既然被看作佛赐的神物，至洁至圣的东西，待茶的礼仪态度自然更为庄严。

藏族寺院喝茶是十分讲究的，单就茶具一节，虽不能与中原王室相比，但绝不亚于一般汉族富家大室。茶汤以大釜来盛，与寺院施舍活动结合，既吸收了中原茶道中雨露均施的思想，又包含了佛教济世观念。

（三）藏地酥油茶

酥油茶是藏族人民主要的佐餐饮料。一般藏民清晨先要喝几碗酥油茶才去劳作，由早至晚要饮五六次。酥油茶不仅为日用品，也是藏民体现待客之礼的珍品。每当有贵客到来，主人先要精制醇美的酥油茶。饮这种茶，十分重礼仪，主人为客人添茶，总使客人碗中油茶盈满。客人则千万不要一饮而尽，而要留下半碗等待主人添茶。如果主人把你的碗添满，你已不能再喝，便不要再动，直至辞别时再端碗一气饮下表示对主人的答谢。

茶在藏族人民心中是友谊、礼敬、纯洁、吉祥的象征。所以，饮酥油茶、青稞酒是藏民节日活动的重要内容。藏历七月的“沐浴节”、甘肃藏民的“香浪节”、预祝丰收的“望果节”、甘南牧民的“跑马节”、四川草地的“藏民节”等，在欢快的歌舞中，人们总要饮青稞酒，喝酥油茶。青海塔尔寺还有专以茶为主题的“酥油茶灯会”。

三、草原茶文化

蒙古族人喜欢喝茶，尤其喜欢喝奶茶。奶茶，是蒙古族人最喜好的不可缺少的饮料。俗话说，“宁可一日无餐，不可一日无茶”。在牧区，蒙古族往往是“一日三次茶”，却“一日一顿饭”。每天清晨，主妇们先煮上一锅奶茶，供全家整天喝。蒙古族人喜欢喝热茶，早上一边喝茶，一边吃炒米。

早茶后，将剩余的奶茶放在微火上暖着，以便随需随取。通常一家人只在晚上放牧回家后才正式用一餐，但早、中、晚三次喝奶茶一般是不能少的。如果晚餐吃的是牛羊肉，那么，睡觉前全家还会喝一次茶。至于中、老年男子，喝茶的次数就更多了。所以，蒙古族人平均茶年消费量高达 8 公斤上下，多的在 15 公斤以上。蒙古族人如此重饮（茶）轻吃（食），却又身强力壮，这固然与当地牧区气候、劳动条件有关，但也与奶茶的营养丰富，成分完全，加之蒙古族喝茶时常吃些炒米、油炸馃之类充饥的吃食有密切关系。

蒙古族人喝奶茶历史很久远，至少在宋辽时期茶叶就已经大量进入北方草原地区。宋朝为用茶换取北方游牧民族的马匹，在边关实行“茶马互市”，还专门设立“提举茶马司”管理这一事宜。

在蒙古民族中，茶叶被称为“仙草灵丹”。茶叶中含有氨基酸、咖啡碱和维生素等丰富的营养成分，有强心、利尿、养胃、健脾、造血、解毒、祛火、明目、提神醒脑和强化血管壁等保健功能，还有溶解脂肪，增强人体抵抗力，促进消化等作用。因此，茶叶，尤其是砖茶逐渐在蒙古族人民生活中占据了重要的位置。一日无茶，心虚头晕，吃饭不香，夜不能寐。传说，成吉思汗时期蒙古兵出征无须带更多的粮草，有了砖茶，便是有了粮草。人饮砖茶水，耐渴、耐饥、精神爽快；马食砖茶渣子，胜过草料之功能，日行百里，无疲倦之样。

四、巴蜀茶文化

巴山蜀水之间，是我国古老的原始文明诞生地区之一。早在距今约六千年以前，这里便产生了新石器文化。写《僮约》赋的王褒是四川人，他首次记载了我国买茶、饮茶的情况。可见，在两汉之时，川人饮茶的经验远远走在各地之前。

巴蜀是我国最古老的产茶胜地之一。在茶乡不可能无茶事。四川人一直保留着喜好饮茶的习惯。茶事最突出的表现便是川茶馆。四川茶馆又以成都最有名，所以又有“四川茶馆甲天下，成都茶馆甲四川”的说法。成都的茶馆有大有小，大的多达几百个座位，小的也有三五张桌子。川茶馆讲究从待客态度、铺面格调、茶具、茶汤、操作技艺等方面配套服务。正宗川茶馆应是紫铜茶壶、锡杯托、景德镇瓷器盖碗、圆沱茶、好么师（茶博士）样样皆精。

四川茶馆之所以引人注目，还不仅仅是因为数量多，服务技巧娴熟、态度和气、周到，更是由于它的社会功能。四川，山水秀丽，物产丰富，但四周环山，中间是一块盆地。四川人想了解全国形势实在不易，这样，四川茶馆便首先突出了传播信息的作用。当地人进茶馆，不仅为饮茶，首先是为获得精神上的满足，自己的新闻告诉别人，又从他人那里获得更多的新闻与信息。川茶馆的第一功能是“摆龙门阵”，一个大茶馆便是个小社会。

四川茶馆的又一功能是“民间会社联谊站”。人们有需要讨论、商量的事情，都会选择在茶馆交流，进而四川茶馆成为了多功能的联谊活动站。

四川茶馆另有一项重大作用，即“经济交易所”。在四川，民间主要生意买卖都是在茶馆进行的。成都有专门用来进行交易的茶馆，在那里一般都设有雅座，有茶，有点心，还可以临时叫菜设宴，谈生意十分方便。至于乡间茶馆，更是生意人经常聚会的地方。

【任务训练】

1. 藏族茶文化的特点。

2. 不同地域的茶文化差异。

【拓展链接】

藏族茶具

茶汤锅：藏族饮用的一般是熬茶，即将大叶茶放入汤锅长时间熬制，为使熬煮出的茶汤更加浓郁，有时还会加入少量的碱。熬制茶汤的锅是一个家庭中比较重要的茶具之一,一般有铜制的和陶制的。西藏博物馆收藏的茶汤锅中十之八九是红铜打制的。由于红铜长期使用会产生对人体有害的铜锈，所以藏族的工匠在制作红铜锅之后会将锡熔化涂抹于器腹内，以避免产生铜锈。

盛茶汤罐：熬制出的茶汤盛放在茶汤罐内，以备打制清茶或酥油茶时使用。盛茶汤罐一般是陶制品为主，由于陶器具有极好的透气性能，用它盛放茶汤不易腐坏变质。

酥油桶：打酥油茶必备的器具，桶木制圆柱状，另有一柄顶端有圆饼状木拖的搅拌棒。桶体上有数道金属圈，它们既可以固定木桶，又可以作为酥油桶的装饰，金属环箍上一般都錾刻着各色纹饰。酥油茶就是将酥油、茶汤和盐在这个木桶中经过抽打制作出来的。

任务五　茶香世界

【基础知识】

我国茶向外传播很早，自唐宋以来，茶文化不仅影响到整个东亚文化圈，而且在15世纪以后逐渐传到欧洲，传向世界各地。亚洲其他国家和欧洲、非洲的植茶技术皆源于中国。东方各国现今之茶道皆与中国茶文化有着紧密的渊源关系。茶文化是历史的，它从历史的丛林中走来；茶文化又是未来的，在新的时代里，它又必然会产生新的文化力量而日新月异。

一、禅茶一味——日本茶文化

日本茶道文化是日本文化的重要组成部分。日本茶道起源于中国，却具有自己独特的形成、发展历程及文化内涵。茶道成为日本最具代表性的文化名片，并以其强大的包容性和统率力融合美学、哲学、工艺；日本茶道，号令雅人、名工，甚至料理达人，形成了无比庞大的文化体系。在长达四个小时的正式茶会中，建筑庭园、古董雅器、精致料理、可口茶点、曼妙手法顺次登场，循序渐进地将茶道的精神境界展现出来。

（一）禅茶

据文献记载，隋文帝时，即日本圣德太子时代，中国在向日本传播文化艺术和佛教的同时，于公元593年将茶传到日本。所以至我国唐玄宗时期，即日本圣武天皇天平元年（729年）四月八日，日本文献已有宫廷举行大型饮茶活动的记载。又过七十多年，日本天台宗之开创者最澄于唐德宗贞元二十年（804年）来华，翌年（唐顺宗永贞元年，805年），最澄返国，在带去大量佛教经典的同时带回中国茶种，播种于京都比睿山麓的日吉神社，那里是日本最早的茶园。所以，最澄是日本植茶技术的第一位开拓人。这一时期，日本的饮茶仅限于僧人和日本宫廷，并未向民间推广。

到日本平安时期后，在近二百年的时间内，即中国五代至宋辽之时，中日两国来往明显减少，茶的传播因之中断。不知何种原因，茶在日本一度播种之后，可能又断绝了。直到南宋时，才由日僧荣西和尚再度引入日本。

荣西十四岁出家，即到日本天台宗佛学最高学府比睿山受戒。到二十岁时便立志到中国留学。南宋孝宗乾道四年（1168年）荣西在浙江明州登陆。他遍游江南名山大刹，并在天台山万年寺拜见禅宗法师虚庵怀敞大师。此时南宋饮茶之风正盛，荣西得以领略各地风俗。这次来华，荣西一住就是十九年。之后回国一次，不久又再次来华，又住近六年。荣西在华前后共达二十四年之久，最后于宋光宗绍熙三年（1192年）回日本。

因此，荣西不仅懂一般中国茶道技艺，而且得悟禅宗茶道之理。这就是为什么日本茶道特别突出禅宗枯寂思想的重要原因之一。荣西回国后，将从中国带回的茶分别种在长崎平户岛的富春院，以及日本九州岛背振山麓的肥前（今佐贺县），同时将茶籽赠明惠上人播植在宇治。荣西著有《吃茶养生记》，从内容看，深得陆羽《茶经》之理，特别对茶的保健及修身养性功能高度重视。

所以，荣西是日本茶道的真正奠基人。

（二）茶道集大成

日本茶道创始人是村田珠光。村田珠光也是僧人，年少时入了奈良的寺院，却因为迷恋上斗茶游戏，被寺院逐出门墙。所谓斗茶，在当时是一种推测茶叶产地、茶叶质量、水源地的赌博游戏。珠光日后到京都大德寺一休宗纯禅师门下参禅，解悟品茶的蕴涵，继而创出仅有四叠半空间的草庵茶室。由此以往只能在豪门内用屏风围起来举办的品茶会，在寒家陋室也可以举办。珠光废弃所有大唐样式的茶具，例如将象牙或银制茶杓改为竹制茶杓等，带头创造出日本式格调的品茶会。珠光的徒孙正是日本茶道中兴之祖武野绍鸥。武野绍鸥不但摒弃一切豪华茶具与装潢，更将俳句的闲寂美学也引进来，让茶道具有了日本民族特点。

村田珠光和武野绍鸥奠定了日本茶道的基础，集大成者则是神户的商人千利休。千利休继承、汲取了历代茶道精神，创立了日本正宗茶道。他是茶道的集大成者。剖析千利休茶道精神，可以了解日本茶道之一斑。村田珠光曾提出过“谨、敬、清、寂”为茶道精神，千利休只改动了一个字，以“和敬清寂”四字为宗旨，简洁而内涵丰富。“清寂”也写作“静寂”。

千利休对茶道进行了全方位的改革和完善，由于茶道本身就是融会了饮食、园艺、建筑、花木、书画、雕刻、陶器、漆器、竹器、礼仪、缝纫等诸方面的综合文化体系，因此，千利休的影响远远超出了茶的本身，扩大到了日本文化的各个方面。

【拓展链接】

日本茶道的流派

现今日本比较有名的茶道流派大多和千利休有着深厚的关系，其中以里千家最为有名，势力也最大。自从千利休在秀吉的命令下切腹自杀之后，千家流派便趋于消沉。直到千利休之孙千宗旦时期才再度兴旺起来，因此千宗旦被称为“千家中兴之祖”。到了千宗旦的晚年，他隐居之后，千家流派便开始分裂，最终分裂成三大流派，这就是“三千家”的由来。以下介绍几个较为知名的流派。

表千家：千家流派之一，始祖为千宗旦的第三子江岭宗左。其总堂茶室就是“不审庵”。表千家为贵族阶级服务，他们继承了千利休传下的茶室和茶庭，保持了正统闲寂茶的风格。

里千家：千家流派之一，始祖为千宗旦的小儿子仙叟宗室。里千家推行平民化茶风，他们继承了千宗旦的隐居所“今日庵”。由于今日庵位于不审庵的内侧，所以不审庵被称为表千家，而今日庵则称为里千家。

武者小路千家：千家流派之一，始祖为千宗旦的二儿子一翁宗守。其总堂茶室号称“官休庵”。该流派是“三千家”中最小的一派，以宗守的住地武者小路而命名。

薮内流派：始祖为薮内俭仲。当年薮内俭仲曾和千利休一道师从于武野绍鸥。该流派的座右铭为“正直清净”“礼和质朴”。擅长于书院茶和小茶室茶。

远州流派：始祖为小堀远州，主要擅长书院茶。

野村派：野村派是“三千家”之外的流派，因其风格随意性强，更趋向于服务于下层社会人士，并更有助于茶文化的交流和发展。此派是由野村休盛所创。

新石州流派：石州流属于日本茶道“江户诸流派”中“石州流系”，风格独特，别具一格，对后世影响颇大，并曾占据过一定地位，尤其是在江户时代。创始人片桐贞信，片桐本家，在江户时代，吸收千家系的茶风而建立的流派。

在日本，要学茶的人在各自流派入门，跟有教授资格的茶人不断修行，到一定年限从家元那里得到证书，认证各种门第资格。里千家是日本最有影响力的茶道组织，全国有三分之二的茶人参加，在国际上有六十三个“同好会”，有专门的出版社，对日本的经济、文化有很大影响。

二、午后茶香——英国茶文化

说起英国人与茶的亲密关系，有无数的事实为佐证。他们人生的三分之一时间是 tea time（饮茶时间）；即使你有天大的事，也得恭候英国人喝完了下午茶再说，这是雷打不动的规矩。一首英国民谣这样唱道：“当时钟敲响四下时，世上的一切瞬间为茶而停。”

英式下午茶礼仪

（一）饮茶皇后

1660 年 5 月，斯图亚特王朝复辟，查理二世被推上王位；之前英吉利共和国的“护国公”克伦威尔建立的联邦已经崩坏，当时政府债台高筑，和其他实力强盛的王室联姻是最有效的解决方法。在大航海时代积累了巨额财富的葡萄牙国王提供给查理二世最诱人的许诺，于是 1662 年，葡萄牙公主出嫁来到英国。随公主到英国的陪嫁礼物里有三箱茶叶，属于当时葡萄牙宫廷最时兴的货品。闲时凯瑟琳王后总会泡上一壶茶饮用。很快贵族夫人们纷纷效仿王后，喝茶便在上流社会流行开来。凯瑟琳王后不会想到，她引导的这个饮茶时尚让一直想要和葡萄牙在海上贸易中分一杯羹的英国，开始与茶叶贸易有了更多纠葛。18 世纪 50 年代的工业革命时期，茶饮代替酒融入了普通百姓的生活。不到二百年，英国举国爱上了茶。

（二）茶叶冒险和战争

17 世纪初，绿茶作为可治百病的东方仙草，由荷兰人带到了欧洲，多是在药房里分成小包出售。1644 年，被女王伊丽莎白一世授予皇家特许状的英属东印度公司做了第一笔茶叶买卖，经爪哇为英国贵族运来了 100 磅中国茶叶。几十年间英国的茶叶消费量涨了 200 倍，但英国一直无法与中国建立有效的贸易往来，又由于茶叶进口方式和供应地区单一，其价格居高不下，66 先令才能买 1 磅茶，比最好的咖啡还贵 10 倍。英国家庭年收入的 10% 都用来购买茶叶了，英国国内白银急剧外流。白银没有了，用什么来交换茶叶？当时的中国不需要英国的工业品，于是英国商人从印度运来鸦片向中国倾销。这无可避免地导致了 1840—1842 年的灾难性的战争——鸦片战争。

在 19 世纪，福建的红茶和乌龙茶风靡世界，飞剪船是当时运输茶叶的工具。作为传统木制帆船最后的辉煌，飞剪船的设计为了最快地运送货物，尤其是茶叶。传统帆船从中国到欧洲要走一年，而最快的飞剪船只需要 56 天。速度提升后，安全系数随之降低，在茶叶贸易初期，10 条飞剪船从中国福州港出发，能抵达英国的不过三四条。即便是这样大的危险系数，也没能阻止英国商人对茶叶利润的渴求。

（三）下午茶时光

下午茶的风尚是于 19 世纪维多利亚时代由贝德芙公爵夫人带起的。维多利亚时代的英国人一天只吃早餐和晚餐，贵族的晚膳一般在晚上 8 点后才用。两餐间的漫长时光无聊难耐，公爵夫人常常在下午四五点钟让女仆准备一壶茶和几片烤面包送到她房中。

渐渐地，公爵夫人开始在每天下午 4 点，以考究的茶具盛着上好的茶和精致的茶点招待三五好友，同享午后时光。因为是坐在起居室矮桌上享用的，所以又叫作 low tea；后来这个时尚普及至平民阶层，人们经过一天辛劳的工作后，回到家在高桌上放满食物进食，称为 high tea。现代，它们都统称为下午茶 afternoon tea，喝下午茶的方式也是丰俭由人。

正统英式下午茶的茶点吃法是由下至上，茶点是用三层的瓷盘盛放。最下层是三明治，中层是司康，上层则是蛋糕或者水果馅饼。司康的吃法是先在公盘中取部分果酱和奶油放在自己的小盘子里，再依次抹上果酱和奶油，吃完一口，再涂下一口。

如今，茶是英国文化不可或缺的一部分，在那里也出现了一个新兴的职业——侍茶师（tea sommelier）。对于大部分英国人来说，茶能让他们找到舒适安全的家的感觉。

【拓展链接】

下午茶小学堂

贵族的下午茶也称为 low tea，得名原因是举行茶会的地方经常是贵族们的起居室。

贵族们坐在舒适的扶手沙发椅上，搭配着高度及膝左右的矮边桌享用下午茶；而 high tea 则是当时中产与劳动阶层在傍晚时用来替代晚餐的餐食，由于吃的是分量较多，且是带着肉类、酒类的晚餐，而且在高度接近胸口的餐桌上进食，因此得名。名称的差异虽源自餐桌的高度，但在当时却有着区分阶层的味道。

但现代人习惯以餐点内容来区分两者。具有较多肉类或咸点，也适合当作正餐（非轻食）的下午茶称作 high tea。渐渐地许多大饭店以丰盛的咸食当作卖点，成为受欢迎的下午茶选项，high tea 也不再划分阶层。

资料来源：杨玉琴 . 英式下午茶的慢时光 . 河南科学技术出版社，P29.

三、茶炊与大篷车——俄国茶文化

18 至 19 世纪，满载茶叶的驼队、牛车和大篷车从中国出发，穿过茫茫蒙古戈壁滩和风雪交加的西伯利亚南部，翻过乌拉尔山，一路跋涉，最终到达目的地下诺夫哥罗德集市。集市位于伏尔加河流域，西距莫斯科二百五十英里

（约四百公里），是俄罗斯帝国最大的商品集散地。无论是生活在金碧辉煌的克里姆林宫里的王公贵族，还是生活在乡村小木屋的农民，都把温暖的茶视作国饮，而茶炊（金属制俄式煮水用茶釜）则是温暖的俄式壁炉的化身。俄国诗人亚历山大·普希金坦言："最甜蜜销魂的，莫过于捧在手心的一杯茶，化在嘴里的一块糖。"

（一）大篷车贸易

中俄两国边境线绵延四千多公里，自古以来或亲、或疏，波澜起伏，但是茶叶一直是联通两国最重要的商品。1727 年，中俄签订《恰克图条约》，两国边境地区恰克图成为了重要的贸易集散地。俄国人对茶的兴趣越来越浓厚，中国晋商掌握着恰克图的茶叶贸易，运送茶叶的大篷车要穿越蒙古高原，一路风尘到达恰克图，除了茶叶还有丝绸、瓷器、金银、烟草等。俄国人对这些商品趋之若鹜。

中俄之间发生冲突时，买卖城和恰克图的互市也会关闭。这一时期，远在欧洲区域的俄国人多转向荷兰人和英国人买茶，而在西伯利亚的俄国游牧民族则设法和中国人私下交易，买茶自用。恰克图互市一旦重启，茶叶贸易很快恢复。

（二）自创茶炊

随着越来越多的俄国人接受茶饮，他们将其深厚的传统习俗和当时的材料条件相结合，创造了独特的茶具，并形成了喝茶的礼仪。在公共场合，男士们点茶时会要求“带一条茶巾”。茶巾多搭在脖子上。当滚烫的茶水倒入茶杯时，水蒸气升腾而起，会在睫毛上形成水珠，男士们就用茶巾拭去水珠。男士喝茶多用玻璃杯，下面垫一个金属茶托。女士多在家中喝茶，大多用瓷杯沏茶。

饮茶风俗还催生了新的茶具——茶炊，这是象征俄罗斯家庭和壁炉的特有的符号。在俄语里，茶炊“萨摩瓦”的基本含义是“自煮”。最简单的茶炊是底部带水龙头的盛放热水的金属桶，中间有一根空心管直通上下。木炭、松果等燃料放在空心管中。管顶置一把茶壶，里面是茶汤浓汁。炭火用风箱吹旺后，煮沸桶里的热水和茶壶里的茶汤浓汁。喝茶时，依口味喜好不同，从水龙头中放出热水稀释壶中浓茶，通常的比例为一份浓汁兑十份热水。

四、高香茶——印度茶文化

（一）殖民时代产生的茶叶

1823 年，揭开茶叶历史新的一页。英国探险家罗伯特·布鲁斯在印度的阿萨姆地区发现了野生茶树。于是英国人便有了在印度种植茶树的想法，可是生产出的茶叶质量根本无法与中国媲美。自此以后，印度在英国殖民者的统治下，借助英国对于茶叶贸易的渴求，发展了自己的茶叶产业。

1833 年，东印度公司成立了一个委员会，他们从中国收集了 8 万颗茶种子，因为他们对于印度本地的植物仍然没有信心，委员会的成员们坚持要引进中国的茶叶树种。采自阿萨姆茶丛的茶叶经中国制茶工人炒制后，管理人员将一小包样品送往加尔各答，总督奥克兰公爵品评认为茶叶质量上佳。随后，伦敦的商人就筹资五十万英镑成立了阿萨姆茶叶公司，在阿萨姆地区种植茶叶，开拓茶叶贸易之路。

1841 年，印度医疗服务中心的坎贝尔大夫从库马恩带来了中国茶籽，将其播种在大吉岭的住宅附近。大吉岭南距加尔各答三百英里（约四百八十公里），是喜马拉雅山麓一片美丽的丛林地带。和英国人在印度开发的其他产茶地区不同，大吉岭并没有本地原生的茶树。但坎贝尔大夫在这里的试种非常成功，耐寒的中国小叶种茶不仅在寒冷的气候中生存下来，而且枝繁叶茂，发出了柔绿鲜嫩的新芽。从此有了大吉岭红茶。

大吉岭和阿萨姆地区出产的红茶被印度政府作为国家茶叶商标在国际上注册，在世界上享有美誉。

（二）印度茶俗

印度人喝茶时要在茶叶中加入牛奶、姜和小豆蔻，沏出的茶味与众不同。他们喝茶的方式也十分奇特，把茶斟在盘子里啜饮，或舌头舔饮，所以当地人称喝茶为“舔茶”，可谓别具一格。印度人认为，只有这样慢慢地舔，才能舔出茶的真味。再者，他们绝不用左手递送茶具，因为，他们左手是用来洗澡和上厕所的。印度人有饮用印度拉茶的习俗。印度拉茶又称香料印度茶。主要是因为它里面放有马萨拉调料，所以又称马萨拉茶。马萨拉茶的制作方法是：先把水烧热，加入红茶和姜烧开，再加奶烧开，最后放入马萨拉调料。如果想“作秀”，还可以将茶水在两只茶杯间来回倾倒，展示“拉茶”的制作。制作过程因茶水在两只茶杯间来回倾倒，有“拉”的感觉，所以称“拉茶”。喝印度拉茶比喝泡沫奶茶还要香浓可口。印度人利用两个杯子把茶“拉”来“拉”去，“拉”得高高的，以便制作出泡沫。之所以要“拉”茶，是因为他们相信，这样反复地“拉”，有助于炼乳完美地混合于茶中，从而带出拉茶浓郁的奶香与淡雅的茶味。

印度也有“客来敬茶”的风俗习惯，但比较特别。客人到访，主人会请客人席地而坐。客人的坐姿，男的必须盘腿而坐，女的则双膝相并屈膝而坐。主人给客人捧上一杯甜茶，摆上水果、甜食等茶点。主人第一次敬茶时，客人不能立即伸手去接，而要先礼貌地表示感谢和推辞。主人再敬，客人才可以接茶杯。印度人吃饭时没有喝汤的习惯，但在饭后必须要喝一杯香浓的奶茶。

五、礼仪茶——韩国茶文化

中国茶传入朝鲜，据《三国史记》记载，新罗第27代王善德女王在位时，一位赴唐僧人回国时曾携带茶籽，种在庆尚南道河东郡双溪寺附近。可知，中国茶传入朝鲜半岛是在新罗善德女王时，其盛行于世则始于新罗第42代王兴德王三年。据《三国史记·新罗本纪》记载，兴德王三年（828年），遣唐使金大廉遵王命从唐朝携茶籽种在地理山（今智异山）。当时，唐与新罗间贸易频繁，茶也成为交易的大宗物品。

在新罗时代，茶和花郎道结合而盛行。花郎道乃是民间自发的团体，创立的目的是训练、培养国家的有用人才。花郎徒们通过周游、饮茶以锻炼身心，报效国家。

今日韩国茶礼以“和（和睦相处）、敬（以礼待人）、俭（俭朴廉正）、真（以诚相照）”为基本精神。从迎客、茶室陈设、茶具造型与排列、投茶、煮茶、注茶、吃茶等，均有严密的规范和程序，给人以清静、庄重的感受。韩国人饮茶时的行茶法，大致可分为佛教式行茶法和儒教式行茶法。就其内容来划分，又有实用茶法、生活茶礼、仪式茶礼和规范茶道法。

韩国素有“东方礼仪之国”的美名。茶礼从迎客开始至送客结束。在茶室（居室的一间）所行的礼节中有“草礼”“行礼”“真礼”和“拜礼”的区别。

“草礼”又称小礼。男子双膝跪地，恭逊地跪坐后右脚搁在左脚上，双臂前垂，两手略触地，低首。女子则因着民族服装（韩服）或西服裙而不同。身着韩服时，左膝跪地，右膝曲立，双臂略置于两侧，低首；身着西服裙时，双膝跪地，跪坐后右脚搁在左脚上，双臂前垂，两手轻握置于前，低首。

“行礼”又称普通礼。男子跪坐如同“草礼”，仅双臂前垂，两掌略触地，低首敬礼。女子身着韩服时，如同“草礼”，仅双臂背于后，深低首敬礼；身着西服裙时，如同“草礼”，仅深低首敬礼。

“真礼”又称大礼。男子跪坐如同“草礼”，两掌完全触地，深低首敬礼。女子身着韩服时，如同“草礼”，更深地低首至右膝敬礼；身着西服裙时，如同“草礼”，但更深地低首敬礼。

“拜礼”又称叩礼。男子跪坐如同“草礼”，两掌完全触地而叩首。女子身着韩服时，如同男子的“拜礼”，但两膝跪地、脚掌内收，两手交叉俯地（右手放于左手上），叩首；身着西服裙时，如同“草礼”，双手在两侧撑地，低首似触地。

在送客时，主人依然作礼，感谢客人的来访，客人则感谢主人的盛情款待。

【任务训练】

1. 挑选日本和英国，分别写出两国茶文化的起源、一种特色茶俗及代表性茶具，制作成简明的知识卡片。

2. 分小组讨论外国茶文化与中国茶文化有何不同。

【拓展链接】

腌茶

泰国北部山区的人有食腌茶的习俗。这一带气候温暖，雨量充沛，野生茶树多。由于交通不便，制茶技术落后，只能自制自销腌茶。腌茶是一种菜肴嚼食，其制作方法与我国云南的腌茶一模一样，是从我国云南南部传过去的，一般在雨季腌制。腌茶的吃法奇特，将香料与腌茶充分拌和以后，放进嘴里细嚼，又香又清凉。每年这一带要制此腌茶四千吨左右，供本地人民食用。

【项目小结】

- 茶文化内涵是从茶的物质形态逐步发展出丰富的精神文化属性，涵盖茶艺、茶道、茶礼等众多文化现象。
- 中国茶文化经历了漫长的历史演进，见证了不同时期茶文化的特色与变迁。

● 茶道精髓追求人与自然、精神与物质的和谐统一，蕴含深厚哲学思想，如“和、静、清、寂”等精神内涵。

● 各地丰富多样的茶习俗，反映了不同地域的文化特色和民族风情。

● 中国茶文化向外传播并与各国文化融合，展现出不同国家茶文化的独特魅力，像日本茶道的精致与禅意，英国下午茶的优雅闲适等。

【项目练习】

1. 阅读陆羽《茶经》。

2. 查找资料，搜集更多的民俗茶知识。

项目二

南方有嘉木——茶基础知识

【理论目标】

● 了解茶树分类地位及各部位功能，掌握茶树生长环境与周期对茶的影响，知晓茶的起源、分布及中国茶区的适制性茶。

● 掌握茶叶分类法及各类茶区别，理解加工工艺原理、流程与品质控制方法。

● 识别茶叶主要成分及其对茶质和人体的作用，了解其应用领域情况。

● 掌握中国四大茶区地理、环境、茶树品种，了解其产业情况与茶文化民俗。

【实践目标】

● 运用茶树的相关知识，在实际学习生活中认识茶树的种类。

● 能够具有认识茶叶、品赏干茶能力，掌握针对不同人群、不同季节饮用合适的茶类知识。

饮茶歌诮崔石使君

〔唐〕皎然

越人遗我剡溪茗，采得金牙爨金鼎。

素瓷雪色缥沫香，何似诸仙琼蕊浆。

一饮涤昏寐，情思朗爽满天地。

再饮清我神，忽如飞雨洒轻尘。

三饮便得道，何须苦心破烦恼。

此物清高世莫知，世人饮酒多自欺。

愁看毕卓瓮间夜，笑向陶潜篱下时。
崔侯啜之意不已，狂歌一曲惊人耳。
孰知茶道全尔真，唯有丹丘得如此。

任务一　茶树的基础知识

【基础知识】

一、茶树起源

唐代陆羽所著的《茶经》，是国际上一致公认的世界第一部茶叶专著。陆羽在《茶经·一之源》中对茶树的起源作了精辟的概括："茶者，南方之嘉木也，一尺、二尺乃至数十尺。"指出茶树原生长于我国南方。

（一）原生树

1823年在邻近我国云南的印度阿萨姆发现野生茶树，引起茶树起源地的争议。

茶树

经过古生物学家对植物化石的分析，证明茶科植物，最原始的属种起源于中生代的白垩纪，距今八千多万年。山茶属植物起源于新生代第三纪初，距今五六千万年。山茶科植物起源于新生代第三纪，我国西南地区是第三纪古热带植物区系成分在古代分化发展的关键地区。目前世界上山茶科植物共约23属380余种，我国有15个属260余种，且大部分分布在西南地区。云南是许多山茶科植物和茶属植物的起源中心，自然也最可能是茶树的起源中心。

中国西南地区茶树有乔木型、小乔木型、灌木型，有大叶、中叶、小叶，资源之丰富，种内变异之多，是世界上任何其他地区都无法相比的。植物学家认为：某种植物变异最多的地方就是这种植物的起源中心。

中国在西南方的野生大茶树具有原始茶树的形态特征和生长特征，特别是四川、云南、贵州都有发现。1961年在海拔1500米的云南勐海县巴达贺松寨的大黑山密林中发现树高32.12米、胸围2.9米的野生大茶树，树龄为1700年左右，加之后来在思茅千家寨发现的一号 2700 年，二号 2500 年古茶树，就直接无可辩驳地证明生长大量野生大茶树的我国西南地区就是茶树起源地的中心地带，因此中国是茶树的故乡，是世界茶树的发源地。

（二）文献考证

中国不仅最早发现茶，而且最早使用茶。

在中国浩繁的古籍中，茶的记载不可胜数。《神农本草经》载：“神农尝百草，日遇七十二毒，得荼而解之。”古代“荼”与“茶”字通，是说神农氏为考察对人有用的植物亲尝百草，以致多次中毒，得到茶方得解救。传说的时代固不可当作信史，但它说明我国发现茶确实很早。《神农本草经》从战国开始写作，到汉代正式成书。这则记载说明，起码在战国之前人们就已对茶相当熟悉。《尔雅》载：“槚，苦荼。”《尔雅》据说为周武王之辅臣周公旦所作，果如此，周初便正式用茶了。《华阳国志》亦载，周初巴蜀给武王的贡品中有“方蒻、香茗”，也是把中原用茶时间定于周初。茶原产于以大娄山为中心的云贵高原，后随江河交通流入四川。武王伐纣，西南诸地方从征，其中有蜀，蜀人将茶带入中原，周公知茶，当有所据。以此而论，川蜀知茶当上推至商。此时，茶主要是作药用。有人根据《晏子春秋》记载，说晏婴为齐相时生活简朴，每餐不过吃些米饭，最多有“三弋五卵，茗菜而已”。

茶的最大实用价值是作为饮料。我国饮茶最早起于西南产茶地。周初巴蜀向武王贡茶作何用途无可稽考，从道理上说，滇川之地饮茶当然应早于中原。饮茶的正式记载见于汉代。《华阳国志》载：“自西汉至晋，二百年间，涪陵、什邡、南安（今剑阁）、武阳（今彭山）皆出名茶。”茶在这一时期被大量饮用有两个条件。

第一，是由于秦统一全国，随着交通发展，滇蜀之茶已北向秦岭，东入两湖之地，从西南走向中原。这一点首先由考古发现得到证明。众所周知，著名的湖南长沙马王堆汉墓中曾有一箱茶叶。另外，湖北江陵之马山曾发现西汉墓群，168 号汉墓中曾出土一具古尸，同时也发现一箱茶叶。墓主人为西汉文帝时人，比马王堆汉墓又早了许多年。由此证明，西汉初贵族中就有以茶为随葬品的风气。倘若江汉之地不产茶，便不可能大量随葬。

第二，此时茶已从由原生树采摘发展到大量人工种植。我国自何时开始人工植茶尚有争议。庄晚芳先生根据《华阳国志》中的《巴志》“园有方蒻、香茗”的记载，认为周武王封宗室于巴，巴王苑囿中已有茶，说明人工植茶可始于周初，距今已有两千七百多年的历史。对此，有人认为尚可商榷。但到汉代许多地方已开始人工种茶，则已为茶学界所公认。宋人王象之《舆地纪胜》说："西汉有僧从表岭来，以茶实蒙山。"《四川通志》载，蒙山茶为"汉代甘露祖师姓吴名理真者手植，至今不长不灭，共八小株"，这都是说的蒙山自西汉植茶，不过还不是大面积种植。而到东汉，便有了汉王至茗岭"课僮艺茶"的记述，同时有了汉朝名士葛玄在天台山设"茶之圃"的记载，种植想必不少。

由此可以追溯茶在中国的使用和饮用史是非常悠久的，中国是茶的发源国，中国人对茶是最熟悉的，从另一个角度证明茶树起源于中国。

二、茶树的形态

（一）树型

茶树按照自然生长情况下植株的高度和分枝习性而定，分为乔木型、小乔木型、灌木型。

1. 乔木型

乔木型是较原始的茶树类型。分布于热带或亚热带地区。植株高大，主干明显，呈总状分枝，分枝部位高，枝叶稀疏。叶片大，叶片长度的变异范围为10~26厘米，多数品种叶长在14厘米以上。叶片栅栏组织为一层。

2. 小乔木型

小乔木型属进化类型。抗逆性较乔木类强，分布于亚热带或热带茶区。植株较高大，从植株基部至中部主干明显，植株上部主干则不明显。分枝较稀，大多数品种叶片长度在10~14厘米，叶片栅栏组织多为两层。

3. 灌木型

灌木型亦属进化类型。包括的品种最多，主要分布于亚热带茶区，我国大多数茶区均有分布。植株低矮，无明显主干，从植株基部分枝，分枝密，叶片较小，叶片长度变异范围大，为2.2~14厘米，大多数品种叶片长度在10厘米以下。叶片栅栏组织两层或三层。

（二）叶片

茶树叶片是单叶互生。形状分披针形、椭圆形、长椭圆形、卵形、卵圆形等几种，以椭圆形和卵圆形居多。叶片有明显的主脉，主脉上又分出侧脉

5~15 对，呈 60 度角伸展至叶缘 2/3 处即向上弯曲呈弧形，与上方侧脉相连，组成一个闭合网状输导系统，叶尖有锐尖、钝尖、圆尖等三种。叶面积的大小常作为品种划分的依据。一般以定型叶为标准，按“叶长 × 叶宽 ×0.7”计算，凡在 50 平方厘米以上为特大叶，28~50 平方厘米为大叶，14~28 平方厘米为中叶，14 平方厘米以下的为小叶。

叶片由芽发育而成，有鳞片、鱼叶和真叶之分。鳞片色泽黄绿，呈覆瓦状着生在营养芽的最外层，起保护幼芽的作用。当芽体膨大展开，鳞片会很快脱落。鱼叶是发育不完全的真叶，因其形如鱼鳞而得名，其主脉明显，侧脉隐而不显。茶芽伸叶过程中，长出鱼叶之后便是真叶。其色泽、厚度，因品种、季节、树龄、生长条件及栽培方式而有所差异。幼芽和嫩叶是采摘利用的对象，成熟叶和老叶是进行光合作用、制造养分、维持茶树生长的重要器官。

茶树叶片上的茸毛，即一般常指的“毫”，也是它的主要特征。茶树的嫩叶背面着生茸毛，是鲜叶细嫩、品质优良的标志，茸毛越多，表示叶片越嫩。一般从嫩芽、幼叶到嫩叶，茸毛逐渐减少，大多到第四叶茸毛便已不见了。

（三）根

茶树的根主要由主根、侧根、细根、根毛组成。主根可垂直深入土层 2~3 米，一般栽培的灌木型茶树根系深入土层 1 米左右。主根又分出侧根、细根，起输导水分和养分的作用，故称输导根。细根上有根毛，担负对土壤养分和水分的吸收，故称为吸收根。侧根、细根和吸收根共同组成茶树的根群。根群的分布幅度一般比树冠大 1~15 倍。

（四）茎

成年的茶树，主干上分出侧枝，侧枝有多级分枝，这就形成了茶树丛状树冠。不经采摘的自然生长茶树，分枝少，常呈塔状分布。采摘的茶树，由于不断摘去顶芽和采取修剪措施，抑制茶树向上生长，促使其横向扩展，因此常形成弧形或平面形的采摘面。

（五）花

茶树的花属两性花，常为白色，由花托、花萼、花冠、雄蕊和雌蕊等组成。花苞一般 6 月中下旬形成，秋季 10 月开花，由开花到果实成熟，大约要一年零四个月的时间。

（六）果

茶果实为蒴果，有 1~5 室，通常以二球果与三球果为主。种子由种壳、种皮、子叶和胚形成。茶籽含有丰富的脂肪、淀粉、糖分和少量的皂素。

三、茶树的生长环境

茶树在生长过程中不断地和周围环境进行物质和能量的交换，既受环境制约，又影响周围环境。茶树的生长环境是决定茶叶品质优良与否的重要因素。

（一）气候

茶树性喜温暖、湿润，在南纬 45° 与北纬 38° 之间都可以种植，最适宜的生长温度为 18℃ ~25℃，不同品种对于温度的适应性有所差别。茶树生长需要年降水量在 1500 毫米左右，且分布均匀，早晚有雾，相对湿度保持在 85% 左右的地区，较有利于茶芽发育。若长期干旱或湿度过高均不适于茶树栽培。

（二）日照

茶作为叶用作物，极需要日光。日照时间长、光度强时，茶树生长迅速，发育健全，不易罹患病虫害，且叶中多酚类化合物含量增加，适于制作红茶；反之，茶叶受日光照射少，则茶质薄，不易硬化，叶色富有光泽，叶绿质细，多酚类化合物少，适制绿茶。光照中的紫外线对于提高茶汤的汤色及香气有一定影响。高山所受紫外线的辐射较平地多，且气温低，霜日多，生长期短，所以高山茶树矮小，叶片亦小，茸毛发达，叶片中含氮化合物和芳香物质增加，故高山茶香气优于平地茶。

（三）土壤

茶树适宜在土质疏松、土层深厚、排水、透气良好的微酸性土壤中生长。虽在不同种类的土壤中都可生长，但以酸碱度（pH 值）在 4.5~5.5 为最佳。茶树要求土层深厚，最好有 1 米以上，其根系才能发育和发展，若有黏土层、硬盘层或地下水位高，都不适宜种茶。土壤中石砾含量不要超过 10%，且含有丰富的有机质是较理想的茶园土壤。

【任务训练】

制作一个茶树形态结构模型，要求模型能够清晰展示茶树的根、茎、叶、花、果等各个部分的形态特征和相对位置关系，并标注各部分的名称和主要功能。

【拓展链接】

有机茶认证

有机茶生产作为一种在生产过程中不使用化学合成物质、采用环境资源有益技术为特征的相对独特的生产体系，其生产过程有许多特殊的要求，同时有机茶生产保护环境和改善品质的价值不能通过其最终产品直观地反映出来，必须通过有机茶认证并以有机产品（茶）认证标识加以体现。作为我国有机产品认证最高管理机关，原国家质量监督检验检疫总局和国家认证认可监督管理委员会颁布实施了《有机产品认证管理办法》（2004 年，原国家质检总局令第 67 号文）、《有机产品认证实施规则》（国家认监委 2005 年第 11 号公告）、《有机产品》（GB/T 19630–2005）等有机产品法律法规和标准，对我国有机产品生产（包括加工、销售、包装）、认证和贸易实施严格监管。2011 年我国又根据全球有机农业技术进步、中国有机产品发展和市场监管形式的变化，对有机产品法律法规和标准进行了相应的修改，发布实施了《有机产品认证实施规则》（国家认监委 2011 年第 34 号公告）、《有机产品》（GB/T 19630–2011），2014 年发布实施了《有机产品认证管理办法》（原国家质检总局令第 155 号文）、《有机产品认证实施规则》（国家认监委 2014 年第 11 号公告）、《有机产品》（GB/T 19630–2011，2014 年第一次修订），使我国的有机农业进入规范化、法制化的发展轨道。

资料来源：傅尚文 . 中国有机茶的发展历史与现状［J］. 中国茶叶，2019，41（04）：9–11.

任务二　茶区分布

【基础知识】

中国的茶区辽阔，南自北纬 18° 附近的海南岛，北至北纬 38° 附近的山东蓬莱，西自东经 94° 的西藏林芝，东至东经 122° 的台湾地区。包括浙江、湖南、安徽、四川、福建、云南、湖北、广东、江西、广西、贵州、江苏、陕西、河南、重庆、山东、西藏、甘肃等 20 个省（自治区、直辖市），共千余个县（市），茶区地跨中热带、边缘热带、南亚热带、中亚热带和暖温带等五个气候区。

中国茶区根据生态环境、茶树品种、种类结构分为四大茶区，即华南茶区、西南茶区、江南茶区、江北茶区。

一、中国茶区

（一）西南茶区

西南茶区是中国最古老的茶区。包括米伦山、大巴山以南，红水河、南盘江、盈江以北，神农架、巫山、方斗山、武陵山以西，大渡河以东，行政区包括云南中北部、广西北部、贵州、四川、重庆及西藏东南部。

西南茶区地势较高，大部分茶区海拔在 500 米以上，属于高原茶区。地形复杂，气候变化较大，年均气温在 15.5℃以上，最低气温一般在 -3℃左右。春秋两季气温相似，夏季气温比其他茶区低，没有明显的高热天气，冬季气温较华南茶区低，但比江南茶区和江北茶区高。

四川盆地南部边缘丘陵山地，气候条件优越，年平均气温 18.0℃以上。云南最低日平均气温在 10.0℃以上，最高月平均气温为 24.0℃左右，四季如春，气候极宜茶树生长。但在川滇高原山地，垂直地带气温差异明显，不同海拔高度的气候变化很大。雨水充沛，年降雨量大多在 1000~1200 毫米，但降雨主要集中在夏季，而冬春季雨量偏少，如云南等地常有春旱现象。山地多森林，空气湿度大，且时有地形雨，雨量较大。土壤类型多，主要有红壤、黄红壤、褐红壤、黄壤、红棕壤等。有机质含量较其他茶区高，有利于茶树生长。

西南茶区茶树品种资源丰富，乔木型大叶种和小乔木型、灌木型中小叶种品种全有，生产茶品类有工夫红茶、红碎茶、绿茶、沱茶、紧压茶、花茶等各类茶。

（二）华南茶区

华南茶区包括福建大樟溪、雁石溪，广东梅江、连江，广西洵江、红水河，云南南盘江、无量山、保山、盈江以南等地区，行政区包括福建东南部、台湾、广东中南部、广西南部、云南南部以及海南。

华南茶区气温在四大茶区中是最高的，年均气温在20℃以上，1月平均气温多高于10℃，无霜期300天以上，年极端最低气温不低于–3℃。台湾、海南等地无雪无冬，茶树四季均可生长，新梢每年可萌发多轮。雨水充沛，年平均降雨量为1200~2000毫米，其中夏季占50%以上，冬季降雨较少。有的地区11月至翌年2月常有干旱现象，但山区多森林，空气湿度较大。土壤为红壤和砖红壤，土层深厚，多为疏松枯壤土，活性钙含量低，肥力厚，是茶树最适宜生长区。

华南茶区茶树品种资源丰富，主要为乔木型大叶类品种，小乔木型和灌木中小叶类品种也有分布，如勐库大叶种、凤庆大叶种、海南大叶种、凌云白毛茶、凤凰水仙等。生产茶类品种有乌龙茶、工夫红茶、红碎茶、普洱茶、绿茶、花茶等各类茶。

（三）江南茶区

江南茶区是我国茶叶生产最集中的产区。包括广东和广西北部、福建中北部、安徽、江苏和湖北省南部、湖南、江西、浙江。

江南茶区地势低，四季分明、气候温暖，年均气温在15.5℃以上，极端最低气温多年平均值不低于–8℃，个别地区冬季最低气温可降到–1℃以下，茶树易受冻害。无霜期230~280天。夏季最高气温可达40℃以上，茶树易被灼伤。雨水充足，年均降雨量1400~1600毫米，有的地区年降雨量可高达2000毫米以上，以春、夏季为多。土壤以红壤、黄壤为主，部分地区有黄褐土、紫色土、山地棕壤和沉积土。

该区茶树品种主要以灌木型品种为主，小乔木型品种也有一定的分布，如福鼎大白茶、祁门种、水仙等。生产茶类有绿茶、乌龙茶、白茶、黑茶、花茶等各类茶。

江南茶区气候、土壤等自然环境适宜茶树生长发育，是茶树生态适宜区。茶叶产量约占全国总产量的三分之二，名优茶品种多，经济效益高，是中国重点茶区。

（四）江北茶区

江北茶区位于长江以北、秦岭淮河以南以及山东以东部分地区，行政区包括甘肃南部、陕西南部、河南南部、山东东南部和湖北北部、安徽北部、江苏北部。

江北茶区大多数地区年平均气温在15.5℃以下，个别年份极端最低气温可降到–10℃，造成茶树严重冻害。无霜期200~250天。茶树年生长萌发期仅六七个月。年降水量相对较少，在1000毫米以下，其中春季、夏季降雨量约占一半。土壤以黄棕壤为主，也有黄褐土和山地棕壤等，pH值偏高，肥力较低。从土壤和气候条件而言，对茶树生育并不十分有利，尤其是冬季，必须采取防冻措施，茶树才能安全越冬。

该区茶树品种主要是抗寒性较强的灌木型中小叶种，如信阳群体种、紫阳种、黄山种、霍山金鸡种、龙井系列品种等。生产茶类品种有绿茶、红茶、黄茶等各类茶。

二、世界产茶区

茶树在世界地理上的分布，主要在亚热带和热带地区。目前茶树分布的最北已达北纬49°，最南为南纬22°，垂直分布从低于海平面到海拔2300米（印度尼西亚爪哇岛）范围内。全世界有50多个国家和地区产茶，其中，亚洲面积最大，占89%，非洲占9%，南美洲和其他地区占2%。

根据茶叶生产分布和气候条件，世界茶区可分为东亚（中国、日本、韩国）、东南亚（印度尼西亚、越南、缅甸、马来西亚、泰国、老挝、柬埔寨、菲律宾）、南亚（印度、斯里兰卡、孟加拉）、西亚（土耳其、伊朗、格鲁吉亚、阿塞拜疆）、东非（肯尼亚、马拉维、乌干达、坦桑尼亚、莫桑比克）和南美（阿根廷、巴西、秘鲁、厄瓜多尔、墨西哥、哥伦比亚）六大茶区。

世界其他国家茶区茶叶特点

国家	产茶特点
印度尼西亚	大多数茶叶是以拼配茶形式出售，泡制的茶清亮、醇和、微甜，有些似斯里兰卡高海拔区生产的茶。
日本	主要生产绿茶。玉露茶、煎茶都是优质的针状叶茶，香足涩弱，玉露茶主产于宇治县、福冈县，煎茶产地以静冈县和鹿儿岛县为主；日本茶道点茶所用的抹茶粉经过茶筅击打后产生细腻泡沫，滋味鲜醇。
印度	阿萨姆（Assam）生产叶子完整、清香甘醇、风味浓厚的茶叶。大吉岭（Ddrjeeling）一年中不同时间的茶叶有截然不同的风味：第一摘是略呈绿色、具有浓香的茶叶；第二摘具有柔和细腻的风味；中期阶段的茶叶结合了第一摘的浓香和第二摘更为成熟的风味；秋季的茶叶则富有醇和的风味。杜阿尔斯（Dooars）这个小地区位于阿萨姆西部，海拔低，茶叶的茶汤味道浓厚。尼尔吉里（Nilgiri）茶叶生长于印度南部尼尔吉里山区，茶味道浓厚、芳醇。特拉伊（Terai）是位于大吉岭南部的一个小山区，生产的茶叶的茶汤色泽明艳，味道芳香。特拉万科（Travancore）这个南部地区生产和斯里兰卡茶特征相同的茶叶，色泽明艳，茶汤浓厚。
斯里兰卡	斯里兰卡有六大茶区：乌瓦（UVA）、乌达普沙拉瓦（Uda Pussellawa）、努瓦纳艾利亚（Nuwara Eliya）、卢哈纳（Ruhuna）、坎迪（Kardy）、迪布拉（Dimbula）。六个不同茶区生产的茶叶具有各自不同的特点。高海拔区生长的茶叶可以泡制出高品质的汤色微金黄色茶；中海拔区生长的茶叶可泡制出浓厚、汤色铜红色的茶；低海拔区生长的茶叶泡制出的茶则色深、味浓，通常作为拼配茶使用。努瓦纳艾利亚是斯里兰卡海拔最高的地区，生产最优质的斯里兰卡茶。
孟加拉	生产红茶，大多数用于拼配茶叶。
伊朗	小农场主生产风味清淡的红茶。
马来西亚	所生产的茶叶品质不高，主要卖给旅游者。
尼泊尔	生产大吉岭风格的红茶。
土耳其	生产红茶，大多数用于供应国内市场。
越南	生产CTC红茶和绿茶。
喀麦隆	主产红茶。
巴西	生产茶汤明亮的红茶。大多数用于拼配茶。
肯尼亚	生产CTC红茶，茶叶通常以肯尼亚拼配茶或与其他生产区的茶叶拼配出售。泡制的茶质浓、色深，并且风味十足。

【任务训练】

1. 描述茶叶在不同地域的生产状况。

2. 讲述不同地域出产茶叶的特点。

【拓展链接】

茶字的由来

陆羽《茶经·一之源》："一曰茶，二曰槚，三曰蔎，四曰茗，五曰荈。"

荼（tú）：最早见于《诗经》。是唐朝以前茶的主要称谓。

槚（jiǎ）：中国最早的一部字书《尔雅》中有"槚，苦荼"的解释。

蔎（shè）：香草，因茶具香味，方用蔎指茶，西汉扬雄《方言论》中仅此一见。

茗（míng）：茶嫩芽，西汉时，茗由专指茶芽到泛指茶沿用至今，早采的茶。

荈（chuǎn）：粗老的茶叶，晚茶。

任务三 茶叶分类

【基础知识】

一、茶的分类方式

茶叶的分类

在几千年的茶叶利用和饮用的历史过程中，茶叶的加工工艺不断地改良和完善，我国有着丰富的茶叶种类，品种花色之多，为世界之最。在分类上基于茶叶的不同特点，分类的方式有以下几种。

（一）按季节分类

1. 春茶

当年 3 月下旬到 5 月中旬之前采制的茶叶为春茶。春季温度适中，雨量充分，再加上茶树经过了半年冬季的休养生息，春季茶芽肥硕，色泽翠绿，叶质柔软，且含有丰富的维生素，特别是氨基酸含量高，不但使春茶滋味鲜活且香气宜人，并富有保健作用。

2. 夏茶

夏茶指 5 月初至 7 月初采制的茶叶。因夏季天气炎热，茶树新梢与芽叶生长迅速，使得能溶解于茶汤的水浸出物含量相对减少，特别是氨基酸等的减少使得茶汤滋味、香气多不如春茶强烈，由于带苦涩味的花青素、咖啡碱、茶多酚含量比春茶多，不但使紫色芽叶增加，色泽不一，而且滋味较为苦涩。

3. 秋茶

秋茶指 8 月中旬以后采制的茶叶。秋季气候条件介于春夏之间，茶树经春夏二季生长，新梢芽叶内含物质相对减少，叶片大小不一，叶底发脆，叶色发黄，滋味和香气显得比较平淡。

4. 冬茶

冬茶大约在 10 月下旬开始采制。冬茶是在秋茶采完后，气候逐渐转冷后生长的。因冬茶新梢芽叶生长缓慢，内含物质逐渐增加，所以滋味醇厚，香气浓烈。

（二）按照生长环境分类

1. 高山茶

我国历代贡茶、传统名茶以及当代新创的名茶，往往多产自高山。相比平地茶，高山茶可谓得天独厚，也就是人们平常所说的“高山云雾出好茶”。

明代陈襄有诗曰：“雾芽吸尽香龙脂”，意思是说高山茶的品质之所以好，是因为在云雾中吸收了“龙脂”的缘故。我国名茶以山名加云雾命名的特别多。例如花果山云雾茶、庐山云雾茶、高峰云雾茶、华顶山云雾茶、南岳云雾茶、熊洞云雾茶，等等。其实，高山之所以出好茶，是优越的茶树生态环境造就的。

2. 平地茶

平地的茶树生长比较迅速，但是茶叶较小，叶片单薄。加工之后的茶叶条索轻细，香味比较淡，回味短。平地茶与高山茶相比，由于生态环境有别，不仅茶叶形态不同，而且茶叶内质也不相同：平地茶的新梢短小，叶色黄绿少光，叶底硬薄，叶张平展。由此加工而成的茶叶，香气稍低，滋味较淡，身骨较轻，条索细瘦。

3. 有机茶

有机茶要求茶树在完全无污染的产地种植生长，茶叶在严格清洁的生产体系里面生产加工，并遵循着无污染的包装、储存和运输要求，且要经过有机食品认证机构的审查和认可而成的制品。有机茶是近年出现的一个茶叶新品类，也可以说是茶叶的一个新的鉴定标准。

从外观上来看，有机茶和常规茶很难区分，但就其产品质量的认定来说，两者存在着以下区别：

（1）常规茶在种植过程中通常使用化肥、农药等农用化学品；而有机茶在种植和加工过程中禁止使用任何人工合成的助剂和农用化学品。

（2）常规茶通常只对终端产品进行质量审定，往往很少考虑生产和加工过程；而有机茶在种植、加工、贮藏和运输过程中，都会进行必要的检测以保证全过程无污染。

（三）按照加工方法分类

现在被大多数茶叶研究者认可的分类方法主要是以茶叶的加工原理、方法和茶叶的品质特性来分，中国茶叶可以分基本茶类和再加工茶类。

1. 基本茶类

由于茶叶的加工工艺不同，造成了茶叶中的内含物发生了不同的变化，具体一点就是以茶叶内含的多酚类物质的氧化程度来分，即是以茶叶有没有氧化，氧化的程度分为六大基本类型，即绿茶、白茶、黄茶、青茶（乌龙茶）、红茶、黑茶。

2. 再加工茶

绿茶、红茶、乌龙茶、白茶、黄茶、黑茶是基本茶类，以这些基本茶类做原料进行再加工以后的产品统称再加工茶类。主要包括花茶、紧压茶、萃取茶、果味茶、药用保健茶和含茶饮料等几类。

二、基本茶类

中国制茶历史悠久，自发现野生茶树，从生煮羹饮，到做饼茶、散茶，从绿茶到其他各种茶类，从手工茶到机械化制茶，期间经历了复杂的变革。各种茶类的品质特征形成，除了受茶树品种和鲜叶原料的影响外，加工条件和技艺亦是重要的决定因素。

茶叶初加工是茶叶生产过程中的重要环节，它对成品茶的质量起着决定性的作用。由此形成了六大基本茶类。

（一）绿茶

绿茶是我国主要茶类之一。绿茶生产几乎遍及全国所有产茶省，其中浙江、安徽、江西和湖南四省为主要产区，浙江绿茶产量居全国首位，安徽和江西绿茶的品质好。绿茶属于不发酵茶。

【拓展链接】

绿茶历史

中国绿茶生产的最早文字记载可追溯到三国魏时张揖（230 年前后）的《广雅》，书中有采茶做饼的内容，书中介绍蒸茶做饼并将茶饼晒干后贮藏的做法。到了唐代，蒸茶做饼的制法已逐渐完善，在陆羽《茶经·三之造》中记述："晴，采之，蒸之，捣之，拍之，焙之，穿之，封之，茶之干矣。"这就是一种简单蒸青绿茶的加工技术。到明代，绿茶加工技术有了较大的发展，特别是明太祖朱元璋于洪武二十四年（1391 年）九月十六日下诏，废团茶兴叶茶，从此散茶便取代团饼茶而成为主流。

资料来源：朱志泉，陆德彪，毛祖法，罗列万．中国绿茶产业发展现状．中国茶叶，2008（09）：4–5.

1. 绿茶的加工工艺

（1）杀青

永葆青春的绿茶

杀青是形成绿茶"清汤绿叶""香高味醇"品质特征的关键工序，直接决定着绿茶品质的优劣。茶鲜叶中含有多种物质，尤其是氧化酶，它能引起多酚类物质的氧化，形成红梗红叶。绿茶的杀青过程其一就是要彻底破坏酶的活性，迅速终止多酚类物质的酶促氧化，以获得绿茶应有的绿色，这是杀青的首要目的。其二，鲜叶中含有较多低沸点的具有青草气味的成分——青叶醇、青叶醛等，通过高温杀青，可促进这类物质挥发，进而发展茶叶的香气。其三，通过杀青改变鲜叶中的化学成分，以促进绿茶滋味的形成，如花青素和具有苦涩味的甙类物质在杀青过程中适量减少，对增进绿茶鲜爽醇和的滋味有利。其四，鲜叶中水分含量很高，约占 75%，叶质硬脆。通过杀青可减少一部分水分，使叶质柔软，韧性增强，便于揉捻成条。

杀青主要有三种方式：锅式杀青、滚筒杀青和蒸汽杀青。其中，锅式杀青和滚筒杀青属于炒热杀青。

【拓展链接】

1. 锅式杀青

锅式杀青是传统手工制茶工艺中所采用的杀青方式，在平锅或斜锅中进行。

锅式杀青的工艺原则是：①高温杀青，先高后低。“高温杀青”是为了破坏酶的活性，从这个意义上讲，杀青温度愈高，酶失活愈快，也愈充分。②抛闷结合，多抛少闷。杀青过程有闷杀和抛杀两种方法。所谓“抛杀”就是在高温杀青的条件下，叶子接触锅底的时间不能长，要用抛炒手法使水蒸气和青气迅速散发。这种方式所制的成茶香气高，叶色翠绿。③嫩叶老杀，老叶嫩杀。如鲜叶原料嫩度较好，则杀青叶的含水量宜低一些，一般杀到58%~60%为适度。反之，如为粗老叶，则杀青适度的含水量标准宜高一些，一般常杀到62%左右。否则老叶炒青过度，不但容易焦边，而且杀青叶的含水率过低，也不利于后续揉捻工序对茶叶外形的做形。

2. 滚筒杀青

滚筒杀青是使用滚筒杀青机进行杀青，滚筒杀青机的主要部件是一个直径50~80厘米的转筒，转速28~32转/分钟，每小时投叶量150~200公斤。叶片在筒内停留时间2.5~3.0分钟，采用连续方式进行。滚筒杀青的生产效率高，目前在绿茶生产加工中被广泛使用。

3. 蒸汽杀青

简称蒸青，是制蒸青绿茶的第一道工序。其目的是利用蒸汽高温，破坏酶的活化，阻止多酚类物质的酶促氧化，保持叶色翠绿，同时使叶质柔软，便于揉捻做形。

（2）揉捻

杀青是形成绿茶“绿叶清汤”品质的关键工艺，揉捻则是造就绿茶各种外形所不可缺少的工艺措施。

揉捻目的：一是为了塑造茶叶的外形，将叶子卷紧后，不但使条形美观，而且有利于保持干茶条索的完整与减少断碎。二是破碎叶片的细胞组织，使茶叶中的内含成分能充分地被冲泡出来，从而提高茶汤的浓度。

（3）干燥

干燥是绿茶加工的最后一道工序，与绿茶品质有密切关系。

干燥方法一般有炒干和烘干两种。

炒干：炒青绿茶制作工艺，设备有锅式和瓶式炒干机。

烘干：绿茶制作工艺，设备有烘笼、手拉百叶式和自动链条式烘干机。

2. 绿茶的分类

按初制加工过程的杀青和干燥方式不同，绿茶可分为蒸青绿茶、炒青绿茶、烘青绿茶和晒青绿茶。

（1）蒸青绿茶

这是唐、宋时盛行的制法。用蒸汽杀青制作而成的绿茶称之为“蒸青绿茶”。蒸青绿茶是我国古代最早创制的一种茶类，如玉露、煎茶等。蒸青绿茶的主要品质特点是：三绿（干茶绿、汤色绿、叶底绿），香清味醇。

（2）炒青绿茶

因干燥方式采用炒干而得名。按外形形状特点，可分为长炒青（眉茶）、圆炒青（珠茶）、扁炒青（特种炒青）三类。长炒青的品质特点是条索紧结，色泽绿润，香高持久，滋味浓郁，汤色、叶底黄亮。圆炒青有外形圆紧如珠、香高味浓、耐泡等品质特点。扁炒青成品有扁平光滑、香鲜味醇等特点。炒青绿茶代表性的名茶有西湖龙井、信阳毛尖等。

（3）烘青绿茶

烘青绿茶主产于安徽、福建、浙江三省。高档烘青直接饮用，一般烘青大部分用来窨制花茶。烘青绿茶的品质特点是外形完整、稍弯曲、锋苗显，干茶墨绿，香清味醇，汤色、叶底黄绿明亮。代表性的名茶有黄山毛峰、六安瓜片等。

（4）晒青绿茶

晒青绿茶就是直接用日光晒制的绿茶。主产于四川、云南、贵州、广西、广东、湖北、湖南、河南、陕西等省。晒青绿茶品质特点是香高味醇，清汤绿叶，汤色清澈明亮，呈淡黄微绿色。代表性的名茶有滇青、川青、桂青、湘青等。

3. 绿茶的品质特征

（1）绿茶颜色

干茶以绿色为主，但因产茶区环境、地理位置不同，茶叶的颜色会有变化，如翠绿色、黄绿色、碧绿色、墨绿色等。

（2）绿茶原料

绿茶要求每年清明节前后开始采摘，时间在 40 天左右结束，一般五月底之前采的茶统称为“春茶”。在谷雨前采制的茶称“雨前茶”。采茶时，太老的叶子不能要，太小的叶子也不能采，一般一芽一叶是比较顶级的茶，一芽两叶是普遍采摘标准。

（3）绿茶香气

毫香型：有白毫的茶叶鲜叶，嫩度在一芽一叶以上，经正常制茶过程，干茶白毫显露，故还没冲泡时这种茶叶所散发出的香气叫毫香。如各种银针茶就具有典型的毫香，部分毛尖、毛峰茶有嫩香带毫香。

嫩香型：鲜叶新鲜柔软，一芽二叶初展，制茶及时合理的茶多有嫩香。具嫩香的茶有各种毛尖、毛峰茶等。

花香型：相对而言，具有花香型的绿茶并不是很多，如桐城、舒城小兰花、涌溪火青、高档舒绿等都有幽雅的兰花香。

清香型：鲜叶嫩度为一芽二三叶，制茶及时正常者有清香。清香型包括清香、清高、清纯、清正、清鲜等。

（4）绿茶特性

绿茶属于不发酵茶，茶叶当中的茶多酚含量多，富有丰富的维生素、咖啡碱，属于较寒凉的茶。

4. 绿茶的存储方式

（1）塑料袋、铝箔袋贮存法

茶叶可以事先用较柔软的干净纸包好，然后置于食品袋内，装入茶后，将袋中空气尽量挤出，封口即成。最好选密度高、高压、厚实、强度好、无异味，有封口且为装食品用之塑料袋，不要用有味道或再制的塑料袋。

（2）金属罐装贮存法

选用铁罐、不锈钢罐或质地密实的锡罐装绿茶。

（3）低温贮存法

绿茶装入密度高、高压、厚实、强度好、无异味的食品包装袋，将绿茶贮存的环境保持在5℃以下，也就是使用冷藏库或冷冻库保存绿茶。

贮存期6个月以内者，冷藏温度以维持0℃~5℃最经济有效；贮藏期超过半年者，以冷冻（-10℃至-18℃）较佳。此法保存时间长、效果好，但袋口一定封牢，封严实，否则会回潮或者串味，反而有损绿茶茶叶的品质。

（二）黄茶

黄茶属于较为小众的一类，是中国历史上继绿茶之后出现的第二大茶类，黄茶是在绿茶杀青过程中时间过长，或者没有及时摊晾，或者揉捻后未及时烘干、炒干，堆积过久，使叶子变黄，产生黄汤、黄叶，这样出现的新的茶品——黄茶。

黄茶问答

1. 黄茶的加工工艺

黄茶较绿茶工艺复杂，在绿茶基本工艺的基础上多了一道“闷黄”工艺。其制作工艺为鲜叶的采摘、杀青、揉捻、闷黄、干燥。需要注意的是，其中的“揉捻”环节根据茶品需求而定，并不是黄茶必不可少的工艺。而“闷黄”工艺则是黄茶形成黄汤黄叶品质特征的重要一环。

闷黄，主要做法是将杀青或揉捻后的茶叶用纸包好，或堆积后以湿布盖之，时间以几十分钟或几个小时不等，促使茶坯在湿热作用下进行非酶性的自动氧化，形成黄色。黄茶品类繁多，品质风格各异，因此闷黄技法也不同。大致可分为湿坯闷黄和干坯闷黄两种。湿坯闷黄是在杀青或揉捻后进行，干坯闷黄是在初烘后进行。闷黄目的在于促进叶色黄变，利于形成黄茶“黄汤黄叶”、香气清悦、滋味醇爽的品质特征。

闷黄过程主要是通过湿热作用，促进芽叶化学变化，进而形成黄茶品质特征。主要化学变化有：茶多酚发生一定程度的非酶促氧化，出现黄变，苦涩味成分降低，可溶性糖含量增加，使滋味甜醇；叶绿素部分分解或转化成脱镁叶绿素，使绿色减退，黄色显露；糖和氨基酸转化及挥发性醛类增加，促进黄茶独特芳香物质的形成。闷黄促进黄茶香气和滋味形成，闷黄过程中，在复杂的理化反应条件下，各因素协调作用综合地形成黄茶特有的色香味品质特征。

2. 黄茶的分类

（1）黄芽茶

黄芽茶原料细嫩，是采摘最细嫩的单芽或一芽一叶加工制成，幼芽色黄而多白毫，故名黄芽，香味鲜醇。由于品种的不同，在茶青的选择与加工工艺上有相当大的区别，最有名的品种有湖南岳阳洞庭湖的君山银针、四川雅安的蒙顶黄芽和安徽霍山的霍山黄芽等。

（2）黄小茶

黄小茶是采摘细嫩芽叶加工而成，一芽一叶，条索细小。目前国内产量不大。主要品种有湖南岳阳的北港毛尖，湖南宁乡的沩山毛尖，湖北远安的远安鹿苑茶和浙江温州的平阳黄汤。

（3）黄大茶

黄大茶是中国黄茶中产量最多的一类，主要产于安徽霍山及邻近的湖北英山等地，距今已有四百多年历史，其中以安徽的霍山黄大茶、广东的大叶青品质上佳，最为著名。

黄大茶的鲜叶采摘要求大枝大秆，一芽四、五叶，长度在10~13厘米。春茶一般在立夏前后开采，为期一个月。夏茶在芒种后开采，不采秋茶。制法分杀青、揉捻、初焙、堆积、拉小火和拉老火等几道工序。特点是叶大梗长、叶片成条，梗叶相连，形似鱼钩，梗叶金黄油润，汤色深黄偏褐色，叶底也是黄中显褐，味浓厚、耐冲泡，具有突出高爽的锅巴香味。

3. 黄茶的品质特征

（1）黄茶的颜色

黄茶的干茶银毫披露，金黄光亮，汤色橙黄。

（2）黄茶的原料

根据黄茶的种类不同，采摘一芽一叶，或一芽多叶。

（3）黄茶的香气

嫩香型：清爽细腻，有毫香（茶叶的一种鲜嫩香气）。鲜叶新鲜柔软，一芽二叶初展，制茶及时者会带有嫩香。

清香型：清香鲜爽，细而持久，清香纯和。香型包括清香、清高、清纯、清正、清鲜等。一般见于鲜叶嫩度在一芽二、三叶者，清香最明显。

花香型：茶叶散发出各种类似鲜花的香气，按花香清甜的不同，又可分为清花香和甜花香两种。一般鲜叶嫩度为一芽二叶，制茶合理者，会有一些花香的特点。

甜香型：该香型包括清甜香、甜花香、干果香、甜枣香、蜜糖香等。凡鲜叶嫩度在一芽二、三叶，黄茶制法得当者，都可能会出现这类香型。

（4）黄茶的特性

黄茶在加工过程中，茶多酚氧化形成少量的茶黄素，黄茶性平微凉，所以适合胃热者饮用，夏季天气酷热，也可以饮用。

4. 黄茶的存储方式

保存黄茶时，可在茶叶袋中放入保鲜剂并密封，以隔绝空气；要将含水量控制在一定的范围内，一般最佳的含水量在7%以内；一般情况下，茶叶保存在5℃~6℃的环境中为好（将温度控制在5℃左右，保存不发酵或轻发酵茶叶的质量较好），因为茶叶在高温或常温条件下会加快氧化速度，很容易陈化，从而影响黄茶的品质。故可以把茶叶用铝箔袋装好再放入罐中，然后再在外面套一个干净的塑料袋并扎紧，直接放入冰箱内储存，并注意避免与其他食物在一起冷藏，以免茶叶吸附异味。

（三）白茶

白茶产于福建省的福鼎、政和、松溪和建阳等县，台湾省也有少量生产。白茶生产已有二百年左右的历史。

本真质朴的白茶功效

1. 白茶的加工工艺

白茶的基本制作工序主要是萎凋和干燥。

（1）萎凋

白茶的萎凋方法较多，有室内自然萎凋、室内加温萎凋、复式萎凋等，具体要根据天气和叶质来确定。以上三种萎凋方法，正常天气时常采用室内自然萎凋，而且品质也能保证。加温萎凋主要是为了解决阴雨天湿度大、气温低，自然萎凋太慢的问题。复式萎凋主要是解决生产高峰期鲜叶多，自然萎凋时间长，效率低的问题。所以多数情况下，采用的是自然萎凋。

（2）干燥

干燥常采用烘焙的方式进行。对白茶起定色作用，同时可固定品质达到去水干燥的要求。萎凋适度的茶叶，要及时烘焙，以防变色变质，并促进香味的生成。烘焙有烘笼和烘干机烘干两种。

2. 白茶的分类

（1）白毫银针

白毫银针，简称银针，又叫白毫，因其白毫密披、色白如银、外形似针而得名；其香气清鲜，汤色淡黄，滋味鲜爽，是白茶中的极品，素有茶中“美女”“茶王”之美称。

（2）白牡丹

白牡丹因其绿叶夹银白色毫心，形似花朵，冲泡后绿叶托着嫩芽，宛如蓓蕾初放，故得美名。白牡丹是采自大白茶树或水仙种的短小芽叶新梢的一芽一、二叶制成的，是白茶中的上乘佳品。

（3）贡眉、寿眉

贡眉，以菜茶（福建茶区群体种灌木茶树之别称）茶树的芽叶制成，这种用菜茶芽叶制成的毛茶称为“小白”，以区别于福鼎大白茶、政和大白茶茶树芽叶制成的“大白”毛茶。以前，菜茶的茶芽曾经被用来制作白毫银针等品种，但后来则改用“大白”来制作白毫银针和白牡丹，而“小白”就用来制作贡眉了。

寿眉是用采自菜茶品种的短小芽片和大白茶片叶制成的白茶，是白茶中产量最高的一个品种，其产量约占到了白茶总产量的一半以上。

通常，“贡眉”是表示上品的，其质量优于寿眉。贡眉的产区主要位于福建省的建阳，在建瓯、浦城等也有生产。制作贡眉的鲜叶的采摘标准为一芽二叶至一芽三叶，采摘时要求茶芽中含有嫩芽、壮芽。

贡眉、寿眉的制作工艺均分为初制和精制，制作方法与白牡丹茶的制作基本相同。优质的贡眉成品茶毫心明显，茸毫色白且多，干茶色泽青翠，冲泡后汤色呈橙黄色或深黄色，叶底匀整、柔软、鲜亮，叶片迎光看去，可透视出主脉的红色，品饮时感觉滋味醇爽，香气鲜纯。寿眉干茶青褐，汤色橙黄，叶底茶叶连枝，滋味醇和，香气带果香与木质香。

3. 白茶的品质特征

（1）白茶的颜色

外形芽毫完整，满身披毫，毫香清鲜，汤色黄亮。

（2）白茶的原料

采摘标准是一芽一叶或一芽二叶，两叶抱一芽，叶态自然，芽叶连枝。秋茶采自 7 月后，春茶为最佳，叶质柔软，芽心肥壮，茸毛洁白，茶身沉重。

（3）白茶的香气

毫香型：有白毫的白茶鲜叶，嫩度在一芽一叶、一芽二叶，经正常制茶过程，干茶白毫显露，冲泡时这种茶叶所散发出的特有香气叫毫香。

清香型：清香是白茶的其中一种香型，该香型包括清香、清高、清纯、清正、清鲜等。

花香型：茶叶散发出类似鲜花的香气，这种茶香在白茶中不易察觉，表现清幽，常为甜香、清香而掩盖，需细心辨识。

甜香型：甜香型本为工夫红茶的典型香型，但是在白茶中，甜香也非常明显，好的白茶冲泡出来后，香气和滋味都很甜爽。

（4）白茶的特性

白茶不揉不捻，不破坏内含物质，是最接近原生状态的茶叶。老白茶内的咖啡碱、茶多酚、氨基酸、茶多糖等物质悄然转化，有醇厚、甘甜、软糯的口感。

4. 白茶的存储方式

白茶素有“一年茶、三年药、七年宝”之称，为中国茶类中的特殊珍品。白茶保存的理想温度在 4℃ ~25℃，常温保存即可，无需冷藏。要求装茶的密封袋或容器无毒、无异味、防潮。保存的环境要求温湿度适宜，防潮，无异味。

（四）青茶

青茶，又称乌龙茶，属部分发酵茶，因成茶色泽青褐而得名。

1. 青茶的加工工艺

（1）鲜叶

一般红绿茶摘的越嫩的越值钱，但青茶类却不是如此，如果没有一定成熟度的原料，还真难以做出浓郁的乌龙茶香来。从芽头往下数，一般要摘到第三、四叶，最理想的原料为芽头停止生长后的对夹叶，但兼顾采工能力，规模生产的大多采摘标准要求一芽三、四叶。为何要摘这么老？道理也很简单，茶香不是凭空而来的，它需要有较多的浸出物质——醚浸出物，浓郁的茶香大多是由醚浸出物转化而来的。

醚浸出物指在茶叶的内含物中，能溶解于脂溶性有机溶剂醚（一般为乙醚）的物质。它是一种混合物，包括各种芳香物质、油脂、类脂、色素等。这些物质，或本身具有香气，如芳香油；或通过鲜叶加工过程的水解、氧化等作用，能生成新的香气成分，如油脂、胡萝卜素类等。

（2）晒青

晒青工序，一是利用太阳光中的紫外线提高酶的活性，为后面工序中茶叶内含物质的催化转变创造更好的动力；二是利用太阳光的红外线加热鲜叶，促进鲜叶水分蒸发，改变细胞液浓度和增进胞膜透性，从而促使各种内含物质的有利转化。对应的效果便是茶叶的苦涩味减淡、青味减少、果香增加以及醇甜感的加强。

（3）做青（碰青 / 摇青）

这是做乌龙茶最关键的一个步骤，就是通过让茶青动起来，叶片与叶片之间相互摩擦碰撞，部分破坏细胞，从而促使氧化发酵的进行。做青做好了，香味就好了，做青做不好，香味就不好。乌龙茶是半发酵茶，这个发酵指的是茶多酚的氧化。正常情况下，茶多酚被储存在细胞的液泡里面，它没办法接触到细胞外的氧气。要使得其可以被氧化，那便需要破坏细胞结构，让茶多酚能够跟胞膜外的氧气和氧化酶接触，这样才能达成氧化进程。

一般碰青或者摇青时间不长，短就几分钟，长则 30 分钟；但碰完或摇完以后，细胞虽被破坏了一些，但其物质转化不能在这么短时间内充分完成，因此我们还需要给一定的时间让茶青转化到位。所以，做青的工艺，一般需要将“做青”和“静置”配合起来。

（4）杀青

当做青环节完成，茶青转化到最理想的香气和滋味的时候，我们当然希望它就保持此时此刻的状态，不能让它再生变化，因为再发酵下去，香味就要开始变差。此时就需要通过杀青钝化茶青当中多酚氧化酶的活性，经过以炒青方式的杀青工序，乌龙茶的品质也就有保障了。

（5）揉捻

杀青完成的下一环节就是进行揉捻，由于乌龙茶大多采一芽三、四叶较成熟的青叶，很多时候趁热揉，茶叶会更容易成条。通过揉捻的挤压力破坏细胞结构，从而促使细胞内外的物质相互混合接触，以利于干燥过程进一步引发协调和正常的化学变化，促进香味充分改善。

（6）干燥

干燥是乌龙茶初制的最后一道工序。除了把茶叶的含水量降到5%以下以利于保存之外，主要还利用热催化作用，增强茶汤甘醇度，以及提高茶叶的香气。一般也分毛火和足火两次干燥，毛火温度高，足火温度低，具体方式可电焙也可炭焙。

2. 青茶的分类

（1）闽北乌龙

茗品宝库
武夷茶

闽北乌龙主产于福建北部，产地包括武夷山、建瓯、建阳等地。闽北乌龙品种众多，武夷岩茶的名丛有几百种。典型的有十大名丛：大红袍、铁罗汉、白鸡冠、水金龟、半天妖、白牡丹、金桂、金锁匙、北斗、白瑞香。闽北茶做青时发酵较重，揉捻时无包揉工序，条索壮结弯曲，干茶色泽较乌润。冲泡出来的汤色相对橙黄，口感比较厚重。

（2）闽南乌龙

闽南乌龙以安溪铁观音为代表，还包括永春佛手、闽南水仙、诏安八仙茶、福建单丛等。除安溪铁观音外，安溪县内的毛蟹、本山、黄金桂、奇兰等品种统称为“安溪色种”。闽南茶做青时发酵程度较轻，揉捻时有包揉工序，外形卷曲壮实，干茶色泽较墨绿油润，汤色相对清黄。

（3）广东乌龙

广东乌龙茶产于粤东地区的潮安、饶平、丰顺、蕉岭、平远、揭东、揭西、普宁、澄海、梅州市大埔及东莞市。主要产品有凤凰水仙、凤凰单丛、岭头单丛、饶平色种、石古坪乌龙、大叶奇兰等。以潮安的凤凰单丛和饶平的岭头单丛最为著名。广东乌龙茶是一种以香气出众的茶，大都条索肥壮匀整，色泽褐中带灰，油润有光，汤色黄而带红亮，叶底非常肥厚。

（4）台湾乌龙

台湾乌龙茶的制法虽由福建传来，但经台湾茶业专家精心研究、改良技术，变成具有独特香气与高山风味的世界名茶。台湾乌龙茶根据萎凋做青程度不同分为台湾乌龙茶和台湾包种两类。“乌龙”做青较重，最出名的台湾乌龙是产于南投县的冻顶乌龙，汤色金黄明亮，滋味浓厚，有熟果味香。“包种”做青程度较轻，主产于台北县文山等地，叶色较绿，汤色黄亮，滋味鲜醇。

3. 青茶的品质特征

（1）青茶的颜色

由于焙火程度的不同，茶叶颜色也不同。乌龙茶干茶、茶汤呈现出多样的色彩，大致可分为以下几种颜色：干茶呈绿色、砂绿或墨绿色等，茶汤为淡黄色、黄色。干茶呈金色，茶汤金黄色。干茶呈褐色或红褐色，有的乌润，茶汤为橙红色。

（2）青茶的原料

乌龙茶鲜叶的采摘要求有一定的成熟度，通常是在新梢顶芽开展形成对夹叶（俗称开面叶）后才采摘。

（3）青茶的香气

清香型：香气高强，浓馥持久，花香鲜爽。

浓香型：香气纯正，带甜花香或蜜香、栗香。

韵香型：茶叶发酵充足，香味高，回甘好，韵味足。

老火粗味型：带有老火香味，又有粗老气味。

老火香型：老火香型的青茶，其茶叶虽然不是很粗老，但茶香味上火香味显。

（4）青茶的特性

乌龙茶叶片中间呈绿色，叶缘呈红色，素有“绿叶红镶边”之美称。

4. 青茶的存储方式

（1）在家里存放乌龙茶，要放在干燥、避光、密封、阴凉、没有异味的地方。

（2）现在很多乌龙茶都是包装好的，有些用塑料袋包装，有些用铝箔袋包装，还有些是用铝箔袋抽真空包装好。用塑料袋包装的不宜久放，最好尽快饮用。用铝箔袋包装的可以略微降低存放标准。

（3）容器选择没有异味的瓷罐、铁罐、陶罐、竹盒、木盒等，尽量装满，加盖密封后置于冰箱内冷藏。

（五）红茶

红茶因其干茶冲泡后的茶汤和叶底色呈红色而得名。红茶属全发酵茶类。在制茶过程中，以日晒代替杀青，揉后叶色变红。最早出现的红茶是清代创始于福建崇安（今武夷山）的小种红茶。在国际市场上，红茶贸易量占世界茶叶总贸易量的 90% 以上。

名扬四海的红茶

1. 红茶的加工工艺

（1）鲜叶采摘

鲜叶采摘要求较高，一般是以一芽二叶为标准，制红茶要求鲜叶的多酚类化合物含量较高，叶绿素含量低。我国四大茶区均出产名优红茶。

（2）萎凋

萎凋是红茶加工的首道工序。萎凋的目的是让叶片失水变得柔软，便于揉捻卷紧而不易断碎。

茶叶细胞膜受到破坏，酶从细胞质中游离出来，从而增强了细胞的活性。使活性细胞增强的同时，酶促多酚类化合物的化学变化向有利于品质形成的方向转化，从而为红茶品质的形成奠定了基础。萎凋的方式很多，有室内自然萎凋、日光萎凋、萎凋槽萎凋、萎凋机萎凋和各种形式的加温萎凋。目前常采用的是室内自然萎凋、日光萎凋和萎凋槽萎凋三种。

（3）揉捻

红茶的红汤红叶品质特征是由于茶多酚的酶促氧化所致。揉捻能起到破坏叶肉细胞，使茶多酚与多酚氧化酶接触，与绿茶相比，红茶揉捻的细胞破坏率要求更高，相应地揉捻的时间就更长。否则，发酵便会不够充分，影响红茶的香气、滋味等。叶片揉捻成条，体形缩小，外形美观，便于运输。茶汁溢聚于叶表，干燥后色泽乌润，冲泡时易溶于水，增加茶汤浓度。

（4）发酵

发酵是红茶品质形成的关键过程。发酵是在酶促作用下以多酚类化合物氧化为主体的一系列化学变化的过程。实质上红茶的发酵自揉捻进行就已开始，有时由于揉捻时间长，揉捻结束时发酵已告完成，就无须再经发酵过程了。但一般情况下，发酵处理仍是需要的。红茶的发酵是在发酵室内进行的，决定发酵程度和优次的因子主要是发酵中的温度、湿度、通气条件等。

（5）干燥

干燥就是应用传热介质将湿坯加热，使水分汽化并为热气流带走，达到保质干燥的过程。干燥的目的是终止酶促氧化，散失水分，散发青草气，提高和发展香气。

2. 红茶的分类

（1）小种红茶

小种红茶起源于16世纪，最早出产于福建武夷山，是世界红茶的鼻祖。

小种红茶又分为正山小种和外山小种两种。正山小种是指产于原福建崇安县（今武夷山）星村和桐木关一带的小种红茶，也称“桐木关小种”或“星村小种”；外山小种则是指福建的政和、坦洋、古田、沙县及江西铅山等地引种的小种红茶，也称“人工小种”。正山小种主要产区星村和桐木关一带地处武夷山脉之北段，海拔1000~1500米，冬暖夏凉，年均气温18℃，年降雨量2000毫米左右，春夏之间终日云雾缭绕，茶园土质肥沃，茶树生长繁茂，叶质肥厚，持嫩性好，成茶品质优异，几百年来一直在全世界红茶爱好者中享有盛誉。

（2）工夫红茶

工夫红茶是中国特有的红茶品类，18世纪发端于中国的福建省。中国的工夫红茶做工精细，色、香、味都堪称上乘。工夫红茶制作工艺考究，要求条索紧卷、完整、匀称、洁净，加工后的茶叶形状紧结秀丽，色泽乌黑润泽，汤色红艳明净，香气醇正，叶底匀嫩鲜活。现在中国的工夫红茶早已不仅仅局限于福建一省，而是品种众多，分布于多个省份，著名的品种包括滇红工夫、祁门工夫、浮梁工夫、宁红工夫、湘红工夫、闽红工夫、越红工夫、台湾工夫、宜红工夫及粤红工夫等。中国工夫红茶按茶树品种又分为大叶工夫和小叶工夫。大叶工夫茶是以乔木或半乔木茶树鲜叶为原料制成，小叶工夫茶是以灌木型小叶种茶树鲜叶为原料制成。

（3）红碎茶

红碎茶主要用于出口，国外饮茶习惯饮用红碎茶，因其饮用更加便捷。中国的碎红茶生产较晚，源于印度等国红茶生产的影响和世界红茶市场的需求而发展起来，直到20世纪50年代后期才开始形成规模。近年来，中国的碎红茶产量和质量都有了大幅度的提高，已经在国际碎红茶市场上占有了举足轻重的地位。

3. 红茶的品质特征

（1）红茶的颜色

高档红茶颜色乌黑油润，条索细，紧卷完整。汤色红浓，滋味浓而爽口。

（2）红茶的原料

红茶的原料依据成品茶叶不同的品质要求，采摘标准也不同，红茶采摘的标准为一芽二至三叶，也有采单芽和一芽一叶的。

（3）红茶的香气

毫香型：凡有白毫鲜叶、嫩度为单芽或一芽一叶，制作正常金毫显露的干茶，冲泡时有典型的毫香。

清香型：香气清纯、柔和持久，香虽不高，但缓慢散发，令人有愉快感，是嫩采现制的红茶所具有的香型。

嫩香型：香气高洁细腻，清鲜悦鼻，有似玉米的香气，鲜叶原料细嫩柔软，制作良好的名优茶有此香型表现。

火香型：包括米糕香、高火香、老火香和锅巴香。鲜叶原料较老，含梗较多，制作中干燥时火工高足，是茶叶含糖类焦糖化形成的香型。

花香型：具有各种类似天然鲜花的香气。一些特殊的茶树品种经过萎凋工艺后会带有的香气。

果香型：散发出类似各种水果香气，如桂圆。红茶多带有苹果香，小种红茶带桂圆香（特别是传统松烟香型的）。

甜香型：包括清甜香、蜜糖香等。采鲜叶嫩度适中制成的工夫红茶具有的香型。

松烟香：凡在制作过程的干燥工序中用松、柏或枫球、黄藤等熏制的茶，如小种红茶所具有的香气。

（4）红茶的特性

红茶性温，祛寒，暖胃。

4. 红茶的存储方式

红茶要尽量在保质期内喝完，存放时间过长，香气就会减退。

（1）用封口袋保存茶叶是目前家庭贮茶最简便、最经济实用的方法之一。

（2）铁罐存储。将装有茶叶的铁罐置于阴凉处，不能放在阳光直射或潮湿、有热源的地方，这既可防止铁罐氧化生锈，又可抑制听内茶叶陈化、劣变的速度。

（六）黑茶

黑茶起源于茶马交易，早期的茶马交易路途崎岖，货物运送时间长，当时由于缺乏遮阳避雨的工具，雨天茶叶常被淋湿，天晴时茶又被晒干，这种干、湿互变过程使茶叶在微生物的作用下发酵，产生了品质完全不同于起运时的茶品，于是产生了黑茶。

1. 黑茶的加工工艺

黑茶的加工工艺是杀青、揉捻、渥堆、干燥。渥堆是形成黑茶品质的关键因素，其他工艺与另外五类茶品的加工方式相似。

渥堆工艺是 1974 年针对普洱茶发明的发酵工艺，可以加速黑茶的熟化程度，缩短黑茶的加工时间。在堆放过程中因为茶青含有水分较多，会产生热量，引起微生物的滋生，使茶青出现了发酵现象。茶性由于被“降解”而变得温和醇厚，颜色也由于被氧化而变得褐红。渥堆要求有适宜的条件。渥堆场所要清洁，无异味，无日光直射，室温保持在 25℃以上，相对湿度在 85% 左右。经过渥堆，茶坯的色、香、味都有变化，这是由于内含物质化学变化的结果。鲜叶经过高温杀青，酶的活性已被破坏，但在水热作用下，茶多酚的非酶性氧化仍在进行，所以茶多酚逐渐减少，尤以渥堆过程减少最多。在渥堆过程中，氨基酸含量有所增加，糖类也有变化，茶多酚氧化的中间产物邻醌与氨基酸结合产生一种香味物质，这些都对黑毛茶香味产生良好影响。

2. 黑茶的分类

（1）湖南黑茶

湖南黑茶生产始于湖南益阳安化县。湖南黑茶是采割下来的鲜叶经过杀青、初揉、渥堆、复揉、干燥等五道工序制作而成。湖南黑茶条索卷折成泥鳅状，色泽油黑，汤色橙黄，叶底黄褐，香味醇厚，具有松烟香。黑茶形制分为三尖（天尖、贡尖、生尖）、三砖（茯砖、花砖、黑砖）、一花卷。

（2）湖北青砖

青砖茶经发酵、高温蒸压、适当自然存放后发酵，茶叶中的儿茶素和茶多酚比普通茶更易溶于水中，饮用青砖茶，除生津解渴外，其具有的化腻健胃、降脂瘦身、御寒提神、杀菌止泻等独特功效为其他茶类所不及。主要销往内蒙古、新疆、西藏、青海等西北地区和蒙古、格鲁吉亚、俄罗斯、英国等国家。

（3）云南黑茶

云南普洱（熟茶）是黑茶中最负盛名的一款茶品，自唐宋以来，滇南产地的晒青茶即集中到普洱府（今普洱市）销售，普洱茶因此而得名。普洱茶（熟茶）主要产于云南普洱市、大理、勐海、临沧等地，指用云南大叶种茶树的鲜叶，经杀青、揉捻、渥堆、蒸后而制成的黑茶。普洱茶（熟茶）汤色红浓明亮，香气独具陈香，叶底褐红色，滋味醇厚回甜。性温和、耐储藏，适于烹饮或泡饮，不仅可解渴、提神，且具养胃、降脂等保健功效。

（4）广西黑茶

广西黑茶最著名的是梧州六堡茶，因产于广西梧州市苍梧县六堡乡而得名。除苍梧县外，贺州、横县、岑溪、玉林、昭平、临桂、兴安等县也有一定数量的生产。六堡茶制作工艺流程是杀青、揉捻、沤堆、复揉、干燥，制成毛茶后精制时仍需潮水沤堆，蒸压装篓，堆放陈化，最后使六堡茶汤味形成红、浓、醇、陈的特点。

（5）四川边茶

四川边茶生产历史悠久，主要销往西部边疆地区。唐宋以来行以茶易马法，北宋设茶马司，专司茶马事宜，明清实施茶引制，凭引票进行边茶销售。清朝乾隆年间，政府规定雅安、天全、荥经等地所产的边茶专销西康和西藏，这些黑茶被称为“南路边茶”；而灌县、北川、大邑等地所产边茶则专销川西北松潘、理县等地，被称为“西路边茶”。南路边茶有毛庄茶和做庄茶之分，成品茶经过整理之后再压制成康砖和金尖两个花色；和南路边茶相比，西路边茶更为粗老，成品茶有茯砖和方包两个花色。

3. 黑茶的品质特征

（1）黑茶的颜色

茶叶颜色呈黑色，外形叶张肥大，条索卷折，色泽油黑；汤色橙黄或红浓，香味醇厚；叶底乌褐。

（2）黑茶的原料

黑茶以青梗新梢为主，一般要长到一芽四、五叶或对夹叶时才开采。鲜叶原料较粗老。

（3）黑茶的香气

兰香型：新鲜的黑茶茶青有股青叶香，经过长期陈化后，由青叶香而转为清香，呈兰香。

荷香型：经过适度陈化的黑茶，青叶香转为淡淡的荷香。

药香型：在年份非常老的黑茶中会出现一定药香味。

（4）黑茶的特性

黑茶属后发酵茶，该茶类具有补充膳食营养、助消化解油腻等作用。

4. 黑茶的存储方式

黑茶存放得好，利于陈化出更好的内质。如果存放不当，茶叶容易受到环境因素的影响，出现发霉、变质、变味的情况，这个时候的黑茶就不能喝了。

存放地点：要通风、防潮、阴凉、干净。尽量不要与其他物品放在一起，不可与香精、香皂、檀香、香木、樟脑等气味较浓或带有刺激性气味的物品同放一室。

存放器皿：主要针对散茶的存放，以皮纸、篾篓、陶罐为佳。未拆封的包装茶，要检查包装是否干净，是否有异味。否则，应当拆除原来包装，自行选用合适器皿进行包装保存。

存放规则：应当分类存放，分品牌和厂家存放。不同品类的茶，要单独存放，比如黑砖、茯茶、千两饼、天尖，不能混在一起存放。

三、名优茶鉴赏

名优茶，是有较高知名度的优质茶。

我国名优茶品类很多，不下几百种，其中以绿茶的名优类品种最多，约占名优茶的80%。名优茶的形成一般要具有良好的生态环境，有利于鲜叶有效成分的形成与积累；具有优良的茶树品种，采摘标准严格；加工工艺精湛，在色、香、味、形上与一般茶叶相比，名优茶具有独特的品质风格，既是高级茶饮料，又具极佳的欣赏价值。

（一）西湖龙井

西湖龙井产于浙江省杭州市西子湖畔的狮峰、龙井、云栖、虎跑、梅家坞一带，处于西湖风景保护区内，属绿茶类。西湖龙井历史上曾有“狮”“龙”“云”“虎”“梅”五个字号。产地多为海拔300米以上的坡地。西北有白云山和天竺山为屏障，阻挡冬季寒风的侵袭，东南有九溪十八涧，河谷深广，年均气温16℃，年降水量1600毫米左右，尤其在春茶吐芽时节，常常细雨蒙蒙，云雾缭绕。山坡溪涧之间的茶园常以云雾为侣，独享雨露滋润。茶区土壤属酸性红壤，结构疏松，通气透水性强。西湖龙井，即生长在泉溪密布、气候温和、雨量充沛、四季分明的环境之中，这正是龙井茶独具高格、闻名遐迩之故。

品质特点：以“色绿、香郁、味甘、形美”四绝著称于世。外形光洁、匀称挺秀，形如碗钉；色泽绿翠，或黄绿呈糙米黄色；香气馥郁，清高持久，沁人肺腑，似花香浓而不浊，如芝兰醇幽有余；味鲜醇、甘爽，饮后清鲜而无涩感，回味留韵。

（二）黄山毛峰

黄山毛峰是中国十大名茶之一，属于绿茶。产于安徽省黄山（徽州）一带，所以又称徽茶。由清代光绪年间谢裕大茶庄所创制。每年清明谷雨，选摘良种茶树黄山种、黄山大叶种等的初展肥壮嫩芽叶，手工炒制。该茶外形微卷，状似雀舌，绿中泛黄，银毫显露，且带有金黄色鱼叶。由于新制茶叶白毫披身，芽尖锋芒，且鲜叶采自黄山高峰，遂将该茶取名为黄山毛峰。

黄山毛峰采摘细嫩，特级黄山毛峰的采摘标准为一芽一叶初展，一至三级黄山毛峰的采摘标准分别为一芽一叶、一芽二叶初展；一芽一、二叶；一芽二、三叶初展。特级黄山毛峰开采于清明前后，一至三级黄山毛峰在谷雨前后采制。

品质特点：条索细扁，形似“雀舌”，带有金黄色鱼叶（俗称“茶笋”或“金片”“黄金片”）；芽肥壮、匀齐、多毫；色泽嫩绿黄而油润，俗称“象牙色”；香气清鲜高长；滋味鲜浓、醇厚，回味甘甜；汤色清澈明亮；叶底嫩黄肥壮，匀亮成朵。其中“鱼叶金黄”和“色似象牙”是特级黄山毛峰外形与其他毛峰不同的两大明显特征。黄山毛峰为我国毛峰之极品。

（三）碧螺春

碧螺春，是苏州著名特产，中国十大名茶之一。碧螺春是一种驰名中外的绿茶，清朝时被列为贡品。苏州洞庭碧螺春茶叶全部用嫩芽制成。500g 碧螺春约有 6 万个芽头。高级的碧螺春，1 斤干茶需要茶芽 6 万 ~7 万个，足见茶芽之细嫩。炒成后的干茶白毫显露，色泽银绿，翠碧诱人，卷曲成螺，产于春季，故名“碧螺春”。因产于江苏苏州的洞庭山区，故又称“洞庭碧螺春”。

品质特点：条索均匀、造型优美、卷曲似螺、茸毛遍体、色如凝脂、香气馥郁、回味甘冽。正宗洞庭碧螺春有光泽，色翠绿带黄，其他地区碧螺春暗淡，青里带黄，无光泽。洞庭碧螺春香气浓烈，清香带花果香。其他地区碧螺春香气不足，无花果香，有青叶气。洞庭碧螺春喝到口中很顺口，有一种甘甜、清凉、味醇的感觉，有回味，主要是口味醇，其他碧螺春喝到口中有涩、凉、苦、淡的感觉，无回味，还有青叶味。

（四）正山小种

世界上最早的红茶是正山小种，正山小种被称为红茶鼻祖，至今有四百多年的历史。正山小种红茶产于武夷山星村镇桐木关一带，也称桐木关小种。桐木关境内连峰叠嶂，峰奇林秀，原始森林浓荫蔽天，溪水如练，生态环境极佳，适宜茶树生长，是小种红茶原产地。“正山”指的是桐木关区域。“正山”有正确正宗的含义，而“小种”是指其茶树品种为小叶种，且产地地域及产量受地域的小气候所限之意；故“正山小种”又称桐木关小种。

品质特点：加工中有松柴熏制工序，形成特殊香味。外形条索肥壮紧结，色泽乌润，香气高长，显浓纯桂圆干香及特有的松烟香，茶汤橙红明亮，滋味醇厚甜绵，喉韵明显，有独特的桂圆汤、蜜枣味，叶底厚实呈古铜色。

（五）祁门红茶

祁门红茶，简称祁红，产于安徽省祁门县，属红茶类。祁门一带历史上很早就盛产绿茶，从事茶业者人数众多。祁门在清光绪以前并不生产红茶。据传，光绪元年（1875 年），有个黟县人叫余干臣，从福建罢官回籍经商，因羡福建红茶（闽红）畅销利厚，想就地试产红茶，于是在至德县（今东至县）尧渡街设立红茶庄，茶叶仿效闽红制法，获得成功。次年就到祁门县的历口、闪里设立分茶庄，试制祁红成功。与此同时，当时祁门人胡元龙在祁门南乡贵溪进行“绿改红”，设立“日版茶厂”试生产红茶也获成功。从此，祁红不断扩大生产，成为我国的重要红茶品种。祁红产区，自然条件优越，山地林木多，温暖湿润，土层深厚，雨量充沛，云雾多，很适宜茶树生长，加之当地茶树的主体品种——楮叶种内含物丰富，酶活性高，很适合制作工夫红茶。祁红采制工艺精细，采摘一芽二、三叶的芽叶做原料，经过萎凋、揉捻、发酵使芽叶由绿色变成紫铜红色，香气透发，然后进行文火烘焙至干。红毛茶制成后，还须进行精制，精制工序复杂，经毛筛、抖筛、分筛、紧门、撩筛、切断、风选、拣剔、补火、清风、拼和、装箱而制成。

品质特点：外形条索紧细秀长，金黄芽毫显露，锋苗秀丽，色泽乌润，汤色红艳明亮，叶底鲜红明亮，香气芬芳，馥郁持久，似苹果与兰花香味，在国际市场上被誉为“祁门香”。如加入牛奶、食糖调饮，亦颇可口，香味不减。

（六）滇红

滇红茶，属大叶种类型的工夫茶，是我国工夫红茶的后起之秀。滇红主产区位于滇西南澜沧江以西、怒江以东的高山峡谷区，包括凤庆、保山、临沧、双江等县。滇红以外形肥硕紧实、金毫显露和香高味浓的品质独树一帜。

品质特点：滇红工夫外形条索紧结，肥硕雄壮，干茶色泽乌润，金毫特显，内质汤色艳亮，香气鲜郁高长，滋味浓厚鲜爽，富有刺激性，叶底红匀嫩亮。

（七）霍山黄芽

霍山黄芽又称芽茶，产于安徽省霍山县一带。其中以大化坪的金鸡山、金山头，太阳乡的金竹坪，姚佳畈的乌米尖这“三金一乌”所产的黄芽品质最佳。霍山黄芽鲜叶细嫩，多在清明前后开采，采摘期大概为一个月，标准为一芽一叶至二叶初展，要求“三个一致”和“四不采”：就是形状、大小、色泽一致，开口芽不采、虫伤芽不采、霜冻芽不采、紫色芽不采。霍山黄芽制作过程包括杀青、做形、摊凉、初烘、闷黄、复烘、摊放、拣剔、复火等工序，工艺精良，品质极佳。

品质特点：霍山黄芽条索挺直微展，形似雀舌，整齐均匀而成朵，芽叶细嫩，毫毛披覆；叶底呈黄色，鲜嫩明亮，叶质柔软，均匀完整；汤色黄绿明亮；香气清新持久，一般有花香、清香和熟板栗香三种香型；味醇浓厚，鲜嫩回甘，入口爽滑，耐冲泡。

（八）白毫银针

白毫银针，简称银针，又叫白毫，属白茶类，是白茶中的珍品，有中国十大名茶之一的称号。素有茶中“美女”“茶王”之美称。

品质特点：挺直似针，满披白毫，如银似雪。由于鲜叶原料全部是茶芽，白毫银针制成成品茶后，形状似针，白毫密被，色白如银，因此命名为白毫银针。其针状成品茶，长三厘米许，整个茶芽为白毫覆被，银装素裹，熠熠闪光，赏心悦目。冲泡后，香气清鲜，滋味甜醇，茶在杯中，芽芽挺立，蔚为奇观。

（九）大红袍

大红袍，属于武夷岩茶的名丛茶树。大红袍母树生长在武夷山九龙窠高岩壁上。那里日照短，多散射光，昼夜温差大，岩顶终年有细泉浸润流滴。这种特殊的自然环境，造就了大红袍的特殊品质。大红袍母树现有 6 株，都是灌木茶丛，叶质较厚，芽头微微泛红，阳光照射茶树和岩石时，岩光反射，茶树如身披红袍。

品质特征：外形条索紧结，色泽绿褐鲜润，冲泡后汤色橙黄明亮，叶底有“绿叶红镶边”之美感。大红袍品质最突出之处是香气馥郁，富有兰花香，香高而持久，“岩韵”明显。大红袍很耐冲泡，冲泡七八次仍有香味。品饮大红袍，必须按工夫茶小壶小杯细品慢饮的程序，才能真正品尝到岩茶独特的韵味。

（十）安溪铁观音

安溪铁观音，产于福建省安溪县，属乌龙茶类。安溪有悠久的茶叶产销历史。铁观音茶的采制技术特别，不是采摘非常幼嫩的芽叶，而是采摘成熟新梢的二、三叶，即在叶片已全部展开，形成驻芽时采摘，俗称“开面采”。采来的鲜叶力求新鲜完整，然后进行晒青和摇青（做青），直到自然花香释放，香气浓郁时进行杀青、揉捻和包揉（用棉布包茶滚揉），使茶叶卷缩成颗粒后进行文火焙干。制成毛茶后，再经筛分、风选、拣剔、匀堆、包装制成商品茶。

品质特点：茶条卷曲、壮结、沉重，呈青蒂绿腹蜻蜓头状。色泽鲜润，砂绿显，红点明，叶表带白霜；汤色金黄似琥珀，浓艳明亮；叶底肥厚有弹性，具绸面光泽。茶汤醇厚甘鲜，入口回甘带蜜味；有天然馥郁的兰花香，回甘幽久，称“观音韵”。铁观音茶香高而持久，可谓“七泡有余香”。

（十一）凤凰单丛

凤凰茶区位于潮州市北部的凤凰镇，海拔高度为 600~1497 米的潮州凤凰山脉。凤凰山主峰海拔 1497 米，是中国乌龙茶之乡发祥地。该区终年云雾弥漫，空气湿润，昼夜温差大，年均气温在 22℃以上，年降水量 1800 毫米左右，土壤肥沃深厚，含有丰富的有机物质和多种微量元素，有利于茶树的发育与形成茶多酚和芳香物质。茶叶嫩绿，茶叶苦涩味低，外形紧结挺直，香气浓郁，回味甘爽。单丛有天然花香的黄枝香、玉兰香、芝兰香、蜜兰香等多种香型的品种。凤凰单丛茶，属乌龙茶类名茶，它综合了绿茶和红茶的制法，其品质介于绿茶和红茶之间，既有红茶浓鲜味，又有绿茶清芬香，品尝后齿颊留香，回味甘鲜。

品质特征：外形挺直肥硕，色泽褐润；汤色黄亮；叶底青绿镶红边；耐冲泡；香气丰富多样；滋味醇厚，回甘有“山韵”。

（十二）冻顶乌龙

冻顶乌龙，又称冻顶茶，原产地在台湾南投县的鹿谷乡。

鹿谷乡的冻顶山，海拔 700 米以上，那里常年山雾多路又滑，上山去的人都要绷紧足趾，台湾俗语称为“冻脚尖”才能避免滑下去，便有了山顶叫“冻顶”，山脚叫“冻脚”的说法。茶亦因山而名。冻顶茶产量有限，尤为珍贵。

冻顶山上栽种的青心乌龙茶等茶树良种，因为海拔高度和气候十分适宜，而且土质较好，所以茶树生长茂盛。顶级乌龙茶的采制工艺十分讲究，采摘青心乌龙等良种芽叶，经晒青、凉青、浪青、炒青、揉捻、初烘、多次反复的团揉（包揉）、复烘、再焙火而制成。

高海拔、低气温、弱光照这一系列的环境条件相互作用，茶叶中的有效成分的含量会比较高，在后期的加工过程中，它的香气会更加浓郁，口感会更加滑润。

品质特征：冻顶乌龙，干茶呈半球形，色泽墨绿油润，冲泡后汤色黄绿明亮，香气高，有花香略带焦糖香，滋味甘醇浓厚，耐冲泡。

（十三）武夷水仙

武夷山茶区，素有“醇不过水仙，香不过肉桂”的说法。武夷水仙茶是重内质茶，在内质诸因子中，香气滋味又是重中之重，基本决定了水仙茶的内质水准。水仙属于小乔木型大叶类，发芽较晚，一般要到清明后才能开采。水仙的成品干茶，外观条索较一般干茶粗壮。水仙的成品干茶，呈青色或乌青色，匀整，碎末很少，有一股很幽很柔的兰花香，有的则带乳香及水仙花香。但无论什么香，都带有清甜味。这是揉捻适度、焙火适度呈现出的特点。沸水冲泡之后，香味更为明显幽长，水仙茶的最大优点是茶汤滋味醇厚。

品质特征：武夷水仙条索壮结、色泽油润、匀整、洁净，香气幽长、滋味醇厚、岩韵明显、品种特征显露，汤色金黄明亮，叶底软亮、红边鲜艳。

（十四）普洱茶（熟茶）

普洱茶（熟茶），属黑茶类。云南普洱茶在历史上泛指用云南大叶种茶树的鲜叶，经杀青、揉捻、晒干而制成的晒青茶，以及用晒青茶压制成的各种

规格的紧压茶，如普洱沱茶、普洱方茶、七子饼茶、藏销紧茶、团茶、竹筒茶等。自唐宋以来，普洱茶因集中在普洱府销售而得名。由于云南地处云贵高原，历史上交通闭塞，茶叶运输靠人背马驮，从滇南茶区运输到西北地区，历时往往一年半载，茶叶在运输途中，茶多酚类在温、湿条件下不断氧化，形成了普洱茶的特殊品质风格。“雾锁千树茶，云开万壑葱，香飘十里外，味酽一杯中。”这是对普洱茶产地和普洱茶品质的赞颂。在交通发达的今天，运输时间大大缩短，为适应消费者对普洱茶特殊风格的需求，1973 年起，云南省茶叶进出口公司在昆明茶厂用晒青毛茶，经高温、高湿人工速成的渥堆发酵处理，制成了云南普洱熟茶。普洱茶性温和，有抑菌作用，能降脂、减肥、防治高血压，被誉为“减肥茶”“窈窕茶”“益寿茶”。目前，普洱茶年产量在 2000 多吨，年出口量在 1500 吨左右，主销我国港澳地区和缅甸、泰国、日本、新加坡、马来西亚以及欧美等国。普洱茶型制多样。普洱沱茶，外形呈碗状，每个重为 100g 或 250g。普洱砖茶呈长方形，规格为长 15cm、宽 10cm、厚 35cm，净重 250g。七子饼茶形似圆月，七子为多子多孙、多富贵之意。

品质特点：普洱茶（熟茶）的散茶外形条索肥硕，色泽褐红，呈猪肝色。汤色红浓明亮，香气具有独特陈香，叶底褐红色，滋味醇厚。

（十五）六堡茶

六堡茶远在唐代已有生产，因产于广西梧州苍梧县六堡镇而得名，至今已有一千五百多年历史。梧州六堡镇境内丘陵地多，山高林密、土层深厚，雨量充沛、气候温和，因此，六堡镇特定的地理环境，独特的水土和耕作条件及生产管理，造就了六堡茶这一独特的地方品种。

六堡茶是采摘一芽二、三叶或一芽三、四叶新梢，经杀青、揉捻、沤堆、复揉、干燥五道工序制成。杀青特点是低温杀青。揉捻则是以整形为主，细胞破碎为辅，因六堡茶要求耐泡，故细胞破碎率宜在 60% 左右。沤堆是形成六堡茶独特品质的关键性工序，其目的是通过沤堆湿热作用，促进内含物质的变化，减少苦涩味，使滋味变醇，消除青臭气，并使叶色变为深黄褐青。沤堆时期，掌握到出现黏汁，发出特有的醇香，即为适度。六堡茶属于后发酵黑茶类。

品质特征：六堡茶是一种后发酵茶，外形茶条壮重，色泽黑褐油润，内质香气陈醇，独具槟榔香味，叶底红褐，滋味醇厚，其质优味醇，色褐香浓，具有“红、浓、陈、醇”的特点。六堡茶耐于久藏，可陈放。由于六堡茶有消暑祛湿、明目清心、养胃、解酒、助消化等功效，故此民间也常把贮存数年的陈六堡茶，用于治疗痢疾、除瘴、解毒等。六堡茶在清朝曾列为朝廷贡品，到了近代，众多爱茶人更是将其视为养生珍品。

【拓展链接】

茶叶专业英语

通常所指的茶叶是由茶树（Camellia sinensis）的幼嫩新梢加工而成。加工工艺是决定茶叶品质的重要因素之一，不同的加工方法，使茶叶的形状和品质大相径庭。按加工方法和茶叶发酵程度，可将我国茶叶分为绿茶（Green tea）、红茶（Black tea）、青茶（乌龙茶）（Oolong tea）、黄茶（Yellow tea）、白茶（White tea）、黑茶（Dark tea）等六大类，每一类中根据工艺的差异可以进行细分。

茶树相关英文：

茶树 Tea plant；山茶科 family Theaceae；山茶属 *genus Camellia*；茶组 section Thea

茶园 Tea garden / Tea plantation

茶叶加工相关英文：

茶叶加工 Tea processing；加工工艺 Processing technology；加工设备 Processing equipment；手工采摘 Hand harvesting；机器采摘 Machine harvesting；手工茶 Handmade tea；机制茶 Machine-made tea；多酚氧化酶 Polyphenol oxidase；萎凋 Withering；杀青 Fixation；揉捻 Rolling；干燥 Drying；摇青 Tossing Green-making；发酵 Fermentation Oxidation；闷黄 Yellowing。

茶叶分类相关英文：

茶叶分类 Tea classification；六大茶类 Six types of tea；不发酵茶 Non-fermented tea；半发酵茶 Semi-fermented tea；全发酵茶 Fermented tea；后发酵茶 Post-fermented tea；蒸青绿茶 Steamed green tea；烘青绿茶 Baked green tea；炒青绿茶 Pan-fried green tea；晒青绿茶 Sun-dried green tea；小种红茶 Souchong。

资料来源：周智修等 . 茶艺培训教材Ⅳ . 中国农业出版社，P128.

【任务训练】

1. 选 2~3 种茶叶功效，收集资料做海报，含原理、证据、人群等，展示讲解普及知识。

2. 以茶叶为原料设计茶食品或饮品，说明配方、工艺、功效、定位，制样品或图展示推销。

【拓展链接】

茶马古道

茶马古道是一条穿越滇、藏、川，经过澜沧江、金沙江、怒江三江流域和横断山脉地区的古代商道。茶马古道兴于唐宋时期的茶马互市，当时中原大地上战乱频繁，需要大量的马匹用以备战。良马多出自西北地区，藏区马种则最为优良。同时，茶叶是藏区百姓日常生活中必不可缺的饮品。不同区域的人们各取所需，促使以茶换马的商贸活动兴盛起来，使中原与边疆地区之间形成相互依存的关系，茶马互市应运而生。

古韵悠悠的普洱

没有茶和其他商品的交易，马帮就不会产生，没有马帮就没有茶马古道。许多学者对马帮的评价是：如果说骆驼是西北丝绸之路之舟的话，那么马帮就是西南丝绸之路之舟。马帮是赶马人自发形成的组织形式。文化现象是根据特定的人类生存形态而产生的，险恶、复杂的环境促使赶马人带有浓厚神秘色彩习俗的诞生，并赋予其民族特色、传奇色彩和独特文化内涵。马帮作为茶马古道上的传统运输载体，既担负着货物的往来贸易，又是汉藏地区社会和文化交流的纽带。

资料来源：王匀 . 云南茶马古道上的文化传播研究［J］. 新闻研究导刊，2021，12（17）：237–239.

【项目小结】

● 中国西南地区茶树资源优势显著，涵盖乔木型、小乔木型和灌木型，以及大叶种、中叶种和小叶种，为全球茶产业发展奠定基石。其丰富多样的茶树类型与齐全的叶片种类，共同构成了独特的资源优势。

● 中国茶区依据生态环境、茶树品种和种类结构，科学划分出华南、西南、江南、江北四大茶区。华南茶区具热带亚热带风貌且品种繁多，江北茶区寒冷却有特色茶树，各茶区特色鲜明。

- 茶叶分类有依生长环境和加工工艺等途径。按生长环境可感知茶叶风味品质差异，凭加工工艺能明了工序对茶质风味的关键作用，为茶叶品鉴、加工提供理论与实践支撑。

【项目练习】

1. 绘制茶树形态结构示意图，并详细标注各部分名称及其功能，强化对茶树生物学基础的记忆。

2. 列举六大基本茶类的加工工艺流程，并简要说明每个工序对茶叶品质的影响，加深对茶叶加工知识的理解。

项目三

花笺茗碗育千载——茶叶的保健

【理论目标】

● 掌握茶叶保健成分（茶多酚、茶多糖等）的结构、性质、含量及在人体新陈代谢、免疫等生理过程中的作用机制，明确其保健功效来源。

● 了解茶叶品种、产地、工艺等对保健成分含量和活性的影响，知晓不同茶类保健成分差异及功效侧重点。

● 熟悉茶叶保健功效，包括不同剂量的效果差异和过量摄入的不良影响。

● 了解茶叶保健功效在不同人群中的表现特点和适用性，掌握合理选茶饮茶的理论知识。

【实践目标】

● 基于茶叶的保健知识体系，探究多样化的茶叶养生利用途径，充分挖掘茶叶在促进人体健康方面的多元潜力。

● 依据花茶各自独特的性质特点，运用专业的养生知识进行科学合理的拼配调饮组合设计，提升花茶在养生领域的应用价值和实践效果。

宝塔诗·茶

〔唐〕元稹

茶。

香叶，嫩芽。

慕诗客，爱僧家。

碾雕白玉，罗织红纱。

铫煎黄蕊色，碗转曲尘花。
夜后邀陪明月，晨前命对朝霞。
洗尽古今人不倦，将至醉后岂堪夸。

任务一　茶叶的主要成分

【基础知识】

茶叶，中国古代曾作为药用植物被人们广为利用。茶叶中的物质对人体具有多种保健功效，如调节糖脂代谢、抗氧化、防癌抗癌、增强免疫力等。

一、茶叶的主要成分

（一）茶多酚类物质

茶多酚（tea polyphenols）是茶叶中儿茶素类、黄酮类、酚酸类和花色素类化合物的总称。茶多酚使茶叶能够保存较长时间而不变质，这是其他大多数的树木、花草和果蔬所达不到的。富含多酚类物质是茶叶与其他植物相区别的主要特征，绿茶中茶多酚含量占干茶总量的 15%~35%，红茶因发酵使茶多酚部分氧化，含量为 10%~29%。茶多酚对人体的作用主要有：降低血糖、血脂；活血化瘀，抑制动脉硬化；抗氧化、延缓衰老；抑菌消炎，抗病毒；抑制癌细胞增长；祛除口臭等。此外，由于茶多酚能够保护大脑，防止辐射对皮肤和眼睛的伤害，因此富含茶多酚的茶饮品被誉为“电脑时代的饮料”。

茶与健康

（二）咖啡碱

咖啡碱（caffeine）是生物碱的一种，在医药上可以被用作心脏和呼吸兴奋剂，也是重要的解热镇痛剂。咖啡碱对人体的作用有：使神经中枢系统兴奋，帮助人们振奋精神，增进思维活力，抵抗疲劳，提高工作效率；能解除支气管痉挛，促进血液循环，是治疗哮喘、止咳化痰和治疗心肌梗死的辅助药物；咖啡碱还可以直接刺激呼吸中枢的兴奋；此外还具有利尿作用、调节体温的作用及抵抗酒精烟碱的毒害作用。

（三）维生素类

维生素（vitamin）是人体维持正常代谢所必需的六大营养要素（糖、脂肪、蛋白质、盐类、维生素和水）之一。茶叶中的维生素含量也十分丰富，尤其是维生素 B、维生素 C、维生素 E、维生素 K 的含量高。维生素 B 可以增进食欲；维生素 C 可以杀菌解毒，增加机体的抵抗力；维生素 E 可抗氧化，具有一定抗衰老的功效；维生素 K 可以增加肠道蠕动和分泌功能。因生理、职业、体质、健康等各方面的情况不同，人体对各种维生素的需要量也各异。通过饮茶摄取人体必需的维生素，是一种简易便捷的健康保健方式。

（四）矿物质

矿物质（mineral）又称无机盐，它是人体内无机物的总称，和维生素一样，矿物质是人体必需的重要元素。茶中含有丰富的钾、钙、镁、锰等 11 种矿物质。矿物质主要是和酶结合，促进代谢。如果人体内矿物质不足就会出现许多不良症状：比如钙、磷、锰、铜缺乏，可能引起骨骼疏松；镁缺乏，可能引起肌肉酸痛；缺铁会出现贫血；缺钠、碘、磷会引起疲劳，等等。因为茶叶中矿物质含量丰富，多饮茶可以促进新陈代谢，保持身体健康。

（五）氨基酸

氨基酸（amino acid）是一种分子中有羧基和氨基的有机物，它是人体的基本构成单位，与生物的生命活动密切相关，不仅是人生命的物质基础，也是进行代谢的基础。在茶中含有氨基酸约 28 种，例如蛋氨酸、茶氨酸、苏氨酸、亮氨酸等。这些氨基酸对于人体机能的运行发挥着重大作用，例如亮氨酸有促进细胞再生并加速伤口愈合的功效；苏氨酸、赖氨酸、组氨酸等对于人体正常地生长发育并促进钙和铁的吸收至关重要；蛋氨酸可以促进脂肪代谢，防止动脉硬化；茶氨酸有扩张血管，松弛气管的功效。茶中含有的氨基酸为人体生命正常活动提供了必需的要素。

（六）蛋白质

蛋白质（protein）是由荷兰科学家格里特（Gerrit）于 1838 年发现的，它对人类的生命至关重要。蛋白质的基本组成物质便是氨基酸。人的生长、发育、运动、生殖等一切活动都离不开蛋白质，可以说没有蛋白质就没有生命。人体内蛋白质的种类繁多，而且功能也各异，约占人体质量的 16. 3%。茶叶中蛋白质的含量占茶中干物质的 20%~30%，其中的水溶性蛋白质是形成茶汤滋味的主要成分之一。

（七）糖类化合物

糖类是自然界中普遍存在的多羟基醛、多羟基酮以及能水解而生成多羟基醛或多羟基酮的有机化合物。糖类化合物是人体所需能量的主要来源。茶叶中的糖类物质包括单糖、寡糖、多糖及少量其他糖类。由于茶叶中的糖类多是不溶于水的，所以茶的热量并不高，属于低热量饮料。茶叶中的糖类对于人体生理活性的保持和增强有显著的功效。

（八）芳香物质

芳香物质是具有挥发性物质的总称，茶叶中的香气便是由这些芳香物质形成的。但是在茶叶成分的总量中，芳香物质并不多，只占到 0.01%~0.03%。虽然茶叶中芳香物质的含量不多，但种类却非常丰富。茶叶中的芳香物质主要由醇、酚、酮、酸、酯、内酯类、含氮化合物、含硫化合物、碳氢化合物、氧化物等构成。因为不同品类的茶叶中成分含量的差异，所以茶叶会有不同的芬芳。而芳香物质不仅能使人神清气爽，还能够增强人体生理机能。

（九）其他成分

茶叶中除了含有上述与人身体健康密切相关的物质之外，还含有有机酸、色素、类脂类、酶类以及无机化合物等成分。其中有机酸、酶类可以增进机体代谢；类脂类物质对进入细胞的物质起着调节渗透的作用。正因为茶叶中含有这么多种的营养物质，因此适量地科学饮茶对于人的身体具有良好的保健效果。

二、茶的保健功能

（一）兴奋提神

茶叶提神主要是通过茶叶中所含的咖啡碱，而且这种作用不受其他因素的影响而降低效应。其机理是促进肾上腺体垂体的活动，阻止血液中儿茶酚的降解，此外还有诱导儿茶酚胺的生物合成功效。而儿茶酚胺具有促进兴奋的功能，对心血管系统有强大作用。茶还有益思的效应。因此，人们在生活实践中往往在感到疲乏时喝上一杯茶，刺激机能衰退的大脑中枢神经，使之由迟缓转为兴奋，集中思考力，以达到兴奋益思之功效。

（二）利尿通便

利尿的机理为促进尿液从肾脏中的滤出率来实现的。利尿的药理组分，是茶叶中所含的可可碱、咖啡碱和芳香油综合作用的结果。由于茶的利尿作用，使尿液中的乳酸获得排除。众所周知，人体肌肉、组织中的乳酸是一种疲劳物质，会使肌肉感觉疲劳，因此乳酸排出体外能使疲劳的机体获得恢复。

（三）防龋齿作用

茶叶的防龋齿效果早已被证实。茶树是一种能从土壤中富集氟素的植物，而且茶水中的水溶性氟的含量很高。在牙膏中添加氟化钠以预防龋齿的发生，在国际上广泛采用。在中国曾利用将粗茶中的氟素加入牙膏以取代氟化钠，并经实验证明对预防龋齿具有明显的效果。茶叶的防龋齿作用机制除了由于氟素的作用外，茶叶中的茶多酚类化合物则可杀死在齿缝中存在的乳酸菌及其他龋齿细菌。

茶还有清除口臭的效果，这是因为人们在进食后残留在牙缝中的蛋白质食品成为腐败细菌增殖的基质。茶叶中的多酚类化合物具有杀菌作用，而茶皂素的表面活性作用具有清洗的效果，因此茶功效表现有清除口臭的作用。

（四）助消化作用

茶叶中的咖啡碱和黄烷醇类化合物可以增强消化道蠕动，因而也就有助于食物的消化，预防消化器官疾病的发生，因此在饭后，尤其是摄入较多量的含脂肪食品后，大量饮茶是有益的。茶叶还具有吸收人体有害物质的能力，它不仅可以“净化”消化道器官中的微生物，还对胃、肾以及肝脏独具净化作用。

（五）明目作用

茶叶中维生素 C 含量很高，高级绿茶维生素 C 含量高达 0. 5%。人眼的晶体对维生素 C 的需要量比其他组织高，不少眼科专家认为，维生素 C 的摄入量不足，易导致晶状体浑浊而患白内障，因此多饮绿茶有助于保护眼睛。

（六）抗衰老作用

人体中脂质过氧化过程已证明是人体衰老的机制之一，因此人们服用一些具有抗氧化作用的化合物，如维生素C和维生素E，以起到增强抵抗力、延缓衰老的作用。茶叶中的儿茶素类化合物具有明显的抗氧化活性，而且活性强度超过维生素C和维生素E，且对维生素C和维生素E有增效作用。

（七）防酒醉作用

有观点认为酒席前或酒后喝几杯浓的绿茶或乌龙茶，一方面可以补充维生素C，另一方面茶叶中的咖啡碱具有利尿作用，能将酒精迅速排出体外，此外茶叶中的茶多酚还有助于脂肪的分解。酒醉的人往往因为大脑神经呈现麻醉状态而产生头晕、头疼和身体机能不协调等现象，喝浓茶可刺激麻痹的大脑中枢神经，有效地促进代谢作用，因而发挥掉酒的效能。

（八）防辐射作用

茶是一种辐射解毒剂，其解毒成分被认为是一种脂多糖化合物。茶叶中的多酚类化合物具有吸收放射性锶，并阻止它扩放的作用。饮用足够数量的浓绿茶，可使生物体内积累的锶数量显著低于允许水平。饮用浓绿茶可使患癌症后进行辐射照射引起的白细胞数量明显下降的患者白细胞数量增加，且效果明显。

（九）降血压作用

茶叶中的儿茶素类化合物和茶黄素，可以使血管保持弹性，消除脉管痉挛，具有防止血管破裂的功能。茶叶中的咖啡碱和儿茶素类能使血管壁松弛，增加血管的有效直径，通过血管舒张而使血压下降。

（十）降血脂和抗动脉粥样硬化

茶叶具有降低血液中胆固醇的作用，还有强化血管的作用。有明显的分解脂肪的功效，因此在日本和美国都把茶叶列为减肥食品。茶叶中的儿茶素类、茶黄素、茶红素具有抗血小板聚集、血液抗凝和促进纤溶的作用。茶叶既可以抑制动物细胞对脂质的吸收，又可以加速清除或分解已进入动脉壁的脂质。

（十一）降血糖、防治糖尿病

糖尿病是当今社会中的一种常见病，是一种以高血糖为特征的代谢内分泌疾病。茶叶具有降低血糖的作用，对糖尿病有明显疗效，中国传统医学中就有以茶为主要药剂的配方用以治疗糖尿病。

（十二）排毒美颜

经常饮茶可以有效清除体内重金属所造成的毒害作用。研究证明，茶叶中的茶多酚类化合物可以对重金属起到很好的吸附作用，能够促进金属在身体中沉淀并迅速排出。此外，饮茶可以美容也是历来为人们所公认。一方面是因为通过饮茶有效地排出了身体中的毒素，使得人精神焕发，年轻朝气，展现了自然健康之美；另一方面茶中富含的美容营养素较高，对皮肤具有很好的滋润和美容效果。因此经常饮茶也是美容的一个有效而便捷的好方法。

三、老茶的养生价值

在收藏界，除了瓷器、名人字画、古币等古玩以外，还有茶叶也具有很高的收藏价值。尤其是各种老茶，比如普洱、黑茶、白茶、陈年乌龙等等。它们除了时间越久，越有品鉴价值外，其养生价值也被挖掘出来。

（一）熟普洱

熟茶是云南大叶种晒青毛茶经渥堆发酵而成的，这种发酵是由有益菌参与的包括氧化、降解、聚合等一系列的复杂剧烈的生化反应，发酵生成的物质具备独特的养生功效。

1. 降血脂

普洱熟茶降血脂是熟茶中多类物质共同作用的结果。熟茶既可以降低血浆总胆固醇、三酸甘油酯及游离脂肪酸，又可以增加胆固醇在粪便中的排出，还可以抑制肝中胆固醇的合成。所以降血脂的功效非常显著。

2. 养胃护胃

发酵使得熟茶的茶性由寒转温，所以饮用平和的普洱熟茶对胃肠不产生刺激作用。甘滑、醇厚的熟茶进入人体肠胃形成的膜附着于胃的表层，对胃产生有益的保护作用，长期饮用熟茶可以起到养胃、护胃的作用。

3. 调节代谢

普洱熟茶对人的消化系统有双向调节的功效。一方面，达到一定浓度的茶汤有止痢作用，其疗效的产生，主要是熟茶中的儿茶素类化合物，对病原菌有明显的抑制作用。另一方面，由于熟茶中的茶多酚的作用，可以使肠道蠕动能力增强，故又有治疗、预防便秘的效果。

（二）铁观音老茶

老铁观音是一种收藏多年，经过不断烘焙精制而成的福建安溪乌龙茶，它保持了以前传统的铁观音制作过程，口感好，茶汤呈淡黄色，香气呈现碳香型，回甘强，多年铁观音对身体有一定的保健和疾病治疗功效。观音陈年老茶的基本特征是：浓香型、干茶色泽乌黑油润，表面有点松弛，汤醇味浓，有独特的陈香味道。

1. 祛毒、安神

铁观音老茶以“老”为贵，这是因为茶越老，药力越足。经 10 年以上贮藏的陈年老茶，其内含物质已经发生较大的变化，药效明显增强，可用于预防中暑、感冒、腹泻和上火头痛等症；民间经验方将陈年老茶嚼烂，捏成小饼，贴于小儿脐上，并用纱布扎好，可以治小儿夜啼，且有安神作用。

2. 护肝

铁观音老茶具有显著的降脂护肝作用。其中，浓香型比清香型降低总胆固醇（TC）、总甘油三酯（TG）、低密度脂蛋白胆固醇（LDL-C）的整体效果好。

3. 降尿酸

铁观音老茶具有显著的降尿酸作用。对于海鲜食用量较多的地区和海鲜、啤酒的重度消费者，坚持品饮陈香型铁观音，可有效降低血尿酸水平，预防或缓解痛风。

4. 保护肠道

安溪铁观音是通过保护肠道有益菌（嗜酸乳杆菌）、抑制有害肠道菌肠球菌实现调理肠胃作用的。其中，年份长的陈香型铁观音（老铁）具有显著的润肠通便作用。

5. 消炎

安溪铁观音具有显著的抗炎清火作用。而且，不同类型安溪铁观音都具有一定的抗炎清火效果，其中，浓香型比清香型效果好，存放 20 年左右的陈香型铁观音具有明显的抗炎清火作用。

（三）老白茶

老白茶，即贮存多年的白茶，在多年的存放过程中，茶叶内部成分缓慢地发生着变化，香气成分逐渐挥发、汤色逐渐变红、滋味变得醇和，茶性也逐渐由凉转温。

1. 老白茶与黄酮类物质

黄酮类化合物可以清除自由基，具有较强的抗氧化、抗肿瘤、抗突变和保护心血管等作用，是茶叶保健功效的重要成分。黄酮是人体必需的天然营养素，因为分子量小，易被人体吸收，代谢快，在体内不蓄积，需要经常补充。

2. 老白茶与茶多酚

白茶的茶多酚含量随着年份增加呈逐年下降趋势，年平均下降比例约为5.3%，陈20年的茶多酚含量降至仅为当年新茶的36.12%。茶多酚影响形成茶叶的色、香、味，是重要品质成分。其中简单儿茶素滋味醇和，酯型儿茶素苦涩味和收敛味较强，茶黄素影响茶汤的浓度、强度和鲜爽度，茶红素影响茶汤浓度、甜醇。茶多酚具有突出的抗突变、抗辐射、抗衰老保健功效。

3. 老白茶与咖啡碱

白茶咖啡碱的含量随着年份增加呈逐年下降趋势，头一年下降速度快，高达15%，第二年下降减缓为5%，以后变得更加缓慢，20年平均比例约为2%。陈20年的咖啡碱含量降至仅为当年新茶的58.88%。咖啡碱具有提神醒脑、帮助消化、减肥降脂、利尿排毒等功效。

4. 老白茶与氨基酸

白茶氨基酸的含量随着年份增加整体呈逐年下降趋势，前3年下降减缓年平均0.7%，之后剧烈下降，20年年平均下降比例为45.9%，陈20年的氨基酸含量降至仅为当年新茶的8.2%。氨基酸是构成茶叶鲜爽味和香气的重要成分，其中茶氨酸具有甜鲜滋味和焦糖香，苯丙氨酸具有玫瑰香味，丙氨酸具有花香味，谷氨酸具有鲜爽味。核心成分茶氨酸具有安神、增强记忆力、降血压、提高免疫力等效果。

【任务训练】

1. 总结茶叶对人体健康的三方面重要功能，如增强免疫力、提神醒脑、辅助消化等，用100字左右阐述各方面原理，整理成简短文字记录。

2. 设定两个常见健康问题场景，如胃火旺、睡眠不佳，学生依据所学茶类功效知识，为自己设计三天的饮茶计划，写明每天选择的茶类、大致饮茶量和时间，用 50~80 字说明选择理由。

【拓展链接】

中医养生茶

1. 提神醒脑、抗氧化、抗衰老

茶叶中的咖啡碱可以刺激中枢神经系统，使人精神振奋，提高工作和学习的效率，同时，茶叶中的氨基酸和 B 族维生素也对大脑有很好的滋养作用，可以改善记忆力，提高思维敏捷度。茶叶中的茶多酚和维生素 C 等抗氧化物质，可以清除体内的自由基，防止细胞老化，延缓人体的衰老过程。同时，茶叶中的氨基酸和维生素 E 等成分，可以滋养皮肤，使皮肤保持年轻状态。

2. 中医养生茶的饮用方法

中医养生茶的饮用方法讲究因人而异，因时而异。一般来说，可以根据季节、个人的体质、气候等因素来选择合适的养生茶。以下是一些常见的中医养生茶的饮用方法。

四季养生茶：春季可饮用菊花茶、玫瑰花茶等，夏季可饮用绿茶、荷叶茶等，秋季可饮用枸杞茶、银耳茶等，冬季可饮用红茶、桂花茶等。

体质养生茶：阳虚体质的人可饮用人参茶、肉桂茶等，阴虚体质的人可饮用枸杞茶、玉竹茶等，气虚体质的人可饮用黄芪茶、党参茶等，痰湿体质的人可饮用陈皮茶、茯苓茶等。

时辰养生茶：早晨可饮用红茶、乌龙茶等，中午可饮用绿茶、菊花茶等，晚上可饮用枸杞茶、红枣茶等。

资料来源：李深广．中医养生茶：品味健康［J］．科学生活，2024，(08)：56–57.

任务二　缤纷茶生活——花茶与花草茶

【基础知识】

一、花茶

一花一世界

中国的花茶与我们看到的普通花朵冲泡并不是一回事，中式花茶，又名窨花茶、薰花茶、香片茶等，是一种用香花拼和茶叶窨制而成的再加工茶，生产历史非常悠久。

（一）花茶的起源

我国花茶的制作至少已经有七八百年的历史了。在用香花窨茶出现之前，人们采用的是在茶中加入香料来增加茶的香气。例如，北宋蔡襄在《茶录》中谈到茶香时云："茶有真香，入贡者微以龙脑和膏，欲助其香。"这是说在北宋初年，进贡皇帝的龙凤团茶为增其香，制作时要加入一种龙脑香料。但由于这种龙脑香料十分昂贵，故仅限于贡茶中使用，民间鲜为人知。又由于这种香料的香味过于浓烈，入茶后影响了茶的真味，最后这种加香茶未能发展。后来人们在茶中加入香花来增加茶香，就产生了花茶。

（二）花茶的窨制工艺

花茶属于再加工茶类，是将红茶、绿茶、乌龙茶等进行再加工而成。对花茶制作方法的记载最早见于朱权的《茶谱》："熏香茶法：百花有香者皆可。当花盛开时，以纸糊竹笼两隔，上层置茶，下层置花，宜密封固，经宿开换旧花。如此数日，其茶自有香味可爱。"可见刚开始花茶是"隔离熏香"的。

花茶的窨制工艺比较复杂，它是通过鲜花吐香，茶叶吸香，从而使花香和茶味融为一体。茶能吸附花香，是因为干燥的茶叶具有疏松而多孔隙的结构，以及内具有较强吸附气味特性的棕榈酸和萜烯类等大分子化合物。这些特殊结构的大分子物质使茶叶特别容易吸附花的香味。

窨制花茶的茶坯主要是烘青绿茶，还有毛峰、大方、红茶及乌龙茶等。

茉莉花茶是用经过加工干燥的茶叶，与含苞待放的茉莉鲜花混合窨制而成的。

（三）花茶的种类

茶用香花植物包括茉莉、白兰、珠兰、玳玳、玫瑰、桂花、柚花等，其中以茉莉、白兰、珠兰为主。依窨制用香花种类不同而分为茉莉花茶、白兰花茶、珠兰花茶、玫瑰花茶和桂花茶等。

1. 茉莉花茶

茉莉花，原产波斯。自清朝开始，在中国大规模种植，令茉莉花茶成为了中式花茶里最大的品类。茉莉花茶的产地遍布温暖的南方各省，以福州、苏州、浙江金华、广西横县最为典型。用来制作花茶的茶叶，称之为茶坯，因为茶叶不同，细分下来，竟有几十种之多。茉莉花茶是花茶中产量最多、销售区域最广的产品。明朱权《茶谱》中记载："今人以果品为换茶，莫若梅、桂、茉莉三花最佳，可将蓓蕾数枚投入瓯内罨之，少顷，其花自开，瓯未至唇，香气盈鼻矣。"好的茉莉花茶，只闻馥郁花香，却不见其花。其中奥秘，在于"窨制"：通过多次窨制，将花香引入茶叶。窨制工艺对原料颇为讲究：茶坯（入茶的茶叶）本身需要质量上乘，才不会被花香压制；而茉莉花，就更讲究，必须在白天摘下未开放的花蕾，与茶叶拌和后，晚上一边开花、一边吐香。

2. 白兰花茶

白兰花茶也是花茶中的主要品种。白兰属常绿乔木，花香浓郁持久。白兰花茶多以中、低档烘青茶坯作原料，其窨制技术主要有鲜花养护、茶坯处理、窨花拌和与匀堆装箱四步。白兰花茶的特征是，外形条索紧结重实，色泽墨绿尚润，香气鲜浓持久，滋味浓厚尚醇，汤色黄绿明亮，叶底嫩匀软亮。白兰花具有治疗慢性支气管炎、虚劳久咳、前列腺炎等药用功效，还能够用于美容、沐浴、饮食。

3. 玫瑰花茶

玫瑰窨制花茶，早在我国明代钱椿年编、顾元庆校的《茶谱》、屠隆《考槃馀事》等书就有详细记载。玫瑰花茶以玫瑰花为主要原料。玫瑰属落叶灌木，花态艳美，香气浓郁，并且有理气、活血、收敛等药理功能。中国现今生产的玫瑰花茶主要有玫瑰红茶、玫瑰绿茶等花色品种。

4. 桂花茶

桂花茶的种类较多，较为出名的有广西桂林和湖北咸宁的桂花烘青、四川和重庆的桂花红茶以及福建安溪的桂花乌龙。桂花属常绿小乔木，是重要的观赏花木之一。秋季开花，香气浓郁持久。适制花茶的桂花品种主要是金桂与银桂两种类型。

二、花草茶

花草茶指的是以植物的根、茎、叶、花或者皮等为材料，经过采收、干燥、加工后制作而成的保健饮品。花草茶与花茶不同，花草茶虽也属于纯天然饮料，但不含“茶叶”成分，因其自然香气与独特品味而称这种非茶的饮品为茶。

花草茶

（一）花草茶的起源

人类社会很早就会采集与驯化植物，从中筛选出一些植物做为药用。在幼发拉底河，五千年前苏美尔人已经开始使用茴香和百里香。在古埃及，人们喜欢把洋葱和蒜作为药草的处方，并且有用象形文字记载在莎草纸上的药草处方。在中世纪，当时的教会虽然强调信仰的力量可以治愈百病，但许多教士仍然参考早期希腊罗马时代的医疗用书，种植各种药草，来为教区的民众疗疾。人们在瘟疫等传染病暴发时，也懂得烧煮药草消毒，或者以气味驱除一些病媒。无论中外，人类对药用植物的使用历史悠久。后来，人们发现的植物越来越多，部位从茎叶扩展至植物的各个器官。

（二）花草茶的种类

花草茶性温，含芳香油，香气怡人，闻之饮之使人心旷神怡、疲劳顿消，有利于身体健康。花草茶也是美的化身，迷人的色彩、淡淡的清香、自然的口感，赋予人们田野的气息、浪漫的情怀、快乐的心情、雅致的情调。因此花草茶自古以来就是重要的保健饮品，深受人们的喜爱。

1. 根类

在中国，甘草常入药，甘草片苦中带甜。

甘草较甜，也被称为甜草根，它的根部储藏着甜味来源——甘草甜素，甘草根也是甜味最浓重的部位。甜味非常受欢迎，甘草自然就成为花草茶的重要原料了。甘草的甜味强烈且持久，不仅能单独冲泡，还十分百搭，常用来做调配花草茶。甘草与其他植物都能和谐共处，混合后不仅自身甜味变得柔和，还能掩盖其他植物的苦涩。

2. 茎类

肉桂主要有两种，产于南亚的锡兰肉桂和产于东亚的中国肉桂。前者香甜鲜美，后者浓烈辛辣——中餐用来调味卤煮的，就是中国肉桂。

常用作花草茶的是锡兰肉桂。相比浓墨重彩的中国肉桂，它的气质更加柔和，香气清雅，带一点陈皮味和花香，入茶后呈棕色，味道绵长复杂，甘甜中穿插着隐隐辛辣。花草茶中的肉桂，取肉桂树干内皮，成卷后干燥，由于树皮比较坚韧，通常热水煮才能将香气悉数释放。

3. 叶类

"路易波士"（rooibos）是红色灌木的意思，生长于南非开普敦附近的瑟德堡（Cedarberg）高山。路易波士茶以这种豆科灌木的叶子精制而成，它是少数需要像茶叶一样发酵的花草茶。由于南非日照充足，发酵时间短，发酵完的叶片由绿色转为棕褐，汤色和红茶相近，发酵带来复杂口感，回甘自然，混合着独特的山草香和清新果香。后来，人们还发现，这个茶不但入口顺滑甘美，还有安神助眠的功效。路易波士不仅对生长环境非常挑剔——沙质、酸性高、质地松散的土壤，雨水充足，种植过程也比较复杂：一年半到两年才能进入收获期，一年一收成，只能取最嫩的叶片部分，收成三次后，一棵路易波士就寿终正寝了。

薄荷，非常常见也非常好种植的植物，在茶饮中广泛使用。薄荷也分成很多种，荷兰薄荷，更为熟知的名字是留兰香，在亚洲产量很大，气味柔和，清凉感较弱，但有着沁人心脾的清甜，有"口气清新剂"之称。胡椒薄荷是所有薄荷品种里含薄荷醇精油含量最高的一种，由此气味也最浓烈，入口是明朗强烈的清凉感，喝下去醒脑效果一流。

柠檬草，另一个名字香茅，作为东南亚菜的主要调料，主司去腥、开胃、提香。它也能从餐桌配角摇身一变为花草明星。入茶只取绿色茎叶部分，主要香气成分有柠檬醛、茴香醇和橙花醇，香气活泼，类似柠檬和生姜的新鲜气味，带着清洌的草香。

4. 花类

洋甘菊是历史最悠久的花草茶之一，分为德国洋甘菊和罗马洋甘菊两种：两者在外观上差别不算大，都是雏菊状白色小花朵；从功效上看，前者偏消炎镇定，后者擅长安神助眠。

在德国，洋甘菊被称为万能神药。但是德国洋甘菊的气味并非人人都能够接受。被当作花草茶广泛使用的是罗马洋甘菊，香气柔和讨喜——雏菊的优雅花香，混合类似苹果的甘甜，味道清爽悠扬。

接骨木花细碎而繁茂，香气扑鼻，花蜜量大，在各种糖浆和鸡尾酒里，常能见到它。接骨木的味道乍闻比较复杂，类似葡萄、玫瑰和柑橘的混合体，温婉甜美不乏清新，花朵和果实均可入茶。

黄色万寿菊、蓝色矢车菊和各色木槿也是花类的座上宾。这类花外形艳丽，而香气和味道偏淡，经常取整叶一起混合，艳丽纷呈，特别受女性欢迎。

5. 果实、种子类

柑橘类，包括柑、橘、橙、柚、柠檬等等，共同特点是香气浓郁，气味特点突出，酸甜交织，非常适合为花草茶调味。柑橘类的果皮在表皮分布着大量密集的细胞，含有气味独特的芳香因子，香气比果肉更强烈，浸泡后，酸甜中带着微苦，例如橙皮和柠檬皮就是最常见的入茶水果。

苹果、蜜桃、樱桃、葡萄和各种莓果都很常见，既可以和花草调配混合，也可配成水果茶。

【任务训练】

1. 花茶和花草茶之间的区别。
2. 调配具有保健功能的花草茶。

【拓展链接】

花草茶的功效

薰衣草茶：具有镇静、松弛消化道痉挛、消除肠胃胀气、助消化、预防恶心晕眩、缓和焦虑及神经性偏头痛、预防感冒等众多益处，沙哑失声时饮用也有助于恢复。副作用：不适合工作时间饮用，会使精神太过放松，适合睡前喝。

【功用】缓和神经紧张、镇定心神、治疗失眠、头痛、咳嗽，并可使皮肤有光泽。

玫瑰花茶：凉血、养颜，有改善干燥暗哑皮肤的作用，也用于治疗口臭。玫瑰花茶还有助消化、消除脂肪的功效，因而可减肥，饭后饮用效果最好。副作用：玫瑰花有收敛作用，便秘者不宜饮用。

【功用】含有丰富的维生素A、B、C、E、K，主要成分有挥发油、苦味质、鞣质、有机酸等，可缓和情绪、平衡内分泌、补血气、美颜护肤、对肝及胃有调理的作用，并可消除疲劳、改善体质。

洛神花：又称作玫瑰茄，是锦葵科的一年生植物。洛神花在完全绽放后，花瓣会凋落而留下花萼，之后花萼会逐渐变大，成为带酸味的果实。

洛神花含有丰富的柠檬酸、苹果酸及维生素 A 及 E，能解除身体的疲倦感，对消化不良及改善皮肤粗糙也有帮助。在炎热的夏天，如感到食欲不振，它清爽的酸味必定能增进你的食欲。

【功用】清热解渴、帮助消化、利尿消水肿、养血活血、养颜美容、消除宿醉。

荷叶茶：荷叶为睡莲科植物莲的叶。《本草纲目》中记载说荷叶可药用。荷叶茶中的荷叶碱中含有多种有效的化脂生物碱，能有效分解体内的脂肪，并且强劲排出体外，所以具有减肥降脂功效。

【功用】具有洁净的作用，能令人觉得浑身洁净、身心舒爽。荷叶茶也是清除体内热毒的好选择，它有利尿、润肠的作用，升阳止血，同时还可清除体内囤积的脂肪，所以喝荷叶茶还有轻身减肥的效果。

百合：含有多种胡萝卜素，其性微寒，润肺清火、能治咳嗽。晚上睡不熟、经常惊醒的人，多饮百合茶有安睡作用，饮时可加少许冰糖冲泡。若咽喉肿痛及咳嗽，不妨将百合配金银花及冰糖加水煮 10 分钟后，代茶饮用，能清热解毒、舒缓咳嗽症状。百合性微寒平，除具有极高的医疗价值和食用价值外，属炎炎夏日的首选清凉饮品。百合在我国的食谱和药方上出现，已经有一千多年的历史。在我国北方，尤其在夏季，百合汤和绿豆汤一样，是夏天主要的消夏解暑妙品。在平日，人们也将冰糖煮百合当作滋补有益的食物。

【功用】清凉润肺，祛火安神。

薄荷：美洲印第安人会用薄荷来治疗肺炎。薄荷有极强的杀菌抗菌作用，常喝它能预防病毒性感冒、口腔疾病，使口气清新。用薄荷茶汁漱口，可以预防口臭。用薄荷茶雾蒸面，还有缩细毛孔的作用。拿泡过茶的叶片敷在眼睛上会感觉到清凉，能解除眼睛疲劳。据说薄荷也有“眼睛草”的别称，可用于治疗眼疾。

【功用】有助开胃、消化，可缓和胃痛及头痛，并促进新陈代谢。

金银花：又称忍冬花。《神农本草经》将金银花列为上品并有“久服轻身”的明确记载，《名医别录》记录了金银花具有治疗“暑热身肿”之功效，李时珍在《本草纲目》中对金银花久服可轻身长寿做了明确定论。金银花为泻热解毒之冠。对于其药用功效，有歌诀曰：金银杀菌消肿灵，泻热解毒愈疮痈，乙脑流脑诸疮疡，毒热炎症温淋病。

【功用】清热凉血、解毒散痈、消除面部痤疮，并能清火，缓解上火导致的牙龈肿痛、咽喉肿痛等症状。

【项目小结】

- 茶叶的化学成分对人体有明确的健康功效，多种成分协同起效。
- 茶叶对健康具有重要意义，其抗氧化成分可预防疾病，参与代谢维持平衡，还能舒缓精神压力、改善心理状态。
- 不同茶类保健功效有别，如绿茶抗氧化强等，依体质的不同需求选茶，实现茶叶保健功效最大化。

【项目练习】

1. 总结茶叶的保健功能。
2. 分析茶叶中不同成分的保健价值。
3. 调配花草茶的新式配方。

项目四

草木英华先琼蕊——鉴茶技艺

【理论目标】

●深入剖析茶叶品质要素的形成原理、特征及对品质评价的重要性，掌握其在各茶类中的差异。

●精准把握茶叶审评操作程序，包括扦样、干评、湿评等环节及各茶类评分系数，明晰其科学依据。

●熟练掌握各类茶叶鉴别的方法与要点，明确不同类型茶叶的鉴别依据。

【实践目标】

●熟练且精准地完成茶叶审评全流程操作，确保结果准确可靠。

●鉴别不同茶叶，依据多项特征迅速判断茶叶的各类属性，灵活运用鉴别技巧。

酬友人春暮寄枳花茶

〔唐〕李郢

昨日东风吹枳花，酒醒春晚一瓯茶。

如云正护幽人堑，似雪才分野老家。

金饼拍成和雨露，玉尘煎出照烟霞。

相如病渴今全校，不羡生台白颈鸦。

任务一　茶叶的品质要素

【基础知识】

不同的加工工艺制成了不同种类的茶叶，所形成的各茶类的品质特征也有所不同。茶叶的品质要素，通常包括茶叶的色泽、香气、滋味、外形与叶底，共五项要素。茶叶感官审评也正是通过茶叶色、香、味、形对人的视觉、嗅觉、味觉和触觉等感觉器官产生不同性质的能量刺激，进而使感觉器官产生感觉，最终评价茶叶的品质优劣。茶叶的各项品质要素主要取决于茶鲜叶中的内含物成分及其在后续加工过程中的化学变化。

一、茶叶的色泽

茶叶色泽是茶叶命名与分类的重要依据，是分辨品质优次的重要因子，是茶叶主要品质特征之一。茶叶的色泽主要包括干茶色泽、汤色和叶底色泽三个方面，是鲜叶内含物质经制茶发生不同程度降解、氧化聚合变化的综合反映。构成茶叶色泽的有色物质，主要是黄酮、黄酮醇（花色素、花黄素）及其糖甙、类胡萝卜素、叶绿素及其转化产物、茶黄素、茶红素、茶褐素等。茶叶色素根据其溶解性能的不同，可分为水溶性色素和非水溶性（脂溶性）色素两大类。对于不同的茶类而言，其色泽要求也各不相同。

茶叶的品质要素——色泽

项目	茶类	品质特征
茶叶的色泽	绿茶	绿茶的色泽基本要求是翠绿，但也有黄绿或灰绿色。对茶汤的色泽要求是黄绿明亮。绿茶干茶的这种绿色主要决定于茶叶中的叶绿素和某些黄酮类化合物。叶绿素分为叶绿素a和叶绿素b，叶绿素a是一种蓝绿色的化合物，叶绿素b是一种黄绿色的化合物，这两种叶绿素成分的不同比例就构成了干茶的不同绿色。叶绿素是非水溶性化合物，因此茶汤中的绿色主要不是叶绿素的原因，而是一些溶于水的黄酮类化合物造成的。也正因此，绿茶的茶汤一般呈黄绿色。在各种绿茶中，蒸青绿茶显得最绿，这是因为蒸青茶的加工工艺中首先是用高温的蒸汽将茶叶的叶绿素固定下来，使得这种绿色得以保存。绿茶在保存过程中如果受潮，叶绿素被水解，绿色就会变得不绿。绿茶加工过程中有时因为鲜叶中含水分较多，如不能很快散出，炒出的茶叶色泽也往往呈灰绿色。

续表

项目	茶类	品质特征
茶叶的色泽	红茶	红茶干茶的色泽常呈黑褐色，而茶汤则呈红褐色。决定红茶色泽的主要化合物是茶多酚类化合物，其中的儿茶素类在红茶加工过程中氧化聚合形成的有色产物统称红茶色素。红茶色素一般包括茶黄素、茶红素和茶褐素三大类。茶黄素呈橙黄色，是决定茶汤明亮度的主要成分；茶红素呈红色，是形成红茶汤色红艳的主要成分；茶褐素呈暗褐色，是造成红茶汤色发暗的主要成分。茶黄素和茶红素的不同比例组成就构成了红茶的不同色泽的明亮程度。茶褐素含量高会使红茶汤色暗钝。
	乌龙茶	乌龙茶的干茶通常要求为青褐色，茶汤要求金黄明亮。叶底为绿叶红镶边。乌龙茶属于半发酵茶，构成乌龙茶色泽的主要成分是叶绿素、胡萝卜素和多酚类物质。这些物质在制茶过程中发生了变化，叶绿素含量下降，叶绿素a、叶绿素b比例的变化和多酚类物质的部分氧化，以及茶黄素、茶红素含量上升和干燥后期茶褐素的渐增等综合作用，决定了乌龙茶特殊色泽的形成。
	黑茶	黑茶的色泽主要为黑褐、黄褐和棕褐。黑茶加工工艺中的渥堆是使茶叶色变的主要过程。茶叶在渥堆过程中，叶色由绿色变为黄褐色，这与叶绿素的破坏有密切的关系，经过整套加工工序，叶绿素含量仅存14%左右。叶绿素大量减少的原因是茶坯在水热作用下，叶绿素受高温环境影响，易于裂解、脱酶转化，同时由于醇、醛类物氧化产生酸，酸中的氢离子与叶绿素结构中的镁核发生取代作用，也在一定程度上使叶子失去绿色而变为黄褐色。另外，一些色素如胡萝卜素、叶黄素、花黄素和花青素等在初制过程中发生一定的变化，对茶汤和叶底色泽各有不同程度的影响。茶叶色泽的变化，除受上述各种色素变化的影响外，在渥堆中，茶多酚类化合物氧化产生茶黄素、茶红素和茶褐素，这些色素的形成，使叶色转变为橙黄和褐色，而显示出黄褐色。
	白茶	白茶的色泽在正常条件下，以绿色为主，夹带轻微黄、红色，衬以白毫的灰绿色，并显银亮光泽。在白茶的加工过程中，由于叶内水分散失，细胞液浓度提高，酶促作用加强，叶绿素在酶的作用下分解。中后期则在酶的作用下氧化降解，叶绿素a、叶绿素b比例改变。同时由于细胞液pH值改变，使叶绿素向脱镁叶绿素转化，叶色转为暗绿。在加温干燥中，使叶绿素进一步破坏，色泽加深。其他色素如胡萝卜素、叶黄素以及后期多酚类化合物氧化缩合成有色物质，这种由绿、黄、红等多种色泽的协调，构成白茶的色泽。
	黄茶	黄茶的色泽要求主要为黄叶黄汤。茶叶中的叶绿素是不稳定的化合物，在黄茶制作过程中，热化作用引起氧化、裂解、置换等而使叶绿素被破坏，使绿色减少，黄色更加显露出来，这是黄茶呈现黄色的主要原因。

二、茶叶的香气

茶叶的香气来自性质不同、含量差异悬殊的众多物质组成的混合物。目前在茶叶中已鉴定出 500 多种挥发性香气化合物，这些不同香气化合物的不同比例和组成构成了各种茶叶的特殊香味。茶叶中的香气成分有一些是在鲜叶中就已经存在的，但大量的还是在加工过程中形成的。鲜叶中的香气成分以醇类化合物最多。

通过大量的化学分析，人们已经可以从香气组成和香味特征中找到一些规律。如顺 –3– 己烯醇及其酯类化合物和清香有关；苯乙醇、香叶醇和清爽的兰花香有关联；紫罗酮类、顺 – 茉莉酮与玫瑰花香有关；吲哚和青涩沉闷的气味有关；吡嗪类、吡咯类和呋喃类化合物和焦糖香及烘炒香有关；正己醛、己烯醛和青草味有关等。

茶叶的品质要素——香气

项目	茶类	品质特征
茶叶的香气	绿茶	绿茶中已鉴定出有230多种香气化合物，其中醇类和吡嗪化合物最多，前者是在鲜叶中存在的，而后者是在加工过程中形成的。炒青绿茶中高沸点香气成分如香叶醇、苯甲醇等占有较大比重，同时吡嗪类、吡咯类物质含量也很高。而蒸青茶中鲜爽型的芳樟醇及其氧化物含量较高，以及具有青草气味的低沸点化合物，如青叶醇含量比炒青绿茶要高。因此，表现出香气醇和持久。不同种类的绿茶具有不同的特征性香气，如龙井茶中吡嗪类化合物和大量的羧酸和内酯类物质含量高，因此香气幽雅；碧螺春茶叶中戊烯醇含量很高，具有明显的清香。
	红茶	红茶中的香气成分较为复杂。目前已鉴定出400多种香气化合物。如中国祁门红茶以玫瑰花香和浓厚的木香为其特征，因为它含有较多的香叶醇、苯甲醇和2–苯乙醇；而斯里兰卡的高地茶具有清爽的铃兰花香和甜润浓厚的茉莉花香，这是因为它含有高浓度的芳樟醇、茉莉内酯、茉莉酮酸甲酯等化合物。如果将工夫红茶和CTC红茶相比较，那么工夫红茶中萜烯醇及其氧化物、甲基水杨酸等具有花香的化合物含量较高，而CTC红茶中这些成分含量较低，但反–2–己烯含量较高，因此表现为前者香气馥郁，滋味醇和，而CTC红茶则具一定程度的青草味。 红茶香气物质一部分是鲜叶中固有的，而大部分是红茶制作过程中由其他物质转化而来的。萎凋、发酵过程中某些醇类的氧化、氨基酸和胡萝卜素的降解、有机酸和醇的酯化、亚麻酸的氧化降解、己烯醇的异构化、糖的热转化等都会产生很多新的香气物质。因此萎凋、发酵过程中香气物质是增加的。在干燥阶段，由于高温的原因，很多低沸点的香气物质大量挥发，最后剩下的是一些高沸点的芳香物，以醇类和羧酸类为主，其次是醛类、酯类等。芳香物质到发酵阶段组成和数量都达到高峰，当发出浓郁香气时及时停止发酵，可获得高香茶。烘干后，香气物质含量又有所减少，但芳香成分的种类增加很多。

续表

项目	茶类	品质特征
茶叶的香气	乌龙茶	乌龙茶的香气以花香突出为特点。福建生产的铁观音、水仙、色种和台湾生产的乌龙茶在香气组成上有明显差别。前者橙花叔醇、沉香醇、茉莉内酯和吲哚含量较高，而后者萜烯醇、水杨酸甲酯、苯乙醇等化合物含量较高。乌龙茶的香气物质主要由多酚类物质、芳香物质、糖、果胶物质和氨基酸等组成。芳樟醇氧化物、橙花叔醇、香味醇、苯乙醇、吲哚、顺-茉莉酮、茉莉酮内酯和茉莉酮酸甲酯等成分构成了乌龙茶的典型特征香气——自然的兰花香。乌龙茶的香味与茶黄素、茶红素、茶褐素也有一定的关系。茶红素在一定范围内与香气和滋味都呈正相关，茶红素加茶黄素与香气呈显著正相关。乌龙茶的醚浸出物、芳香物质等都较红、绿茶高，这是形成乌龙茶特殊香气的重要原因。
	黑茶	黑茶是微生物发酵的渥堆茶，这类茶具有典型的陈香味，萜烯醇类（如芳樟醇及其氧化物、a-萜品醇、橙花叔醇）含量高。 黑茶在渥堆过程中，容易闻到一种具有酒糟和酸辣的气味，这是因为茶堆紧实，在供氧不足的条件下，其内含物发生复杂的变化。如糖分解生成乙醇，具有酒糟香。糖的分解也可能产生各种有机酸，蛋白质水解生成氨基酸。有机酸大量积累，致使发出酸味。而辣味可能与酪氨酸和组氨酸有关，这两种氨基酸在腐败时能脱羧生成酪胺和组胺，酪胺与组胺是具辣味的。当嗅到茶坯具有酒糟香刺鼻和酸辣味时，渥堆则为适度。此外，在渥堆过程中，氨基酸含量有所增加，糖类也有变化。茶多酚氧化的中间产物邻醌与氨基酸结合产生一种香味物质，这些都对黑毛茶香味产生良好的影响。
	白茶	白茶的香气成分大多是源自茶青，不过成品茶的香气则主要是工艺和贮藏带来的。白茶的萎凋、干燥工序，是香气形成的关键过程。在这个过程中，低沸点的芳香物质减少，中、高沸点香气成分以成倍、几倍，甚至几十倍的增加。不过由于白茶的干燥温度较低（不超过100℃），新茶并没有明显的焦糖味，而是比较清鲜淡爽。传统白茶采用日晒干燥，常产生日晒味。新白茶具有清爽、毫香的香气特征，而陈年白茶清爽、毫香的香气特征逐渐减弱甚至消失，陈香逐渐显现，伴随有枣香、梅子香、蜜香等香气的产生。我们常说的陈年白茶中的“药香”，这是通俗的说法，其实就是“陈香”。白茶中主要的香气成分是醇类、碳氢类化合物，新白茶中醇类化合物的含量较高，碳氢化合物的含量较低，而陈年白茶中醇类化合物的含量减少，碳氢化合物含量增加。白毫银针与白牡丹相比，白毫银针中以芳樟醇、香叶醇为代表的醇类化合物较高，这可能是白毫银针毫香显的原因。白茶在贮藏过程中，花果香型的芳樟醇及其氧化物等香气成分降低，使白茶清鲜、毫香感逐渐减少甚至消失。随之而来的是白茶的陈纯香气，并带有枣香、梅子香等香型。现实中，陈年白茶的香气常常是随机出现的，不一定在每个阶段都出现相同的香气。

续表

项目	茶类	品质特征
茶叶的香气	黄茶	黄茶，属于微发酵的茶（发酵度为10%~20%），黄茶的品质特点是“黄叶黄汤”。这种黄色是制茶过程中进行闷黄的结果。香型有嫩香，清爽细腻；有毫香，茶叶的一种鲜嫩香气。鲜叶新鲜柔软，一芽二叶初展，制茶及时，会带有嫩香。表现为清香鲜爽，细而持久，清香纯和。清香香型包括清香、清高、清纯、清正、清鲜等，一般见于鲜叶嫩度在一芽二、三叶者。 一般好的黄茶是一芽二叶，所以清香最明显。花香，茶叶散发出各种类似鲜花的香气，按花香清甜的不同，又可分为清花香和甜花香两种。一般鲜叶嫩度为一芽二叶的黄茶，制茶合理，会有一些花香的特点。甜香，该香型包括清甜香、甜花香、干果香、甜枣香、蜜糖香等。凡鲜叶嫩度在一芽二、三叶，黄茶制法得当，可能会出现这些特点。松烟香，带有松木烟香，这除了黄茶自身自带之外，还和制作的时候有很大关系，尤其是在杀青环节和闷黄、干燥环节，最容易产生松烟香。
	花茶	花茶的香气既有茶香，也有花香。茶叶是一种疏松的多孔体，可以吸收茉莉花的香气。茉莉花茶的香气成分主要来自窨花过程中吸收的花香成分，香气含量约占干物质的0.06%~0.4%，是各种茶叶中香气含量最高的。

【拓展链接】

茶叶香气的类型

1. 毫香型。凡有白毫的鲜叶，嫩度在一芽一叶以上，经正常制茶，干茶白毫显露，冲泡时，这种茶叶散发出的香气称为毫香，如银针、部分毛尖和毛峰等。

2. 嫩香型。鲜叶为一芽二叶初展，新鲜柔软，制茶及时、合理者，有嫩香，如毛尖、毛峰等。

3. 花香型。鲜叶嫩度为一芽二叶，制茶合理者，茶叶散发出类似各种鲜花的香气。按花香的不同又分为清花香和甜花香两种，属清花香的有兰花香、栀子花香、珠兰花香、米兰花香和金银花香等；属甜花香的有玉兰花香、桂花香、玫瑰花香等。属花香型的茶有青茶、花茶和部分红茶、绿茶等。

4. 果香型。凡茶叶中散发出类似各种水果香气，如毛桃香、蜜桃香、雪梨香、桂圆香、苹果香等都属此种类型，如闽北青茶、红茶等。

5. 清香型。鲜叶嫩度为一芽二、三叶，制茶及时正常者。清香是绿茶的典型香。少数闷堆程度较轻，干燥火功不饱满的黄茶，青茶类摇青做青程度偏轻及火工不足的香气，也属此香型。

6. 陈醇香型。凡鲜叶较老，制作工序有渥堆醇化过程，均属此类型，如六堡茶、普洱茶及大多数的紧压茶。

7. 松烟香型。凡在制作干燥工序用松柏或枫球黄藤等熏烟的茶叶，会带有松烟的香气，属此香型的茶有小种红茶等。

资料来源：刘启贵 . 茶叶审评师（中级）职业技术·职业资格培训教材 . 中国劳动社会保障出版社，2007.

三、茶叶的滋味

茶叶的滋味是茶叶中化学组分的含量和人的感觉器官对它的综合反应。茶叶中有甜、酸、苦、鲜、涩各种滋味物质，多种氨基酸是鲜味的主要成分，大部分氨基酸鲜中带甜，有的鲜中带酸；茶叶中涩的主要物质是多酚类化合物；茶叶中的甜味物质主要有可溶性糖和部分氨基酸；茶叶中的苦味物质主要有咖啡碱、花青素和茶叶皂素；酸味物质主要是多种有机酸。不同种类的茶叶一般具有不同的滋味，每种茶的滋味化学成分组成一是由品种决定，二是特殊的地域也促生其特有的物质比例，三是加工过程中转化而成的。

茶叶的品质要素——滋味

项目	茶类	品质特征
茶叶的滋味	绿茶	绿茶中滋味最重要的标准以浓鲜为特点。形成绿茶滋味的物质都是水溶性的。有多酚类及其氧化产物、氨基酸、咖啡碱、糖类、水溶性果胶、有机酸等。各种物质都有自己的滋味特征。如多酚类苦涩，且具有较强的收敛性；氨基酸鲜爽；糖类甜醇；咖啡碱和茶皂素味苦等。各类物质的组成成分又有各自的滋味特征。如多酚类及其氧化产物是决定茶叶滋味的基本成分，其中70%是儿茶素。各种儿茶素的滋味不同，结构简单的收敛性强而比较可口，结构复杂的则涩味较重。绿茶的滋味是各种成分相互配合、彼此协调、综合反应的结果。 在绿茶的加工过程中，蛋白质水解可使部分氨基酸增加。同时多酚类氧化沉淀而减少，使酚氨比降低，茶味因此浓而鲜爽。加工过程中糖类也因淀粉的水解而增加，在味觉上可与苦涩味拮抗，使茶味变醇。

续表

项目	茶类	品质特征
茶叶的滋味	红茶	红茶滋味的标准是“浓、强、鲜”。茶叶中的多酚类化合物、咖啡碱、糖类、氨基酸等是形成红茶滋味的最重要的化合物。其中，多酚类化合物是构成红茶滋味浓强的主要成分。其中茶黄素具有较强的收敛性，茶红素则滋味醇和，二者含量丰富、比例适中（茶红素：茶黄素为10：15），是形成高品质红茶滋味的主要原因。 构成红茶茶汤鲜爽的主要成分是氨基酸、未被氧化的儿茶素及茶黄素和咖啡碱等。氨基酸是呈鲜味的物质。红茶制作过程中，蛋白质水解后形成各种游离氨基酸，它与多酚类化合物协调配合，赋予红茶浓醇鲜爽的滋味特征。咖啡碱是略带苦味的物质。咖啡碱与茶黄素等多酚氧化物产生的络合物是形成茶汤冷后浑的原因。咖啡碱与茶黄素络合滋味鲜爽，冷后呈黄亮色；与茶褐素络合，冷后呈暗黄褐色；与茶红素络合，冷后呈棕红色。红茶滋味的甜醇主要是叶内含有糖类物质，萎凋叶中糖类物质淀粉产生了较多的可溶性糖，在高热干燥阶段，多糖的裂解增加可溶性单糖的数量。因此，在红茶制作过程中可溶性糖的增加对增进茶汤滋味的甜醇味以及甜香味都是有积极意义的。
	乌龙茶	乌龙茶的滋味特色是醇厚耐泡，主要是内含物质丰富，比例协调。由于采摘的鲜叶要有一定的成熟度，醚浸出物多；在做青的静置阶段，促进了茎梗中的水分和可溶性物质经输导组织往叶肉细胞组织输送，从而增加叶片内的有效成分含量，为乌龙茶味浓耐泡提供了物质基础。另外，烘干过程将各种水溶性物质固定下来，烘干对增进汤色、提高滋味醇和、促进香气熟化等起作用。
	黑茶	黑茶的特有滋味主要是多酚类化合物的可溶性氧化产物。在渥堆中多酚类化合物总量减少，其中花青苷及其衍生物等都有所减少；可溶性的茶多酚类经过氧化作用后也有所减少，从而降低了苦涩味。因此，黑茶鲜叶粗老的滋味转化为醇和，不涩，收敛性低于绿茶。
	白茶	氨基酸是构成白茶滋味、香气的主要物质之一。白茶萎凋过程中，随着酶活性的提高，叶中蛋白质水解，生成具有鲜味和甜味的氨基酸。萎凋开始12小时内，鲜叶中的氨基酸有所增加，随着多酚类氧化的进行，氨基酸成分又有所下降。至萎凋48小时后，氨基酸才又有所增加，至60小时氨基酸才有明显的增加。萎凋72小时后其含量可达11.34mg/g。这也是白茶萎凋时间过短品质不佳的原因之一。 在六大茶类中，白茶是氨基酸含量最高的茶类。氨基酸对白茶品质的影响：一是增进茶汤滋味，氨基酸是白茶茶汤鲜爽度的重要构成成分；二是提高茶叶香气，在加工过程中参与了茶叶香气的形成；三是改进干茶色泽，在干燥过程中，氨基酸参与了非酶性褐色反应，与成品茶乌润色泽的形成有关；四是对白茶的汤色起良好的影响。在白茶萎凋过程中与儿茶素的邻醌结合而成的有色化合物有助于白茶汤色的形成。 白茶中的糖类物质。可溶性糖是构成白茶茶汤滋味和黏稠度的重要物质，在感官上即所谓的“甘”。白茶在萎凋初期，糖一方面因水解而生成，一方面因氧化和转化而消耗，此时糖处于生成和消耗的动态平衡中。至萎凋后期，当糖的生成大于消耗时，才有所累积，它对白茶滋味的甜醇有着重大的贡献。 白茶中的矿物质含量较多，游离矿物质元素使得茶喝起来甘甜。一句广告词“农夫山泉有点甜”，你就明白为什么矿物质对甜味的作用也是很大的。

续表

项目	茶类	品质特征
茶叶的滋味	黄茶	黄茶滋味的特点是醇而不苦、香而不涩。正是由于这种滋味，迎合了大批消费者的口味。与其他茶一样，黄茶的滋味从纯异、浓淡、强弱、鲜滞等方面予以评定。黄茶滋味的醇是其基础滋味。这种醇和不似绿茶或红茶的醇和，而是入口醇而无涩；不似绿茶呈现的极快的爽，不似红茶呈现的极快的强，而是茶汤入喉后回味甘甜润喉，别具一味。君山银针有黄针、绿针两种规格。黄针的滋味醇浓，绿针滋味鲜醇。从回味上评，绿针快而甘，黄针略慢而鲜爽，回味长。

四、茶叶的外形和叶底

我国茶类多，品种花色丰富，茶叶干茶形状多样，多数具有一定的艺术观赏性。叶底形状种类也较多，有的似笋芽，有的似花朵形，有的具完整的叶片等，茶叶形状是决定茶叶品质的重要因子之一。

鲜叶经过适当的加工工艺，采用不同的成形技术，通过干燥后使外形得以固定，因此茶叶的形状主要由制茶工艺所决定，但茶叶形状同样也与一些内含的化学成分有关。与茶叶形状有关的主要内含成分有纤维素、半纤维素、木质素、果胶物质、可溶性糖、水分及内含可溶性成分总量等。因为这些成分都与鲜叶原料的老嫩度有关，从而影响鲜叶质地的柔韧性、可塑性及制茶技术的发挥，故进一步影响茶叶的形状品质。一般条索、颗粒紧结，造型美观的茶叶，除了良好的加工技术外，还与其纤维素、半纤维素、木质素的含量较低，而具有黏性的有利于塑造外形的水溶性果胶及可溶性糖的含量较高有关；相反，若纤维素、半纤维素、木质素等使叶质硬脆的成分含量越高，则其茶叶的形状越差，如表现为条索松泡，颗粒粗糙松散；另外茶叶中内含可溶性成分的总量越高，其形状也一般较好，如表现为条索紧结，有锋苗；茶叶在干燥后残留的水分也是影响外形形状的成分之一，没有足干的茶叶因其水分含量过高而使茶叶松散，条索或颗粒不紧结。

【任务训练】

1. 尝试对比不同茶叶香气的差异，思考茶叶的品种、产地、加工工艺等因素对香气形成的影响。

2. 比较不同茶叶滋味的差异，探讨茶叶的生长环境、采摘标准、加工方法等对滋味品质的影响。

【拓展链接】

红茶的色泽

红茶干茶一般呈现出乌黑至棕褐的色泽，这是红茶中叶绿素的水解产物与果胶质、蛋白质、糖、茶多酚氧化产物等附着在叶片表面，经干燥后所表现出来的色泽。红茶加工过程中，叶绿素在叶绿素酶作用下水解形成黑褐色的脱镁叶绿素，干燥后呈黑色。红茶发酵及干燥时，茶多酚不断发生氧化和缩合反应，逐步形成茶黄素、茶红素和茶褐素等有色物质，其中茶黄素呈橙黄色，茶红素呈红色，茶褐素呈暗褐色。优质的红茶，含茶红素和茶黄素较多，干茶外形色泽显得乌黑发亮，而发酵不足的红茶可能带有暗青色茶条。

红茶的红艳汤色主要是制茶过程中茶多酚经多酚氧化酶氧化或自动氧化形成茶黄素、茶红素和茶褐素的缘故。茶黄素呈橙黄色，决定了红茶汤色的明亮度和红艳度；茶红素呈红色，是形成红茶红艳汤色“红”的主体物质；茶褐素呈暗褐色，会导致红茶汤色发暗。茶黄素和茶红素的含量高，红茶汤色显得红艳明亮；茶褐素的含量高，红茶汤色就显得发暗。

红茶的叶底色泽常见铜红色，与不溶于水的色素有关，主要是茶多酚不同程度的氧化产物与蛋白质结合形成的不溶性复合物。如果红茶中茶黄素含量高，与蛋白质结合的茶黄素、茶红素较多时，红茶的叶底显现出橙黄明亮或者红亮色泽；如果茶褐素含量高，则叶底会显得红暗。

资料来源：周智修等．茶艺培训教材Ⅳ．中国农业出版社，2022：P30.

任务二　茶叶审评与鉴赏

【基础知识】

茶叶感官评审是一项以人主观感受为主的技术性审评工作，特定的外部条件、统一的审评设备和规范的审评操作程序，是确保茶叶感官审评顺利完成的前提和保证。因为，就同一种茶叶而言，不同冲泡条件下泡出的茶叶风味表现会出现差异，如果缺少统一规范的操作程序和设备，茶叶感官审评的结果就会出现偏差。

茶叶的品鉴

一、茶叶感官审评

茶叶感官审评是根据审评人员正常的视觉、嗅觉、味觉和触觉感受，使用规定的评茶术语或参照实物样，或用评分表达的方法，对茶叶产品的感官品质特征进行评定，这是一门鉴定茶叶品质的科学。掌握茶叶感官审评法的基本技能，一方面必须通过长期的实践来锻炼自己的嗅觉、味觉、视觉、触觉，使自己具有敏锐的审辨能力；另一方面要学习审评基本理论知识。这是一项难度很高、技术性很强的工作。国家有评茶师职称，专业的茶艺工作者也应当努力学习这项技能。

（一）茶叶审评基础设施

茶叶感官审评除了要求评茶人员具有较高的茶叶感官辨别能力和实际操作经验外，对评茶环境、评茶设备用具等也有较为严格的要求，以有效避免或降低评判误差，确保感官审评结果的客观公正。目前，我国已针对茶叶感官审评的场地条件，专门制定了相应的国家标准。

1. 评茶室

茶叶感官审评室（简称评茶室、审评室）是进行茶叶感官审评相关工作的专用场所。评茶室应位于环境清洁、空气清新、远离市区的地区，一般设置在二层楼以上。房间取南北朝向，朝北向开窗，窗外无挡光线的障碍物。有条件的评茶室应在窗外设置遮光板，遮光板颜色为黑色，向外呈 30° 突出的斜斗形。评茶室面积可根据实际情况自行确定，但不应小于 $15m^2$。

评茶室内部应保持空气清新、无异味，整洁、安静（室内噪声不得超过 50dB），室内温、湿度应保证审评人员感觉适宜（室内温度应保持在 15℃ ~27℃）。评茶室内墙壁和天花板应刷成白色或浅灰色，以确保室内光线柔和明亮。干评台工作面照度宜在 1000Lx，湿评台工作面照度不应低于 750Lx。当自然光照不足时，应有辅助照明设备（辅助照明光源应光线柔和、均匀，无投影）。

2. 评茶设备用具

（1）审评台

审评台分为干评台和湿评台。

①干评台：用于审评干茶。一般要求高 80~90cm，宽 60~75cm，长度按实际需要而定。台面须漆成黑色（哑光），靠北窗放置。

②湿评台：用于审评茶叶内质。一般要求高 75~80cm，宽 45~50cm，长度按实际需要而定。台面须漆成乳白色（哑光），通常放置于干评台后 1m 左右。

（2）样茶柜

主要是用于存放审评茶样的。

（3）审评用具

①审评盘：亦称为样茶盘或样盘，用于审评茶叶外形。有长方形和正方形两种。长方形一般要求长、宽、高分别为 25cm、16cm、3cm，正方形则要求长、宽、高为 23cm、23cm、3cm。材质为木板或胶合板，颜色须漆成白色。盘右上角开一缺口，用于倾倒干茶。正方形盘便于筛转茶叶，长方形盘则节省干评台面积。

②叶底盘：用于审评叶底。有黑色小木盘和白色搪瓷盘两种。小木盘为正方形，长宽为 10cm，高为 15cm，供审评精制茶叶底用。白色搪瓷盘为长方形，其长、宽、高分别为 23cm、17cm、3cm，通常供审评初制茶和名优茶叶底用。

③审评杯、审评碗：审评杯用于泡茶和审评茶香气，审评碗用于审评茶汤色和滋味。由于不同种类茶叶品质间的差异性，审评时所用的审评杯、碗也有所不同。

审评杯、碗特征及规格

审评器具	器具材料	适用茶类	器具规格	器具特征
审评杯	白瓷	初制茶（毛茶）	杯身高76mm，外径82mm，内径76mm，容量250ml。	杯呈圆柱形，杯盖上有一小圆孔，杯柄对面的杯口上缘处有一排锯齿形小缺口，用于过滤茶汤，缺口中心深5mm。
		精制茶及花茶	杯身高65mm，外径66mm，内径62mm，容量150ml。	杯呈圆柱形，杯盖上有一小圆孔，杯柄对面的杯口上缘处有一排锯齿形小缺口，用于过滤茶汤，缺口中心深3mm。

续表

审评器具	器具材料	适用茶类	器具规格	器具特征
审评杯	白瓷	乌龙茶	杯身高55mm，上口外径82mm，上口内径78mm，底外径46mm，底内径40mm，容量110ml。	杯呈倒钟形，带盖。
		紧压茶	杯身高79mm，外径83mm，内径79mm，容量250ml。	杯呈圆柱形，杯盖上有一小圆孔，杯柄对面的杯口上缘处有一排锯齿形小缺口，用于过滤茶汤，缺口中心深3mm。
审评碗		初制茶（毛茶）	碗高60mm，上口外径100mm，上口内径95mm，底外径65mm，底内径60mm，容量300ml。	
		精制茶及花茶	碗高55mm，上口外径95mm，上口内径90mm，底外径60mm，底内径54mm，容量250ml。	
		乌龙茶	碗高52mm，上口外径95mm，上口内径90mm，底外径46mm，底内径40mm，容量150ml。	
		紧压茶	碗高65mm，上口外径107mm，内径100mm，容量250ml。	

④称量器具：用于称取干茶样，一般采用感量为0.1g的架盘天平即可（速溶茶审评使用感量为 0.01g 的天平）。

⑤计时器：用于确定茶叶冲泡时间，可用特制的定时沙漏或定时钟（5min 响铃报时）。

⑥网匙：细密铜丝网或不锈钢丝网制成的半圆斗形小勺，用于捞取审评碗内和茶汤中的茶渣碎片。

⑦茶匙：一般为白瓷勺，用于取茶汤审评滋味。

⑧汤杯：用于放茶匙、网匙，使用时需盛开水。

⑨其他用具：包括烧水壶、电炉、塑料桶等。

（二）评茶水

茶叶内置审评须经过沸水冲泡后进行，因此评茶用水的优与劣，对茶叶内质，尤其对茶叶汤色、香气和滋味的影响极大。

1. 评茶用水的选择

水的种类很多，总体可分为天然水和人工处理水两大类，天然水又分为地表水和地下水两种。地表水包括江水、河水、湖水、水库水等。此类水流经地表，水中所溶矿物质较少，但带有许多黏土、砂、水草、腐殖质、盐类和细菌等。地下水主要是井水、泉水和自流井等，此类水由于经过地层的浸滤，含泥沙悬浮物和细菌较少，水质较为清亮，溶入的矿物质元素也较多。地表水与地下水水质的差异性还体现为地表水的硬度和含盐量均低于地下水。各种水因水质有差异，用其泡出的茶汤自然不相同。

对于泡茶用水的选择，古今中外有诸多的说法和标准。结合我国当前水资源现状而言，只要是理化及卫生指标符合中华人民共和国《生活饮用水卫生标准》（GB5749—2006）各项规定，水的 pH 值在 5.5~6.5，硬度＜10，水质无色、透明，无沉淀、无杂质的天然水和人工饮用水均可作为评茶用水。

2. 泡茶水温

审评时，泡茶用水的水温标准为 100℃。当水达到沸滚起泡的程度后应立即冲泡。如用沸滚过度或回炉续煮沸的水，都会影响茶汤的质量。另外，如果用未煮至 100℃的水泡茶，则很难将茶叶中的内含物最大限度浸泡出来，从而影响审评结果的准确性。

3. 泡茶时间和茶水比例

茶叶汤色的深浅明暗和汤味的浓淡爽涩，与茶汤中水浸出物的多少特别是主要呈味物质的泡出量有密切的关系。而茶叶水浸出物的多寡又与泡茶时间长短和茶水比例有关。因此，茶叶审评时正确掌握泡茶时间和茶水比例，对于审评结果有重要的影响。

（1）泡茶时间

根据国内外茶叶专家学者的相关研究成果可知，审评红、绿茶时的泡茶时间定为 5min 具有一定的科学性，目前国内外茶叶审评时也均采用此时间。而乌龙茶等部分其他茶类由于其品质特性和审评方式的不同，泡茶时间略有不同（详见表）。

红、绿、黄、白、乌龙茶冲泡时间

茶类	冲泡时间（min）
绿茶	4
红茶	5
乌龙茶（条形、卷曲形）	5
乌龙茶（圆结形、拳曲形、颗粒形）	6
白茶	5
黄茶	5

对于紧压茶的审评，方法不一，有的称取 5g 茶叶在审评杯内冲泡 8~10min，也有 4g 在 200ml 沸水中泡 5min。农业部茶叶质量检测中心对紧压茶一律使用“通用型感官司审评方法”。所不同的是必须将紧压茶的块捻开后，再称样开汤审评。最新发布的国家标准《茶叶感官审评方法》GB/T 23776—2018 对于紧压茶的感官审评要求采用二次冲泡法，第一次冲泡时间为 2~5min，第二次冲泡时间为 5~8min。结果以第二泡为主，综合第一泡进行评判。花茶审评为第一次加盖浸泡 3min，第二次冲泡 5min，两次冲泡综合评判。

（2）茶水比例

审评红、绿茶及花茶时，一般是 3g 茶用 150ml 水冲泡，即茶水比例为 1∶50。而审评乌龙茶时，因侧重审评茶叶的香气和耐泡程度，用特制的倒钟形茶瓯审评，其容量为 110ml，投入茶样 5g，茶水比例为 1∶22。黑茶与紧压茶审评，取代表性茶样 3g 或 5g，茶水比 1∶50。

（三）茶叶感官审评基本程序

茶叶品质优劣、等级划分，主要是根据茶叶外形、香气、滋味、汤色、叶底等项目，通过感官审评来确定。感官审评分为干茶审评和开汤审评，俗称干看和湿看，即干评和湿评。一般而言，感官审评结果应以湿评内质为主要依据，但茶叶作为商品主要是以干茶形态进行销售，同类茶的外形内质不一致也是较常见的现象。因此，审评茶叶品质应外形内质兼评。此外，在审评前能够正确扦取具有代表性的茶样也是保证感官审评结果准确的重要前提之一。

1. 扦样

扦样又称取样、抽样或采样，是从一批茶叶中扦取能代表本批茶叶品质的最低数量的样茶，作为审评检验品质优劣和理化指标的依据。因此，扦样是正确评判茶叶质量的关键，应具有代表性。扦样的数量和方法因审评检验的要求不同而有所区别。

（1）初制茶扦样

匀堆取样法：将所要扦取的同一批茶拌匀成堆，然后从堆的各个部位分别扦取样茶，扦样点不得少于八处。

就件取样法：从每件茶的上、中、下、左、右五个部位各扦取一把小样置于扦样盘中，并查看样品间品质是否一致。若单件的上、中、下、左、右五部分样品差异明显，应将该件茶叶倒出，充分拌匀后，再扦取样品。

随机取样法：按照茶叶取样国家标准《茶 取样》GB/T 8302—2013 规定的件数随机抽件，再按就件扦取法扦取。

（2）精制茶扦样

参见《茶 取样》GB/T 8302—2013。

（3）压制茶扦样

对每块（个）压制茶的中段或对角线部分取样，不少于五点，用手或工具解散法，然后用“对角四分法”缩分到 200g。

（4）茶叶感官评审扦样

茶叶感官审评时的扦样方法主要是：用分样器或四分法从待检样品中分取代表性茶样 200~300g，放入样茶盘中，后用食指、拇指和中指抓取评茶样 3~5g，用于内质审评。抓取茶样时应一次性抓够，宁可手中有余茶，不宜多次增添。另外，扦样时动作要轻，以避免将茶叶抓断导致审评误差。

（5）分样、对角四分法

在对大堆茶样进行扦样时，为了能够扦取到具有代表性的茶样，需要对大堆茶样进行均匀缩分，即分样。分样是否准确，直接关系到审评结果的准确性。

对角四分法是在实际扦样过程中最常用的分样方法，即用分样尺将茶堆进行十字分割，取对角两堆茶样即为一份扦取样，其余茶样倒回原茶堆。若所扦取茶样仍然太多，可将该份茶样混合均匀后继续按对角四分法缩分，直至达到审评所需数量为止。

2. 审评基本操作程序

<table>
<tr><th colspan="2">程序</th><th>操作内容</th></tr>
<tr><td colspan="2">取茶样</td><td>1.先将200~300g的茶样放入审评盘。
2.用回旋筛转法进行把盘，使茶样按粗细、长短、大小、整碎顺序分层后收于评茶盘中央，审评外形。
3.干评后，从评茶盘中抓取有代表性的茶样3.0~5.0g，开汤进行湿评，即审评茶叶的汤色、香气、滋味和叶底。</td></tr>
<tr><td rowspan="2">干评</td><td>把盘</td><td>俗称摇盘，是干评除紧压茶和袋泡茶以外茶叶的首要操作步骤。
1.将茶样放入审评盘中后，双手握住审评盘的对角边沿，其中右手要堵住样盘的茶口。用回旋筛转的手法使盘中茶叶顺着盘沿回旋转动。此时，一定注意动作幅度和用力程度要适中，以保茶叶既能被摇匀又不会从盘中洒出。
2.当盘中茶叶被摇至按轻重、大小、长短、粗细等不同方面均匀分布后，即可进行收盘。收盘时需借助手腕的力量前后左右颠簸，以使盘中茶叶收拢成馒头形。
3.收盘后的茶叶在盘中会自然分出上、中、下三层。通常，比较粗长松飘的茶叶浮于表面，称为上段茶或面装茶；细紧重实的集中于中层，称为中段茶，俗称腰档或肚货；小的碎茶和片末沉积于底层，称为下段茶或下身茶。</td></tr>
<tr><td>审评外形</td><td>1.审评外形时，应分别从嫩度、条索、色泽、整碎、净度等几个方面进行辨别评判。
2.审评初制毛茶时，通常是先看上段茶，后看中段茶，再看下段茶。看完上段后，拨开上段茶并抓起放在样盘边沿处，继续看中段茶，看后又拨在一边，再看下段茶。也可在看完上段茶后，用手轻轻将大部分上段茶、中段茶抓在手中，审评没有抓起而留在评茶盘中的下段茶；然后，抓茶的手翻转，手心向上摊开，将茶摊放在手中，审评中段茶的品质。看三段茶时，要注意各段茶的比重，分析三段茶的品质情况。对于扁、条形茶而言，如上段茶过多，表示粗老茶叶过多，身骨差，一般以中段茶多为好，若下段茶断碎片末含量多，表明茶叶做工、品质有问题。此外，如果下段过多，则要注意是否属于本茶本末。若审评茶样为圆炒青，则需首先评比上段茶颗粒的大小、圆结或松扁，有无露黄头，然后评比中段茶颗粒的圆结度、是否松扁开口以及身骨的轻重，最后评比下段茶细小颗粒的轻重，是否为本茶本末。一般圆形茶外形形状以细圆紧结或圆结、身骨重实为好；松扁开口、露黄头、身骨轻为品质差的表现。
3.审评精制茶时，一般是先看上段茶和下段茶，然后看中段茶。看精制茶外形一般要求对样评比上、中、下三档茶叶的拼配比例是否恰当相符，是否平伏匀齐不脱档。</td></tr>
</table>

续表

程序		操作内容
干评	审评外形	4.紧压茶按照压制的形状不同分为块茶（如砖茶、饼茶、沱茶等）和篓装茶（如天尖、贡尖、六堡茶等）。对于块茶外形的审评，主要评比其形状规格、松紧、匀整和光洁度。砖形茶看其砖块规格的大小，棱角是否分明，厚薄是否均匀以及压制的紧实度和砖块表面是否光洁，有无龟裂起层的现象。有些砖块要求压得越紧越好，如黑砖、花砖、老青砖、米砖等；有些则要求砖块紧实，但不能压得过紧，如茯砖、康砖等。其中茯砖茶还需要加评砖内金花是否茂盛、均匀及颗粒大小。分里面茶的，如沱茶、紧茶、老青砖等，还需评比是否起层脱面，包心是否外露。沱茶形状为碗形，评比时看其紧实度、表面的光洁度、厚薄是否均匀、洒面嫩度及显毫情况。对于篓装茶的审评，主要评比嫩度和松紧度，如六堡茶看其压制的紧实度及条形的肥厚度和嫩度。
湿评	冲泡开汤	开汤，俗称泡茶或沏茶，为湿评内质的重要步骤。 1.开汤前先将审评杯、碗洗净擦干按次序排列在湿评台上。审评茶类有红、绿、黄、白、乌龙茶。 2.称取茶样3~5g（茶水比为1：50）投入审评杯内，杯盖应放入审评碗内，然后以沸滚适度的开水以慢、快、慢的速度冲泡满杯，泡水量应齐杯口一致。 3.冲泡时第一杯起即应计时，并从低级茶泡起，随泡随加杯盖，杯孔朝向杯柄。 4.到规定时间后按冲泡次序将杯内茶汤滤入审评碗内，倒茶汤时，杯应卧搁在碗口上，杯中残余茶汁应完全滤尽。 5.开汤后应先嗅香气，快看汤色，再尝滋味，后评叶底，审评绿茶有时应先看汤色。
	嗅香气	香气依靠嗅觉进行辨别。 1.嗅香气时应一手拿住已倒出茶汤的审评杯，另一手半揭开杯盖，靠近杯沿用鼻轻嗅或深嗅，也有将整个鼻部深入杯内接近叶底以增强嗅感。 2.为了正确判别香气的类型、高低和长短，嗅时应重复一二次，但每次嗅的时间不宜太久，因嗅觉易疲劳，嗅香过久，嗅觉会失去灵敏感，一般是2~3s。 3.杯数较多时，嗅香时间拖长，冷热程度不一，就难以评比。每次嗅评时都将杯内叶底翻动个身，在未评定香气前，杯盖不得打开。 4.嗅香气应以热嗅（杯温75℃左右）、温嗅（杯温45℃左右）、冷嗅（杯温接近室温）轮次进行。 5.热嗅重点是辨别香气正常与否及香气的类型与高低，但因茶汤刚倒出来，杯中蒸汽分子运动很强烈，嗅觉神经受到烫的刺激，敏感性受到一定影响。因此，辨别香气的优次，还是以温嗅为宜，准确性较高。

续表

程序		操作内容
湿评	嗅香气	6.冷嗅主要是为了解茶叶香气的持久程度，或者在评比当中有两种茶的香气在温嗅不相上下时可根据冷嗅的余香程度来加以评判。审评茶叶香气最适合的叶底温度是55℃左右。超过65℃时感到烫鼻，低于30℃时茶香感到低沉。特别对染有烟气木气等异气茶会随热气而挥发。 7.凡一次审评若干杯茶叶香气时，为了区别各杯茶的香气，嗅评后分出香气的高低，会把审评杯作前后移动。一般将香气好的往前推，次的往后摆，此项操作称为香气排队，审评香气不宜红、绿茶同时进行。 8.审评香气时还应避免外界因素的干扰，如抽烟、擦香脂、香皂洗手都会影响香气鉴别的准确性。 9.日本审评茶叶香气时通常使用杓掬取茶叶，接近鼻孔辨别香气，认为在茶水高温时查其缺陷，温度降低后再查其特色。 10.在印度及斯里兰卡等国家认为热嗅香气最好。热嗅能清楚地辨别大吉岭和斯里兰卡高山茶特殊的高香，同时，因制作不当而产生各种怪异气都可在叶底上热嗅出来。
	看汤色	汤色需靠视觉审评。茶叶开汤后，茶叶内含成分溶解在沸水中的溶液所呈现的色彩，称为汤色，又称水色，俗称汤门或水碗。 1.审评汤色要及时。因茶汤中的成分和空气接触后很容易发生变化，所以有的把评汤色放在嗅香气之前。 2.汤色易受光线强弱、茶碗规格、容量大小、排列位置、沉淀物多少、冲泡时间长短等各种外因的影响。 3.冬季评茶。汤色随汤温下降逐渐变深。若在相同的温度和时间内，红茶色变大于绿茶，大叶种大于小叶种，嫩茶大于老茶，新茶大于陈茶。在审评时应引起足够注意。 4.如果各碗茶汤水平不一，应加调整。如茶汤混入茶渣残叶，应以网丝匙捞出，用茶匙在碗里打一圆圈，使沉淀物集于碗中央，然后开始审评，按汤色性质及深浅、明暗、清浊等评比优次。
	尝滋味	味是由味觉器官来区别的。茶叶是一种风味饮料，不同茶类或同一茶类而产地不同都各有独特的风味特征，良好的味感是构成茶叶质量的重要因素之一。 1.茶叶不同味感是因茶叶的呈味物质的数量与组成比例不同而异。味有酸、甜、苦、辣、鲜、涩、咸、碱及金属味。味觉感受器是满布舌面上的味蕾，味蕾接触到茶汤后，立即将受到刺激的兴奋波经过传入神经传导至中枢神经，经大脑分析后，于是有不同的味觉。舌头各部分的味蕾对不同味感的感受能力不同。如舌尖最易为甜味所兴奋，舌的两侧前部最易感觉咸味而两侧后部为酸味所兴奋，舌心对鲜味涩味最敏感，近舌根部位则易被苦味所兴奋。

续表

程序		操作内容
湿评	尝滋味	2.审评滋味应在评汤色后立即进行，茶汤温度要适宜，一般以50℃左右较合评味要求，如茶汤太烫时评味，味觉受强烈刺激而麻木，影响正常评味；如茶汤温度低了，味觉受两方面因素影响，一是味觉尝温度较低的茶汤灵敏度差，二是茶汤中对滋味有关的物质溶解在热汤中多面协调，随着汤温下降，原溶解在热汤中的物质逐步被析出，汤味由协调变为不协调。评茶味时用瓷质汤匙从审评碗中取一浅匙吮入口内，由于舌的不同部位对滋味的感觉不同，茶汤入口在舌头上循环滚动，才能正确且较全面地辨别滋味。尝味后的茶汤一般不宜咽下，尝第二碗时，匙中残留茶液应倒尽或在白开水汤中漂净，不致互相影响。审评滋味主要按浓淡、强弱、鲜滞及纯异等评定优次。在国外认为在口里尝到的香味是茶叶香气最高的表现。为了正确评味，在审评前最好不吃有强烈刺激味觉的食物，如辣椒、葱、蒜、糖果等，并不宜吸烟，以保持味觉和嗅觉的灵敏度。
	评叶底	1.评叶底主要靠视觉和触觉来判别，根据叶底的老嫩、匀杂、整碎、色泽和开展与否等来评定优次，同时还应注意有无其他掺杂物。 2.评叶底是将杯中冲泡过的茶叶倒入叶底盘或放入审评盖的反面，也有放入白色搪瓷漂盘里。倒时要注意把细碎粘在杯壁杯底和杯盖的茶叶倒干净，用叶底盘或杯盖先将叶张拌匀、铺开、展平，观察其嫩度、匀度和色泽的优次。如感到不够明显时，可在盘里加茶汤展平，再将茶汤徐徐倒出，使叶底平铺看或翻转看，或将叶底盘反扑倒在桌面上观察。用漂盘看则加清水漂叶，使叶张漂在水中观察分析。评叶底时，要充分发挥眼睛和手指的作用，手指按揿叶底的软硬、厚薄等。再看芽头和嫩叶含量、叶张卷摊、光糙、色泽及均匀度等区别好坏。

各茶类审评因子评分系数

%

茶类	外形（a）	汤色（b）	香气（c）	滋味（d）	叶底（e）
绿茶	25	10	25	30	10
工夫红茶（小种红茶）	25	10	25	30	10
（红）碎茶	20	10	30	30	10
乌龙茶	20	5	30	35	10
黑茶（散茶）	20	15	25	30	10
紧压茶	20	10	30	35	5
白茶	25	10	25	30	10
黄茶	25	10	25	30	10
花茶	20	5	35	30	10

续表

茶类	外形（a）	汤色（b）	香气（c）	滋味（d）	叶底（e）
袋泡茶	10	20	30	30	10
粉茶	10	20	35	35	0

茶叶审评一般通过上述干茶外形和汤色、香气、滋味、叶底五个项目的综合观察，才能正确评定出茶叶品质的优次和等级的高低。实践证明，每一个项目的审评不能单独反映出整体的品质，但茶叶各个品质项目又不是单独形成和孤立存在的，相互之间有密切的相关性。因此综合审评结果时，每个项目之间，应作仔细的比较，然后下结论。对于不相上下或有疑难的茶样，有时应采取双杯审评，取得正确评比结果。总之，评茶时要根据不同情况和具体要求灵活掌握，有的选择重点项目审评，有的则要全面审评。凡进行感官审评时都应严格按照评茶操作程序和规则，以取得正确的结果。

二、茶叶的鉴赏技巧

在日常的生活中或茶艺表演时，我们不一定严格按照感官评审法，用专业的术语对茶叶进行评价，或对茶叶的品质打分，而是从艺术的角度去欣赏、去体验、去感受茶的色香味韵之美。艺术地鉴赏茶叶常用的技巧是三看、三闻、三品、三回味。以红茶鉴赏为例阐述如下。

（一）三看——“目品”

一看干茶的外观形状，通常称为“看茶相”。正山小种以条索紧致，身骨重实，色泽乌润油光为美；祁门红工夫以条索细秀，稍弯曲，有锋苗，色泽乌润略带灰光为美；滇红以条索肥壮紧结、重实、匀整，色泽乌润带红褐色，金毫多而显为美。

二看汤色。正山小种的汤色以红亮或深金黄色为美；祁红的汤色以红浓明亮为美；滇红的汤色以红艳带金圈为美。

三看叶底。正山小种的叶底呈古铜色；祁红的叶底红亮；滇红的叶底肥厚，红艳鲜亮。

（二）三闻——“鼻品”

一闻有没有异味。茶叶吸附异味的能力很强，再好的茶叶，若因储存运输或购后保管不当，吸附了异味或产生了霉味、陈味，其品质必然大打折扣。

二闻茶的本香。红茶的香气以嫩甜为上，甜香次之，纯正又次之。不同品种的红茶各具特色的品种香，如优质正山小种有浓郁的桂圆干的香味和好闻的松烟香味；祁红有类似蜜糖的甜香；滇红的香气浓郁，有活力，特别是产于云县、凤庆等地的滇红不仅香气高长，且带有花香。

三闻香气的持久性。

（三）三品——“口品”

一品是品滋味。红茶的滋味以鲜醇甜和为上，醇厚次之，尚醇厚又次之。品第一口茶时，首先是品烘干工艺的火功水平和茶的新陈度，因为这两个因素在茶汤中最先表现出来。

二品主要是细品茶的特色滋味，如正山小种的滋味浓醇爽口；祁红的滋味鲜醇带甜；滇红的滋味浓强带有刺激性。

三品时最好在红茶中加奶、方糖或果汁后再品，看看这款茶是适于清饮还是适于调饮。

（四）三回味

品茶要“五官并用，六根共识”，即不仅要目品、鼻品、口品，还要用心去品，并且在品后仔细回味。

三回味是指舌根回味甘甜，满口生津；齿颊回味甘醇，留香尽日；喉底回味甘爽，心旷神怡。

若能如此用心去体味红茶，那么你一定会感受到它“香夺玫瑰晓露鲜”；或者感到“恰如灯下，故人万里，归来对影，口不能言，心下快活自省”。如果你的心足够虚静空灵，或许还可能产生“清风两腋归何处，直上三山看海霞”的无比快意，和“莫道年来尘满腹，小窗寒梦已醒然”的人生顿悟。

【任务训练】

以茶叶色泽为例，分析影响茶叶色泽的因素，包括茶树品种、生长环境（如海拔、土壤、气候等）、采摘标准、加工过程中的温度、湿度、时间等因素。

【拓展链接】

茶叶选购常识

选购茶叶应根据“新、干、匀、香、净”的原则来选茶。

“新”是指选择当年采制的茶叶，避免购买“香陈味晦”的隔年陈茶。

“干”是指选择含水量低的茶叶。用拇指和食指捻捏茶叶时，能将茶叶捏成粉末者，含水量低。若捻不碎而成小片状的茶叶，则表明茶叶较湿。如湿度大而至霉变，则千万不能饮用，因霉变茶叶非但香气全失，更含有毒素。

“匀”是指茶叶的粗细一致，色泽均匀。

“香”是指茶叶的香气高而纯正。可抓一撮茶叶先哈一口热气，再置鼻端嗅茶叶的干香。闻之有板栗香、奶油香或锅炒香者为好茶。茶叶嗅之香气低闷，且带粗老气者为劣质茶叶，劣质茶叶嗅之还有烟、焦、霉、酸、馊等异味。

“净”是指茶叶净度好，无茶梗、茶籽、树叶、泥沙、草叶、竹丝等杂物。

资料来源：胡小毅．茶文化与养生．中国物资出版社，2005.

任务三　不同茶叶的鉴别

【基础知识】

一、新茶和陈茶的鉴别

所谓新茶，是指当年从茶树上采摘的头几批新鲜叶片加工制成的茶；所谓陈茶，是指上了年份的茶，一般超过 5 年的都算陈茶。市场上，有些不法商家常以陈茶代替新茶，欺骗消费者。而人们购买到这类茶叶之后往往懊悔不已。因此，我们掌握判断新茶和陈茶的方法，可以确保今后正确地选购到需要的茶叶。

新茶和陈茶的鉴别（以绿茶为例）

鉴别依据	鉴别内容	
	新茶	陈茶
茶叶的外形	新茶条索明亮，大小、粗细、长短均匀；细实、芽头多、锋苗挺秀的嫩度高；扁形茶以平扁光滑者为新；条形茶以条索紧细、圆直、匀齐者为新；颗粒茶以圆满结实者为新。	条索枯暗、外形不整，甚至有茶梗、茶籽者为陈茶；粗松、老叶多、叶脉隆起的嫩度低为陈茶；扁平茶粗、枯、短者为陈；条形茶粗糙、扭曲、短碎者为陈；颗粒茶以松散块者为陈。
茶叶的色泽（贮存过程发生变化）	新茶色泽都清新悦目，绿意分明，呈嫩绿或墨绿色，冲泡后色碧绿，而后慢慢转微黄，汤色明净，叶底亮泽。	而陈茶由于不饱和成分已被氧化，通常色泽发暗，无润泽感，呈暗绿或者暗褐色，茶梗断处截面呈暗黑色，汤色也变深变暗，茶黄素被进一步氧化聚合，偏枯黄，透明度低。
茶叶的香气	新茶清香馥郁，有花香、果香、焦糖香等。	陈茶时间久了，茶中的香气开始转淡转浅，香型也会变得低闷混浊，会产生一种令人不快的老化味，即人们常说的“陈味”，甚至有粗老气或焦涩气。有的陈茶会经过人工熏香之后出售，但这种茶香味道极为不纯。
茶叶的滋味	新茶的滋味往往都醇厚鲜爽。	陈茶味道寡淡，鲜爽味减弱。

有很多人认为，“茶叶越新越好”，其实这种观点是对茶叶的一种误解。多数茶是新比陈好，但也有许多茶叶是越陈越好，例如普洱茶。因此，大部分人买回了普洱新茶之后都会存储起来，放置五六年或更长时间，等到再开封的时候，这些茶泡完之后香气更加浓郁香醇，可称得上优品。即便是追求新鲜的绿茶，也并非需要新鲜到现采现喝，例如一些新炒制的名茶如西湖龙井、洞庭碧螺春、黄山毛峰等，在经过高温烘炒后，立即饮用容易上火。如果能贮存一两个月，不仅汤色清澈晶莹，而且滋味鲜醇可口，叶底青翠润绿，而未经贮存的闻起来略带青草气，经短期贮放的却有清香纯净之感。又如盛产于福建的武夷岩茶，隔年陈茶反而香气馥郁、滋味醇厚。

总之，新茶和陈茶之间有许多不同点，如果我们掌握了这些，相信一定能对新茶和陈茶作出准确的判断。

二、真茶和假茶的鉴别

假茶就是用类似茶树叶片和嫩芽的其他植物的芽叶，按茶叶的加工工艺进行加工，做成形似茶叶并冒充茶叶销售的物品。

真茶与假茶，一般可用感官审评的方法去鉴别。就是通过人的视觉、感觉和味觉器官，抓住茶叶固有的本质特征，用眼看、鼻闻、手摸、口尝的方法，最后综合判断出是真茶还是假茶。方法如下：

嗅香气。双手捧起一把干茶放在鼻端，深深吸一下辨别茶叶气味，凡具有茶香者为真茶；凡具有青腥味或夹杂其他气味者为假茶。

鉴别色泽。手抓一把茶叶放在白纸或白盘子中间，摊开叶片精心观察，倘若绿茶深绿，红茶乌润，乌龙茶乌绿，且每种茶的色泽基本均匀一致，当为真茶。若颜色杂乱，很不协调，或与茶的本色不相一致，即有假茶之嫌。

开汤。取适量茶叶放入玻璃杯或白色瓷碗中，冲上热水，进行开汤审评，进一步从汤的香气、汤色、滋味上加以鉴别，特别是可以从已展开的叶片上来加以辨别。

①真茶的叶片边缘锯齿，上半部密，下半部稀而疏，近叶柄处平滑无锯齿；假茶叶片则多数叶缘四周布满锯齿，或者无锯齿。

②真茶主脉明显，叶背叶脉凸起。侧脉 7~10 对，每对侧脉延伸至叶缘 1/3 处向上弯曲呈弧形，与上方侧脉相连，构成封闭形的网状系统，这是真茶的重要特征之一；而假茶叶片侧脉多呈羽毛状，直达叶片边缘。

③真茶叶片背面的茸毛，在放大镜下可以观察到它的上半部与下半部是呈 45°~90° 弯曲的；假茶叶片背面无茸毛，或与叶面垂直生长。

④真茶叶片在茎上呈螺旋状互生；假茶叶片在茎上通常是对生，或几片叶簇状生长。

三、香花茶与拌花茶的鉴别

花茶，又称香花茶、熏花茶、香片等。它以精制加工而成的茶叶（又称茶坯），配以香花窨制而成，是我国特有的一种茶叶品类。花茶既具有茶叶的爽口浓醇之味，又具有鲜花的纯清雅香之气。所以，自古以来，茶人对花茶就有“茶引花香，花益茶味”之说。目前市场上的花茶主要有香花茶与拌花茶。

香花茶。窨制花茶的原料，一是茶坯，二是香花。茶叶疏松多孔隙，具有毛细管的作用，容易吸收空气中的水汽和气体。它含有的高分子棕榈酸和萜烯类化合物，也具有吸收异味的特点。花茶窨制就是利用茶叶吸香和鲜花吐香两个特性，一吸一吐，使茶味花香合二为一，这就是窨制花茶的基本原理。花茶经窨制后要进行提花，就是将已经失去花香的花干进行筛分剔除，尤其是高级花茶更是如此。只有少数香花的片、末偶尔残留于花茶之中。

拌花茶。拌花茶就是在未经窨花和提花的低级茶叶中，拌上一些已经窨制、筛分出来的花干，充作花茶。这种花茶，由于香花已经失去香味，茶叶已无香可吸，拌上些花干只是给人一种错觉而已。所以从科学角度而言，只有窨花茶才能称作花茶，拌花茶实则是一种假冒花茶。

香花茶与拌花茶的识别。花茶质量的高低，固然与茶叶质量高低密切相关，但香气也是评判花茶质量好坏的主要品质因子。要区分香花茶与拌花茶，通常用感官审评的办法进行。

①审评时，双手捧上一把茶，用力吸一下茶叶的气味，凡有浓郁花香者，为香花茶；茶叶中虽有花干，但只有茶味，却无花香者乃是拌花茶。

②审评花茶香气时，通常多用温嗅，重复 2~3 次进行。花茶经冲泡后，每嗅一次为使花香气得到透发，都得加盖用力抖动一下审评杯。花茶香气达到浓、鲜、清、纯者，就属正宗上品。如茉莉花茶的清鲜芬芳，珠兰花茶的浓纯清雅，玳玳花茶的浓厚净爽，玉兰花茶的浓烈甘美等，都是正宗上等花茶的香气特征。若花茶有郁闷混浊之感，自然称不上上等花茶了。一般说来，上等窨花茶，头泡香气扑鼻，二泡香气纯正，三泡仍留余香。所有这些，在拌花茶中是无法达到的，最多在头泡时尚能闻到一些低沉的香气，或者是根本闻不到香气。但也有少数假花茶，将茉莉花香型的一类香精喷于茶叶表面，再放上一些窨制过的花干，这就增加了识别的困难。不过，这种花茶的香气只能维持 1~2 个月，以后就消失殆尽。即使在香气有效期内，一般凡有一定饮花茶习惯的人，也可凭对香气的感觉将其区别出来。

四、鉴别次品与变质茶

嗅焦气：茶叶嗅之有高火气、焦糖气，但经短期存放后可消失之茶为次品茶；而干嗅或湿嗅（冲泡后）都闻有焦气，存放后也不易消失的，则为变质茶，不能饮用。

嗅霉气：茶叶有轻度霉变，嗅干茶时无茶香，对干茶哈气后再嗅之则有霉气味，但经加工补火后霉气能消除的茶叶为次品茶。茶叶霉变较重，嗅干茶时即有霉气，冲泡后嗅之霉气更明显的茶，为劣质茶。茶叶霉变严重，干看茶叶外形即有显著霉变、白花明显，内质气味令人难受的茶为变质茶。劣质、变质茶有害人体健康，均不能饮用。

嗅烟气：刚嗅时略有烟气，而反复嗅之又好像无烟气，此类烟气较轻的茶为次品茶。凡泡汤后热嗅时闻有浓烈的烟气，品茶汤时也尝到烟味，且不易消失，此为变质茶，不能饮用。有烟熏工艺环节的茶品，如传统正山小种，松烟气息稳定、持久，令人愉悦者为佳，反之为次品茶。

嗅日晒气：干嗅茶叶时，闻有轻度日晒气的茶为次品茶；闻有严重日晒气的茶为劣变茶，不能饮用。

嗅酸馊气：茶叶冲泡后嗅之略有酸馊气，待茶汤冷却后嗅之则无酸馊气，或只有馊气闻到，而无馊味品出，经复火后馊气又能消除的为次品茶；如干嗅、湿嗅、品尝茶汤滋味时均有酸馊气味出现，经补火也难消除的茶叶为变质茶，不能饮用。

嗅油气、药物味、鱼腥味：茶叶中有轻度油气、药味、鱼腥味等异味，但经处理后异味可消除的茶叶为次品茶；如经处理后仍不能消除异味的茶为变质茶，不能饮用。

察看茶叶中夹杂的红梗红叶：绿茶中的红梗红叶程度较轻，干看外形时色泽正常，冲泡后叶底有红梗但无红叶的茶为次品茶；红梗红叶程度重，干看外形时色泽欠绿润或带花杂，湿看叶底时有明显的红梗红叶的茶为变质茶，不宜饮用。

察看茶叶中的花青叶：红茶干看时，外形色泽正常，湿看叶底时略有花青的茶为次品茶；干看外形时色泽乌润或带暗青色，湿看叶底时花青叶较多的茶则为劣变茶，不宜饮用。

【任务训练】

从外形、色泽、香气、滋味、叶底等方面进行茶叶的对比鉴别。

【拓展链接】

绿茶出现“毫浑”现象，是好是坏?

在冲泡绿茶时，有时会出现“毫浑”现象，“毫浑”指的便是由茶毫造成的“茶汤浑浊”。很多人会认为茶汤出现浑浊便是不好的现象，真的是这样的吗?

其实，“毫浑”并不等同于茶汤浑浊，“毫浑”是茶叶茶毫多的体现。

那么什么是茶毫呢？茶毫越多越好吗?

茶毫是茶叶芽尖上面细小的茸毛，也叫茶毛，其中含有丰富的茶氨酸、茶多酚等营养物质，对于茶品质的形成有重要作用，在很多情况下作为评价茶叶嫩度的一个重要指标。

一般来说，鲜叶的嫩度越嫩，茶毫就越多，如碧螺春、信阳毛尖等绿茶。但并不是所有绿茶都能用茶毫来决定其等级，如龙井、竹叶青等，就属于茶毫较少的一类茶。

经冲泡后茶毫溶于茶汤中，因茸毛内含有丰富的茶氨酸等成分，从而增进了茶汤的香气和滋味，茶汤比较鲜爽。而当茶叶茶毫较多时，就容易形成“毫浑”现象了。

如何区分“毫浑”和因茶叶品质较差而导致的茶汤浑浊呢?

一般来说，茶毫多的茶，前两三泡会稍显浑浊，之后茶汤就会变清澈了。而茶质不好的茶，茶汤则会一直很浑浊。如此，便可以区分开两者了。

资料来源：杏子．“悦读茶书会”公众号（yueduchashuhui），2021-12-08.

【项目小结】

- 茶叶品质涵盖色泽、香气、滋味、外形与叶底，相互关联影响，受茶树品种、生长环境、加工工艺及储存条件等多因素作用，不同茶类各要素特征显著，如绿茶的翠绿汤色与清香，红茶的红汤红叶与甜香，为判断茶叶品质优劣提供关键依据。
- 茶叶审评须经过从扦样到干评、湿评的专业程序。扦样需依茶类采用不同方法确保代表性；干评注重外形观察判断；湿评对汤色、香气、滋味、叶底内质审评后依评分系数综合评定。各环节须遵循严格的科学规范，以保证审评结果精准公正。
- 不同茶叶鉴别要点：新茶与陈茶在外形、色泽、香气、滋味、叶底存在差异；真茶与假茶可通过感官审评多方面特征判断；香花茶与拌花茶靠嗅闻香气、观察花干辨别；次品与劣变质茶依据异味及茶叶夹杂状况鉴别，助于在实际中精准识别各类茶叶。

【项目练习】

1. 运用所学的品鉴知识和技巧，从外形、色泽、香气、滋味、叶底等多个方面仔细观察和品评各类茶叶。

2. 分别选取一款新茶（如当年的黄山毛峰）和一款陈茶（如存放三年以上的普洱熟茶）作为品鉴对象。

项目五

从来佳茗似佳人——行茶礼仪

【理论目标】

●深入理解茶艺人员的基本礼仪规范，明确其在茶艺服务中的重要性和文化内涵。

●熟练掌握茶艺服务中各类行茶礼的规范和意义，理解各环节礼仪动作所表达的敬意和文化寓意。

●熟悉茶事服务中常用礼节的种类、适用场景和操作要点，掌握不同礼节在与客人交往中的正确运用方式。

【实践目标】

●能够熟练且自然地在茶事服务中运用各种礼仪规范，包括保持淡雅妆容、得体发型、整洁服饰，以及规范的站姿、坐姿、走姿、蹲姿和优雅的表情管理，展现出茶艺人员的专业形象和素养。

●精准且流畅地完成各类行茶礼的操作流程，动作规范、姿态优美、节奏适宜，通过行茶礼传递出对客人的尊重和热情，营造良好的茶事氛围，提升服务质量。

●灵活且恰当地运用茶事服务中的常用礼节，根据不同场合、不同客人的需求，准确选择和执行相应礼节，增强与客人的互动和沟通效果，体现出良好的职业素养和文化修养。

诉衷情·闲中一盏建溪茶

〔宋〕张纶

闲中一盏建溪茶。香嫩雨前芽。

砖炉最宜石铫，装点野人家。
三昧手，不须夸。满瓯花。
睡魔何处，两腋清风，兴满烟霞。

任务一　茶艺人员的仪容仪表礼仪

【基础知识】

孔子曰“不学礼，无以立”；“移风易俗，莫善于乐。安上治民，莫善于礼。”中国自古被称为“礼仪之邦”，礼仪在人们的社会生活中一直处于重要的地位。茶是中国献给世界的瑰宝，从神农开始，距今已有四千多年的历史了。茶是礼仪的使者，茶礼有缘，古已有之。茶礼是中国最早重情好客的传统美德与礼节。“以茶待客”“客来敬茶”历来都是中国人日常交往和家庭生活中普遍的往来礼仪之一。

一、茶艺人员的仪容仪表礼仪

仪容主要指包括五官在内的整个面部、发型与手部，它是仪表之首。对茶艺人员仪容的基本要求是整洁、卫生。具体如下：

（一）淡雅的妆容

茶是淡雅的物品，饮茶讲究自然和谐。在茶事服务中，茶艺人员应素颜或以淡妆出席，不可浓妆艳抹，因为一方面浓妆艳抹与饮茶的气氛不符，另一方面因一些化妆品香气太浓会影响对茶的品赏。女士的眉和唇可作淡淡的勾画，做到似画非画较合适。切忌涂浓重的唇膏，画粗黑的眉毛，粘贴假睫毛，勾浓黑的眼线，涂厚重的胭脂，喷洒浓烈的香水。这些装扮都有悖于茶文化和、静、雅的韵味，而且会给客人留下茶艺人员缺少文化修养的不良印象。男士面部修饰干净，不留胡须，以整洁的面容面对客人。茶艺人员的美更多体现在内在素质和修养，来自内心世界的美往往最能打动人。我们只需保持清新健康的肤色，并在整个茶事活动中面部表情要平和，始终保持微笑，即是合乎茶事服务仪容仪表要求。

（二）整齐的发型

头发整洁、发型大方是个人礼仪对发式美的最基本要求。通过不同发式的选择，可以充分展现美，达到扬长避短的目的。作为茶艺人员，乌黑亮丽的秀发，端庄文雅的发型，能给客人留下美的感觉。当然，发型在原则上要适合自己的脸型和气质，应给人一种舒适、整洁大方的感觉。一般说来，不要染色，头发不论长短，额发不过眉，不影响视线，若头发长度过肩，泡茶时应将头发盘起，以免滑落影响操作。盘发发型应简单大方，不要过于复杂，与服装相适应。

（三）优美的手型

泡茶首先要有一双干净的手。女茶艺师的手要纤细、柔嫩，随时保持清洁，不涂指甲油；男茶艺师的手要干净，指甲修剪平整，不留长指甲。在泡茶演示过程中，茶艺人员的手就像是舞台上的焦点，客人的视线始终关注着茶艺人员的双手。特别注意在泡茶前避免手上涂抹有浓烈香味的护手霜或沾上化妆品的香味，所以泡茶前一定要先洗手，洗手时也要注意将肥皂或洗手液的味道冲洗干净，以免污染茶具，影响茶本来的香气。

女茶艺师除可在手臂上佩戴一只玉手镯外，手上不要戴任何饰物，如手链、戒指等，因为往往这些会喧宾夺主，也会碰击茶具，发出不协调声音。

二、茶艺人员的服饰礼仪

服饰也是一种文化。它能够反映一个国家、一个民族的经济水平、文化素养、精神文明与物质文明发展的程度，也能反映一个人的社会地位、文化品位、审美意识以及生活态度等。在茶事活动中，得体、和谐的服饰，会产生一种无形的魅力。在进行正式的茶艺演示或表演时，茶艺人员的服饰属于职业服饰，它应具有职业服饰的基本特征，即实用性、审美性和象征性，同时，还应体现茶艺师职业的个性。

（一）得体

得体主要是指服装的色彩、式样应与自己的年龄、体形、肤色及气质相配。

1. 服装与年龄

在着装上要注意与性别年龄相协调，不管是青年人还是老年人都有权利打扮自己，但是在打扮自己时应注意，不同年龄有不同的着装要求和风格。青年着力展示青春风采。鲜艳、活泼，明亮的色彩可以体现青年人的自然美和塑造个性的美；中老年人力求突出成熟的风韵，着装要庄重、雅致、整洁，体现高雅持重、深沉理性的睿智风格。因此，作为茶人不论是青年还是老年，只要着装与性别年龄相协调，都会展示出独特的美感。

2. 服装与肤色

服装色彩的适当搭配，能使人通过视觉而产生美感。如浅色有扩张作用，能使人显得胖；而深色有收缩作用，能使人显得瘦。服装色彩与肤色也有关系，如黄皮肤的人应避免蓝紫、朱红等色，因为这类颜色与皮肤的对比度强，会使皮肤显得更黄。皮肤黑的人不宜选用黑、深褐、大红等颜色，脸色红的人应避免绿色，而白色几乎适合于任何人。总之没有不美的颜色，只有不美的搭配，服装色彩的搭配是有一定审美要求的。所以，应根据自身的特点选择服装颜色。往往色彩和谐的服装能使人在公众面前反映出自己的心理追求和精神风貌。

3. 服装与体形

人的体形千差万别，所以同一件服装穿在不同体形的人身上，效果是截然不同的。身高而瘦的人，应选面料稍厚一点的服装，这样会显得比较丰满、精神，并要避免颜色暗深的收缩色。身材肥胖者，服装的面料不能太厚或太薄，应选用厚薄适中、挺括的面料服装，并忌穿大花、横条纹、大方格图案的服装，否则体形会更显得横宽。身材肥胖的女士，不应该用皱褶的面料做衣服，不适合穿无袖短衫，最好不穿百褶裙、喇叭裙，而西服裙较适合。

（二）和谐

“和谐”主要是指着装与时间、地点、目的相协调。茶艺人员在泡茶过程中，服装颜色、式样的选择还要与茶具风格、品茗环境、时令季节、茶艺编排设计等协调，给品饮者一种和谐的美感，为茶事活动增添生动的情趣。如表演宫廷茶艺时，茶艺人员就要身着体现宫廷特色的服装；表演民族茶艺时，就应穿着反映民族特色的服装；表演禅茶茶艺时，要充分体现宗教特色；表演中选用具有中国文化特色的紫砂茶具，配以古典风格的中式服装为宜；如果是选用现代风格的形状各异的茶具，可配以色彩协调的中式或西式结合的服装。就季节而言，春季可选择淡色着装，夏季可选择清新明快的色调给人以清凉感，冬季可选择暖色着装给人以舒适感。总之，服装不宜太鲜艳，主要以灰色、米色、棕色、咖啡色、蓝色印花、淡绿色为主，应与品茗的安静环境、平和心态相吻合。

（三）含蓄

含蓄作为中国传统审美趣味，通常被视为服饰美的最高境界。茶艺作为一种蕴含中华民族传统文化的生活艺术，在现代社会中，茶艺人员的服饰应体现出民族的特点与时代元素的巧妙融合，解决好藏与露的“适度性”关系，使“藏”能起到护体和遮羞的效果，使“露”能起到展示人体自然美的作用。从而在朦胧含蓄、婉约别致中体现出茶艺的清雅韵致。

（四）整洁

茶是圣洁之物，而茶艺人员泡的茶将直接奉给客人品饮。因此，作为茶艺人员的服饰，整洁就显得尤为重要。整洁的服饰不仅能突出茶艺人员的精神面貌，还可使人享受一种视觉形式美感，产生一种心理上的安全感。服装袖口不宜过宽，长以七分袖为宜。在进行茶艺演示过程中，袖口过宽或过长会沾到茶具或茶水，给人不卫生的感觉。茶艺演示时以不佩戴饰品为宜，以免影响操作及分散观者感受茶的艺术魅力。

【任务训练】

任务训练一：淡雅的妆容

项目	任务内容
实训目的	通过任务训练，让学生学会化淡妆，提升学生的审美情趣。
实训要求	掌握化淡妆的技巧。
实训器具	化妆镜、化妆品（套）。
实训方法	1. 示范操作。 2. 学生互相化妆。 3. 学生个人自我化妆。

续表

项目	任务内容
实训操作步骤/标准/要领	1. 洁面：先洗净脸。 2. 敷面膜：25 分钟后揭去面膜。 3. 拍营养水和润肤露。 4. 涂粉底：修饰脸形与遮盖色斑。注意眉眼处不要涂。 5. 涂眼影：突出眼睛的立体感。贴近睫毛处重一些，眼角部位重一些，要揉开。 6. 画眼线：上眼线浓，下眼线浅。 7. 画眉毛：将眉笔修成扁平状，沿眉毛生长方向画，眉头重而宽，眉梢轻而窄。然后用眉刷刷眉粉使之均匀。眉毛的粗细应与脸形大小相协调。 8. 涂腮红：圆脸、脸宽者涂在面颊骨，向下抹开；长脸、面窄者涂于面颊骨上部，向四周抹开；椭圆形脸涂少量于面颊骨，向四周抹开。肤白者用浅桃红、浅玫瑰红、浅橘红；肤色较黑者用浅棕色为好。 9. 抹口红：先勾唇线，增加立体感，唇线应深于唇膏色。年轻的女性适宜用艳色的口红，中年女性则以涂浅茶色或淡色的唇膏为宜。
评价	1. 教师点评。点评学生对化妆技术的掌握情况。 2. 学生互评。学生根据化妆程序和标准以及整体形象进行互相点评。

任务训练二：服饰搭配

项目	任务内容
实训目的	通过任务训练，让学生学会在茶事活动中因时间、环境、内容的不同而搭配不同的服饰，提升学生的审美情趣和修养。
实训要求	掌握服饰搭配的技巧。
实训器具	1. 提供各种特色茶服。 2. 学生可以自行准备适合自己的茶服。
实训方法	1. 示范操作。 2. 案例分析。 3. 学生展示。
实训操作步骤/标准/要领	1. 设定多项茶事主题。 2. 学生分小组抽签。 3. 各小组根据抽到的茶事主题内容设计茶艺人员应穿着的服饰。 4. 以小组为单位展示服饰。 5. 服饰搭配与茶事主题相一致。 6. 服饰搭配具有职业特性。 7. 服装的色彩、式样与着装人的肤色、体形、年龄、气质相配。 8. 服饰不宜太鲜艳，应与品茗的安静环境、平和心态相吻合。 9. 服饰搭配应体现出民族特点和时代元素的巧妙结合。 10. 服装整洁，挺括，无破损，无褶皱，不允许穿无袖、吊带服饰。
评价	1. 教师点评。点评学生对茶事主题内容的掌握，学生服饰搭配是否与主题内容相符，学生服饰搭配是否突出职业特色。 2. 学生互评。学生以小组为单位进行互评。

【拓展链接】

茶服，流传千年的风度

茶人服，即茶服，始于汉，是一种有着千年历史，专适于茶事活动的职业服装。一般以苎麻、粗布制作，具有宽简、质朴、舒适、大方的特点。茶人服取茶文化之“静、清、柔、和”的特点，吸收汉服的宽缓、庄静之美与唐装流畅、舒适的特点，并融合现代服饰的简约设计理念，裁体舒简、色系清素、式样典雅。茶服将传统服饰之文化与现代着装舒适的功能相结合，既适于茶人们悠游自在的茶事着装风格，也适于现代人自然、素朴而个性的日常着装，充分体现出中国人文精神中独有的中和之美。

任务二　茶艺人员的仪态礼仪

【基础知识】

行茶的基本礼仪

一、茶艺人员的基本姿态礼仪

仪态，是指一个人的姿态与风度。姿态是指一个人身体显现出来的样子，如站立、就座、行走样子以及运用各种手势、面部表情等。风度是指一个人内在气质的外在表现，如道德品质、学识修养、社会阅历、专业素质与才干、个人的情趣与爱好、专长等。

茶艺人员潇洒的风度，优雅的举止，是通过人的言谈举止、动作表情等方面体现出来的。仪态往往比语言更真实，更富有魅力，更能给人留下深刻的印象。因此，优雅得体的仪态对茶艺人员来说是必不可少的。

基本的举止仪态主要表现在站、坐、行、蹲等方面，我们的祖先对这几种姿态有着不同的比喻，如“站如松”“坐如钟”“行如风”，形象地对茶艺人员的站、坐、行的姿态做出了基本规范与要求。

（一）站姿

1. 标准站姿

（1）头正：头端正，双目平视前方，面带微笑，嘴微闭，身体重心要平衡。

（2）颈直：脖颈挺拔，下颌微收。

（3）肩平：双肩舒展，放松，微微向后向下压。

（4）收腹：呼吸自然，腹部向内收紧。

（5）挺胸：躯干要挺，自然舒展。

（6）收臀：臀部肌肉收缩，向内夹，并向上提。

（7）腿直：两腿并拢，膝关节用力挺直，身体重心提高。

2. 站姿种类及注意事项

种类	注意事项	备注
正步站姿	两脚并拢，两膝并严，双手自然下垂。	适用于正式场合示礼前。
分腿站姿	两脚左右分开，与肩同宽，脚尖朝前且两脚平行，手交叉于前腹，也可交叉于后背。	此站姿适合男士。
“丁”字步站姿	两脚尖略展开，一脚向前将脚跟靠于另一脚内侧中间位置，男士可一手前抬，一手侧放；也可一手侧放，一手后放，显得自然大方。女士可双手交叉于腹前，身体的重心可在两脚上。	在茶艺演示时，要把右手放在左手上，右手在上更方便转接下一个动作。
“V”形站姿	两脚跟并拢，脚尖是45°~60°，身体的重心在两脚上，男女士均适用。	茶艺表演时多采用这个站姿。

3. 站姿禁忌

（1）不可双手交叉抱在胸前，这种姿势容易给人傲慢的印象。

（2）不可歪倚斜靠，给人站不直、十分慵懒的感觉。

（3）男士不可双腿大叉，两腿之间的距离以不超过本人的肩宽为宜。

（4）女士不可双膝分开。有一句话说：女人所有的修养，都在双膝之间。

（5）不可无意识地做小动作，会给人一种拘谨、缺乏自信而又失礼的感觉。

（二）坐姿

在茶事活动中，茶艺人员端庄优美的坐姿，会给人以文雅、稳重、大方、自然、亲切的美感。

1. 标准坐姿的三个程序

（1）入座。从左侧入座，背对座椅，右腿后退一点，用小腿确定座椅的位置，上身正直，目视前方。入座时要轻、稳、缓。如果椅子位置不合适，应先把椅子移至欲就座处，然后入座，一般是坐椅面的三分之二。女士着裙装入座时要事先用手从后向前拢裙摆，切忌坐下后整理衣裙。男士落座前稍稍将裤腿提起。

（2）坐正。入座后，上体正直，自然挺胸收腹，右手放在左手上，两手臂不要夹住，腋下留有空间，显得优雅大方。女士双脚并齐于地面，双腿自然并拢，男士两膝之间以松开一拳为宜。上体与大腿、大腿与小腿呈 90°，双目平视前方，面带微笑。

（3）离座。离座时，右脚向后收半步，起身站立，右脚再收回与左脚靠拢，女士同时要注意将衣裙拢整齐，再离开。

2. 坐姿的种类及注意事项

种类	注意事项	备注
正式坐姿	见标准坐姿	正式场合，要求坐正
侧位坐姿	分左侧位式和右侧位式，也是很好的动作造型。左侧位坐姿要求双膝并拢，两小腿向左斜伸出，注意膝盖与脚间的距离尽量拉远，以使小腿显得修长。右侧姿势同理。	根据茶椅和茶桌的高矮和造型不同，无法采取正式坐姿，可用侧位坐姿。
跪式坐姿	即日本人称的“正坐”。女士坐下时将衣裙放在膝盖底下，显得整洁端庄，手臂腋下留有空间，两臂似抱圆木，五指并拢，手背朝上，重叠放在膝盖头上。男士跪坐要求两腿并拢，双膝跪在坐垫上，足背相搭着地，臀部坐在双足上，挺腰放松双肩，头正，颌略敛，舌尖抵上颚，双手自然交叉相握摆放在腹前，或搭放于大腿上。跪式坐姿要求，上身如站立姿势，头顶有上拔之感，坐姿安稳。要求两眼平视，面带微笑。	根据环境不同，采用跪式坐姿服务。
盘腿坐姿	坐时用双手将衣服撩起（佛教中称提半把）徐徐坐下，衣服后层下端铺平，右脚置在左脚下，用两手将衣服前面下摆稍稍提起，注意不可露膝，坐下后再将左脚置于右腿下，最后将右脚置于左腿上。	这种坐姿一般适合于穿长衫的男士或用于表演宗教茶道。

3. 坐姿禁忌

（1）男士双腿叉开过大。双腿如果叉开过大，不论大腿叉开还是小腿叉开，都非常不雅。

（2）女士双膝分开。对于女士来讲任何坐姿都不能分开双膝。特别是身穿裙装的女士更不要忽略了这一点。

（3）双腿直伸出去。这样既不雅，也让人觉得这个人有满不在乎的态度。

（4）抖腿。坐在别人面前，反反复复地抖动或摇晃自己的腿部，不仅会让人心烦意乱，而且也给人以极不安稳的印象。

（5）双脚纠缠座位下方部位。这样容易让人觉得是由不自信引起的局促不安。

（6）脚尖指向他人。不管具体采用哪一种坐姿，都不要以本人的脚尖指向别人，这一做法是非常失礼的。

（7）双手抱在腿上。双手抱腿，本是一种惬意、放松的休息姿势，在工作中不可以这样。

（三）走姿

潇洒雅致的走姿是人体所呈现出的一种动态造型，优美的走姿体现人的体形和风度，反映人的气质。走姿要求做到稳健、大方、有节奏感。

1. 标准走姿

（1）步态自然。上体正直，稍向前倾，两肩放平，挺胸收腹，两手前后自然摆动。

（2）步位要直。女士迈步时两脚交替走在一条直线上，称“一字步”（双脚跟走一条线，不迈大步），男士行走时双脚跟行两条线，但两条线尽可能靠近，两脚尖稍外展，步履可稍大。

（3）步速适中。步速应自然舒缓，显得成熟自信。一般而言，男士每分钟步速为 108~110 步，女士步速为 118~120 步。

（4）步幅适度。跨步均匀，两脚之间的距离约为一只脚的 1~1.5 倍。

2. 走姿种类及注意事项

种类	注意事项	备注
后退步	奉茶结束后，扭头就走是不礼貌的，应该先退一两步，再转身离去。步子要小，转体时要身先转，头稍后一些转。	离开时。
引导步	当走在茶客前面引领茶客时，尽量走在茶客的左边，保持两步距离，上身稍向右转体，须做手势时尽量用左手，如示意客人上楼、进门等。	引领时。
转身步	在行进中拐弯时，如向左转体，要在右脚落地时，以右脚掌为轴向左转90°；向右转体时相反。转体时都要身体先转，头随后转，表示礼貌。	拐弯时。

续表

种类	注意事项	备注
着旗袍的走姿	着旗袍要求身体挺拔，腹微收，下颌微敛，注意不要塌腰撅臀。行走时，髋部可随脚步和身体重心的转移，稍左右摆动，而步幅、上臂前后摆幅度不宜过大。	旗袍以曲线为主，其特点是柔美、妩媚、典雅。中国的旗袍反映出东方女性柔美的风韵，富有曲线的韵律美。茶艺演示中，旗袍是茶艺人员经常选用的服装。
着大摆长裙的走姿	穿大摆长裙走路要平稳，步幅可稍大些，转动时注意头和身体的协调配合，尽量不使头快速地左右转动。走动时可一手提裙。	着长裙使人显得修长，大摆则使人飘逸潇洒。
着短裙的走姿	短裙长度在膝盖以上，行走要表现出轻盈、敏捷、活泼、洒脱的特点。步幅不宜大，在速度上可稍快些。表情上注意笑口常开，保持活泼灵巧的风格。	短裙比较适合活泼开朗、年纪较轻的茶艺师。
穿平底鞋的走姿	穿平底鞋走时，步幅可稍大些，手臂的摆动幅度稍大一些，要脚跟先着地，注意由脚跟到脚掌的过渡。用力要均匀适度，身体重心的推送过程要平稳。另外，还须注意不可抬腿过高，否则往前行时会给人一种往前甩小腿的感觉。由于穿平底鞋不受拘束，往往容易造成过于随意，以致步幅时大时小，速度时快时慢，从而给人松懈的印象，因此，作为茶艺人员如果穿平底鞋要特别注意行走姿势。	穿平底鞋走路比较自然、随意，走起路来显得轻松。
穿高跟鞋的走姿	穿上高跟鞋，由于脚跟提高，为了保持身体平衡，重心前移至脚掌上。穿上高跟鞋行走时注意将踝关节、膝关节、髋关节挺直，要求直膝立腰，收腹提臀，直颈挺胸，上体正直，从脚到头要有一种挺拔的感觉。穿高跟鞋行走步幅不能太大，膝盖不要太弯，两腿并拢，不强调脚跟到脚掌的推送过程。一般要走“柳叶步”，即两脚跟前后踩在一条线上，脚尖略外开，走出来的脚印像柳叶一样。	

3. 走姿禁忌

（1）身体乱摇乱摆，晃肩、扭臀；方向不定，到处张望。

（2）“外八字”或“内八字”迈步。

（3）步子太快或太慢；重心向后，脚步拖拉。

（4）多人行走时，勾肩搭背，大呼小叫。

（5）忌讳弓腰驼背地行走。

（6）忌讳只摆小臂。

（7）忌讳脚蹭地皮行走。

（四）蹲姿

在茶事服务中，难免会有蹲姿，如对岗位进行收拾、清理时，提供必要的服务时，捡拾地面物品时。

1. 常用的优雅的蹲姿

在茶事服务中，常用的蹲姿有两种：

（1）高低式蹲姿。基本特征是双膝一高一低。下蹲时，一只脚在前，小腿垂直于地面。全脚掌着地，大腿靠紧；另一只脚在后，脚掌着地，脚跟提起。臀部朝下，重心在一条腿上。

（2）交叉式蹲姿。基本特征是蹲下后双腿交叉在一起。它的优点是造型优美典雅。下蹲时右脚在前，右小腿垂直于地面，全脚着地，右腿在上，左腿在下，左右腿交叉重叠；左膝向后面伸向右侧，左脚脚跟抬起，脚掌着地，两腿前后靠紧，合力支撑身体，上身略向前倾，臀部朝下。

2. 优雅蹲姿的注意事项

下蹲时，速度切勿过快；下蹲时，应与他人保持一定的距离。与他人同时下蹲时，更不能忽略双方的距离，以防彼此迎头相撞。在他人身边蹲下，尤其是在客人身旁蹲下时，最好是与之侧身相向，正面面向他人或者背部对着他人下蹲，都是极不礼貌的。在大庭广众面前下蹲时，身着裙装的女性，一定要注意个人隐私部位不可暴露在外；另外，不可蹲在椅子上，也不可蹲着休息。

（五）表情

人的表情是通过眼睛、眉毛、嘴巴、面部肌肉及它们的综合运动来表现的。脸部是人体中最能传情达意的部位，可以表现出喜、怒、哀、乐、忧、思等各种复杂的情绪。俗话说“出门观天色，进屋看脸色”，这主要是针对人的面部表情而言的。在茶艺演示中，眼神和微笑往往是最主要的传递信息的表情，作为一名优秀的茶艺师应掌握并正确使用。

1. 眼神

眼睛是心灵的窗口，能表达复杂、微妙、细腻、深邃的感情。它能如实地反映人的内心思想感情，折射人的思维活动。在茶艺演示过程中，眼神的交流十分重要。一般说来，目光注视位置应以对方双眼为底线、唇部为顶角的倒三角形区域内，这种视角注视使对方感到舒服、有礼貌，有利营造平和的品茶氛围。交流目光应坦诚、真挚、和善、热情，并随着茶艺服务或茶艺演示不同的步骤、不同内容做出相应的反应，向客人传达情感。如表演开始时，要用目光扫视全场，表示"请予注意，表演马上开始了"；在介绍精美茶具时，茶艺师细细观看茶具后，再用欣赏和热情的目光向客人表达请欣赏茶具之意；如在奉茶时，应以真诚的目光向客人表达敬意。在整个茶艺演示过程中，目光不能左顾右盼，挤弄眼或用白眼、斜眼看人都是不礼貌的。

2. 微笑

微笑是除了眼神外另一种重要的表情。笑有很多种，大笑、微笑、冷笑、惨笑、媚笑、奸笑、苦笑、狂笑、傻笑、嬉笑……其中微笑是最有魅力的。在茶艺服务中，微笑既能反映茶艺师内心的喜悦情感，也是自信的表现，是礼貌的表示，是真诚、热情、友好、尊敬、赞美、谅解的象征。茶艺师发自内心的真诚微笑，能迅速缩小与宾客之间的心理距离，也能获得宾客的信任感，从而创造出和谐、融洽、互尊、互爱的良好品茶氛围，在交流与沟通过程中起到润滑剂的作用。

在茶艺服务过程中，微笑是一种特殊的"情结语言"，在一定程度上，它可代替语言上的更多解释，起到无声胜有声的作用，因此茶艺师真诚的微笑往往成为打动人、感染人，令宾客感到满意和愉快的最好催化剂。

二、茶艺人员的基本操作礼仪

茶具的基本礼仪

（一）持茶具的基本手法

1. 提壶手法

（1）侧提壶

侧提壶可根据壶型大小决定不同提法。

①大型壶：需要用右手食指、中指勾住壶把，大拇指与食指相搭。同时，左手食指、中指按住壶钮或盖，双手同时用力提壶。

②中型壶：需要用右手食指、中指勾住壶把，大拇指按住壶盖一侧提壶。

③小型壶：需要用右手拇指与中指勾住壶把，无名指与小拇指并列抵住中指，食指前伸呈弓形压住壶盖的盖钮或其基部，提壶。

（2）提梁壶

如果提梁较高，可以五指一同握住提梁右侧。若提梁壶为大型壶，则需要用右手握提梁把，左手食指、中指按在壶的盖钮上，使用双手提壶。

（3）无把壶

右手虎口分开，平稳地握住茶壶口两侧外壁，也可以用食指抵在盖钮上，提壶。

2. 握杯的手法

大茶杯（无柄杯）：右手握住茶杯基部，女士用左手指尖托杯底。

大茶杯（有柄杯）：右手食指、中指勾住杯柄，女士用左手指尖轻托杯底。

闻香杯：右手手指把闻香杯握在拳心，或者把闻香杯捧在两手间。

品茗杯：右手大拇指、食指握杯两侧，中指抵住杯底，无名指及小指自然弯曲。

盖碗：右手虎口分开，大拇指与中指扣在杯身中间两侧，食指屈伸按在盖钮下凹处，无名指及小指自然搭在碗壁上。

公道杯（有柄公道杯）：右手食指、中指勾住杯把；右手拇指与食指相搭，按住杯把。

3. 翻杯的手法

翻杯也讲究方法，主要分为翻有柄杯和无柄杯两种。

（1）有柄杯

有柄杯的翻杯手法：右手的虎口向下，反过手来，食指深入杯柄环中，再用大拇指与食指、中指捏住杯柄。左手的手背朝上，用大拇指、食指与中指轻扶茶杯右侧下部，双手同时向内转动手腕，茶杯翻好之后，将它轻轻地放在杯托或茶盘上。

（2）无柄杯

无柄杯的翻杯手法：右手的虎口向下，反手握住面前茶杯的左侧下部，左手置于右手手腕下方，用大拇指和虎口部位轻托在茶杯的右侧下部。双手同时翻杯，再将其轻轻放下。

需要注意的是，有时所用的茶杯很小，例如冲泡乌龙茶中的饮茶杯，可以用单手动作左右手同时翻杯。方法是：手心向下，用拇指与食指、中指三指扣住茶杯外壁，向内动手腕，轻轻将翻好的茶杯置于茶盘上。

（二）温杯洁具的基本手法

1. 温壶法

温杯洁具

开盖。右手大拇指、食指与中指按壶盖的壶钮，揭开壶盖，提腕依半圆形轨迹将其放到茶盘中。

注汤。右手提开水壶，按逆时针方向加回转手腕一圈低斟，使水流沿壶口冲入；然后，再提腕令开水壶中的水高冲入茶壶（此手法通常称为“悬壶高冲”），待注水量约为茶壶总容量的 1/2 时复压腕低斟，回转手腕一圈并用力令壶流上翻，令开水壶及时断水，轻轻放回原处。

加盖。右手完成，将开盖顺序颠倒即可。

温壶。双手取茶巾横覆在左手手指部位，右手三指握茶壶把放在左手茶巾上单手或双手按内旋方式转动手腕，令茶壶壶身各部分充分接触开水，将冷气涤荡无存。

倒水。根据茶壶的样式，以正确手法提壶将水倒入水盂。

2. 温杯的基本手法

（1）大茶杯

①右手提开水壶，逆时针转动手腕，令水流沿茶杯内壁冲入，注水量约占茶杯总容量的 1/3 后右手提腕断水；逐个茶杯注水完毕后，开水壶复位。

②右手握茶杯基部，左手托杯底，右手手腕逆时针转动，双手协调令茶杯各部分与开水充分接触。

③涤荡后将开水倒入水盂，放下茶杯。

（2）小茶杯方法一

①翻杯时即将茶杯相连排成“一”字或圆圈，右手提壶，用往返斟水法或循环斟水法向各杯内注入开水至满，水壶复位。

②右手大拇指、食指和中指端起一只茶杯侧放到邻近一只杯中，用食指拨动杯身如“滚绣球”状，令其旋转，使茶杯内外均被开水烫到。

③复位后取另一茶杯再温，直到最后一只茶杯，杯中温水轻荡后倒去。通常在排水型双层茶盘（俗称茶海）上进行洗杯，将弃水直接倒入茶盘即可。

（3）小茶杯方法二

①将小茶杯放入水盂中，冲水入内；左手半握拳搭在桌沿，右手从茶道组中取茶夹。

②右手用茶夹夹住杯沿一侧，侧转茶杯在水中滚荡一圈。

③右手用茶夹反夹起小茶杯，倒去杯中水。

④右手旋转手腕顺提小茶杯置于茶盘上。

（4）玻璃杯

①单手或双手提开水壶沿逆时针回旋冲水入杯。

②右手握杯，左手平托端杯；双手手腕逆时针回旋，先向内方向旋转，再向右方向旋转，使玻璃杯各部位均匀受热。

③双手向右即反向搓动玻璃杯，使热水沿玻璃杯四周滚动后再将杯中之水倒入水盂；双手将玻璃杯端起并轻轻放回茶盘上。

3. 温盖碗的手法

盖碗是一种上有盖、下有托、中有碗的茶具。造型独特，制作精巧，又称“三才碗”“三才杯”。盖为天，托为地，碗为人，暗含天地人和之意。

（1）温盖碗法一

①右手掀盖，将盖搁在右侧茶托上。

②单手或双手提壶按逆时针沿碗壁回旋冲水入碗。

③单手回盖，并手腕回旋转动，使热水在碗中沿壁均匀荡动。

④掀开碗盖一条缝隙，将茶碗内热水倒入水盂，双手端起茶碗，放回茶托上。

（2）温盖碗法二

①斟水。将盖碗的碗盖反置于茶碗上，近身侧略低且与碗内壁留有一条小缝隙。提开水壶逆时针向盖内注开水，待开水顺小隙流入碗内约占 1/3 容量后，右手提腕令开水壶断水，开水壶复位。

②翻盖。右手取茶针插入缝隙内；左手手背向外护在盖碗外侧，掌心轻靠碗沿；右手用茶针由内向外拨动碗盖，左手大拇指、食指与中指随即将翻起的碗盖盖在茶碗上。

③烫碗。右手虎口分开，大拇指与中指搭在内外两侧碗身中间部位，食指屈伸抵住盖钮下凹处；左手托住碗底，右手端起盖碗，右手手腕回旋转动，双手协调令盖碗内各部分充分接触热水后，将盖碗放回茶盘。

④倒水。右手拿盖钮将碗盖靠右侧斜盖，即在盖碗左侧留一小缝；依前法端起盖碗平移于水盂上方，向左侧翻腕，水即从盖碗左侧小缝隙中流进水盂。

（三）冲泡手法

冲泡茶的时候，需要有标准的姿态，总体来说应该做到：面带微笑，头正身直，目光平视，双肩平齐，抬臂沉肘。常见的四种冲泡手法如下：

1. 单手回转冲泡法

右手提开水壶，手腕按逆时针回转，让水流沿着茶壶或茶杯口内壁冲入茶壶或茶杯中。

2. 双手回转冲泡法

如果开水壶比较重，那么可以用这种方法冲泡。双手取过茶巾，将其放在左手手指部位，右手提起水壶，左手托着茶巾放在壶底。右手按逆时针方向回转，让水流沿着茶壶口或茶杯口内壁冲入茶壶或茶杯中。

3. 回转高冲低斟法

此方法一般用来冲泡乌龙茶。先用单手回转法，用右手将开水壶提起，向茶壶中注入水，使水流先从茶壶茶肩开始，按逆时针绕圈至壶口、壶心，再提高水壶，使水流在茶壶中心持续注入，直到里面的水大概到七分满的时候压腕低斟，动作与单手回转手法相同。

4. 凤凰三点头冲泡法

“凤凰三点头”是茶艺茶道中的一种传统礼仪，这种冲泡手法表达了对客人的敬意，同时也表达了对茶的敬意。

冲泡手法为：右手提水壶，进行高冲低斟反复三次，让茶叶在水中翻动，寓意为向来宾鞠躬三次以表示欢迎。反复三次之后，恰好注入所需水量，接着提腕断流收水。

凤凰三点头最重要的技巧在于手腕，不仅需要柔软，且要有控制力，使水声呈现“三响三轻”，同响同轻；水线呈现“三粗三细”，同粗同细；水流“三高三低”，同高同低；壶流“三起三落”，同起同落，最终使每碗茶汤完全一致。

凤凰三点头的手法需要柔和，不要剧烈。另外，水流三次冲击茶汤，能更多地激发茶性。我们不能以纯粹表演或做作的心态进行冲泡，一定要心神合一，这样才能冲泡出好茶来。

除了以上四种冲泡手法之外，在进行回转注水、斟茶、温杯、烫壶等动作时还可能用到双手回旋手法。需要注意的是，右手必须按逆时针方向动作，同时左手必须按顺时针方向动作，类似于招呼手势，寓意为“来、来、来”，表示对客人的欢迎。反之则变成“去、去、去”的意思，所以千万不可做反。

使用正确方法泡茶，不仅可以使宾客觉得茶艺人员或泡茶者有礼貌、有修养，还会增添茶的色香味等，真是一举多得。

【任务训练】

任务训练：茶艺人员的姿态礼仪

项目	任务内容
实训目的	通过任务训练，让学生掌握标准的茶艺服务姿态。
实训要求	动作准确、规范，姿态大方、得体。
实训器具	1. 茶桌。 2. 茶椅。 3. 茶具。
实训方法	1. 示范操作。 2. 学生训练。
实训操作步骤/标准/要领	1. 茶艺服务中的站姿、坐姿、走姿、蹲姿、表情。 2. 茶艺服务中礼仪动作，提壶、握杯、翻杯。 3. 温杯洁具的基本方法。 4. 凤凰三点头的技法。
评价	1. 教师点评。点评学生掌握茶事服务礼仪基本仪态的标准与否，学生掌握基本操作动作规范性。 2. 学生互评。学生以小组为单位进行互评。

【拓展链接】

茶桌上的礼仪——“酒满敬人，茶满欺人”

斟茶时只斟七分即可，暗寓“七分茶三分情”之意。俗话说“茶满欺客”，并且茶满不便于握杯啜饮。因为酒是冷的，茶是烫的，如果倒满杯，容易烫到客人的手，或者洒到桌子甚至衣物上，造成不必要的尴尬。因此，喝茶讲究的是“茶倒七分满，留下三分是人情”。

任务三　待客茶礼

【基础知识】

一、茶事服务中的行茶礼

人们在长期的茶事活动中，逐渐形成了对人、对茶品、对茶器等表示尊重、敬意、友善的行为规范与惯用形式，这就是茶艺服务中的基本礼仪礼节。通过恭敬的言语和动作可将内心的精神、思想等体现出来。茶艺人员要熟练掌握常用礼节，并经过不断训练和用心揣摩达到神形俱备。

茶艺礼仪贯穿于整个茶事活动中。如"唐代宫廷茶礼"就有唐代宫廷的礼仪，"禅茶"中僧侣向客人敬茶（奉茶）的礼仪。具体到每一场茶艺表演，入场时有鞠躬礼，注水时的"回旋礼""凤凰三点头礼"，奉茶时行"注目礼""伸掌礼"，退场时"答谢礼"等。在行礼时，行礼者应该怀着真诚的敬意。行礼应保持适度、谦和，将从内心深处发出的敬意体现到茶礼中。

（一）置茶礼

1. 茶荷、茶匙置茶法

①左手斜握已开盖的茶叶罐，开口向右移至茶荷上方。

②右手以大拇指、食指及中指三指捏茶匙，伸进茶叶罐中将茶叶轻轻拨进茶荷内。

③目测估计茶叶量，认为足够后，右手将茶匙轻轻放回茶道组中。

④将茶叶罐的盖压紧盖好，放下茶叶罐。

⑤右手拿取茶匙，从左手托起的茶荷中将茶叶分别拨进冲泡器具中。

⑥此法常用于名优绿茶、红茶、花茶的冲泡。

2. 茶则置茶法

①左手竖握（或端）住已开盖的茶叶罐。

②右手放下罐盖后，弧形提臂转腕向茶道组，用大拇指、食指与中指三指捏住茶则柄取出。

③将茶则插入茶叶罐，手腕向内旋转舀取茶叶；左手应配合向外旋转手腕

令茶叶疏松易取。

④茶则舀出的茶叶直接投入冲泡器具。

⑤取茶完毕后右手将茶则复位。

⑥将茶叶罐盖好复位。

⑦此法可用于多种茶冲泡。

（二）斟茶礼

在中国民间，有一种说法叫作“茶满欺人，酒满敬人”，或者“酒满茶半”。主要是指倒茶时应注意茶不要太满，以七八分满为宜。即“茶斟七分满，留下三分是情谊”。

客人喝过几口茶后，应为其续上，绝不可以让茶杯见底，寓意“茶水不尽，慢慢饮来，慢慢叙”。

斟茶时，壶底、杯底不能朝向客人，否则是失礼的。壶嘴也不允许对着客人，否则表示撵客人走。

（三）奉茶礼

奉好一杯茶，对一个从业人员来说，既要做到冲泡动作精确到位，又要行为举止大方自然、优雅美观，做到神形合一的技熟艺美。

客人多且坐得分散时，最好使用托盘将泡好的茶端给客人，注意不要用手指直接接触杯沿。奉茶时要注意先长后幼、先客后主、先女后男的礼宾次序。端至客人面前时，应略躬身，同时说“请用茶”，也可伸手示意说“请”，切不可单手奉茶。

奉茶时，要注意将茶杯正面对着接茶的一方，茶杯有柄的，在奉茶时要将杯柄转至客人的右手边。敬茶点时要考虑取食方便，有时请客人选茶点。

如对方为尊者、长者，奉茶时，双手端起茶托，收至自己胸前从胸前将茶杯端至客人面前，轻轻放下，伸出右掌，手指自然合并，行伸掌礼示意“请喝茶”。

（四）接茶礼

“以茶待客”，需要的不仅是主人的敬意，同时也需要主客彼此间互相尊重。因此，接茶不仅可以看出一个人的品性，同时也能反映出宾客的道德素养。

如果面对的是同辈或同事倒茶时，我们可以双手接过，也可单手，但一定要说声“谢谢”。

如果面对长者为自己倒水，必须站起身，用双手去接杯子，同时致谢，这样才能显示出对长者的尊敬。

如果我们不喝茶，要提前给对方一个信息，这样也能使对方减少不必要的麻烦。

在现实生活中我们经常会看到一类人，他们觉得自己的身份地位都比倒茶者高，就很不屑地等对方将茶奉上，有的人甚至连接都不接，更不会说“谢谢”二字，他们认为对方倒茶是理所应当的。其实，这样倒显出他自己没有礼貌，有失身份了。所以，当你没来得及接茶时，至少要表达出感谢之情，这样才不会伤害倒茶者的感情。

（五）品茶礼

品茶时宜用右手端杯子喝，如果不是特殊情况，切忌用两手端茶杯，否则会给倒茶者带来“茶不够热”的信号。

品茶讲究三品，即用盖碗或瓷碗品茶时三口品完，切忌一口饮下。品茶的过程中，切忌大口吞咽，发出声响。

如果茶水中漂浮着茶叶，可以用杯盖拂去，或轻轻吹开，千万不可用手从杯中捞出。更不要吃茶叶，这样是极不礼貌的。

如果喝的是奶茶，则需要使用小勺。搅动之后，把小勺放到杯子的相反一侧。

（六）赏茶礼

主要针对茶汤、泡茶手法及环境而言，是品茶者表达对主人热情款待的感谢之情。

①赏茶香清爽、幽雅。

②赏茶汤滋味浓厚持久，口中饱满。

③赏茶汤柔滑，自然流入喉中，不苦不涩。

④赏茶汤色泽清纯，无杂味。

⑤赏泡茶者的冲泡手法优美到位，并发自内心的感激。

二、茶事服务中常用礼节

（一）握手礼

握手礼是一切场合中最常使用、适用范围最广的礼节。握手礼表示敬意、亲近、友好、寒暄、道别、致谢等多种含义，是世界各国较普遍的社交礼节。在茶室迎接客人到来或客人离别时道别常用到握手礼。

①握手应遵循上级在先、长辈在先、女士在先的基本原则。

②握手时，要用右手，而不得使用左手。

③不宜同时与两人握手，更不能交叉握手。

④握手时不能戴手套，女士则允许戴薄纱手套。不能戴墨镜。

⑤握手力度不宜过大，时间以 3~5 秒为宜。

⑥男士与女士握手，一般只轻握对方的手指部分。

⑦握手后切忌用手帕擦手。

（二）鞠躬礼

鞠躬礼即弯腰行礼，是中国的传统礼节，也是茶事活动中最常用的一种礼节。茶艺表演者在开始和结束表演时，均要行鞠躬礼。鞠躬礼从行礼姿势上分站式、坐式和跪式三种，且根据鞠躬的弯腰程度可分为真、行、草三种。“真礼”多用于主客之间，“行礼”多用于客人之间，“草礼”多用于说话前后。

1. 站式鞠躬礼

左脚向前，右脚跟上，右手握左手，四指合拢置于腹前，或双臂自然下垂，手指自然并拢，双手呈“八”字形轻扶于双腿上，缓缓弯腰，动作轻松，自然柔和，直起时速度和俯身速度一致，目视脚尖，缓缓直起，面带笑容。

站式鞠躬礼——真礼。行礼时，将两手沿大腿前移至膝盖，腰部顺势前倾，低头弯腰 90° 。

站式鞠躬礼——行礼。低头弯腰 45° 。

站式鞠躬礼——草礼。略欠身即可，低头弯腰小于 45° 。

2. 坐式鞠躬礼

在坐姿的基础上，头身向前倾，双臂自然弯曲，手指自然合拢，双手掌心向下，自然平放于双膝上或双手呈“八”字形轻放于双腿中后部位置；直起时目视双膝，缓缓直起，面带笑容。

坐式鞠躬礼——真礼。行礼时，双手平扶膝盖，腰部顺势前倾约 45° 。

坐式鞠躬礼——行礼。头向前倾 30° ，双手呈“八”字形放于大腿中部位置。

坐式鞠躬礼——草礼。头向前略倾即可，双手呈“八”字形放于大腿后部位置。

3. 跪式鞠躬礼

在跪姿的基础上，头身向前倾，双臂自然下垂，手指自然合拢，双手掌心向下，双手呈“八”字形，或掌心向下，或掌心向内，或平扶，或垂直放于地面双膝的位置；直起时目视手尖，缓缓直起，面带微笑。俯起时速度、动作要求同坐式鞠躬礼。

跪式鞠躬礼——真礼。行礼时，掌心向下，双手触地于双膝前位置，头向前倾约 45° 。

跪式鞠躬礼——行礼。头向前倾 30° ，掌心向下，双手触地于双膝前位置。

跪式鞠躬礼——草礼。头向前略倾即可，掌心向内，双手指尖触地于双膝前位置。

（三）伸掌礼

伸掌礼是茶艺表演中经常使用的示意礼，多用于主人向客人敬奉各种物品时的礼节。主人用于表示“请”，客人用于表示“谢谢”，主客双方均可采用。

①将手臂向外斜伸在所敬奉的物品旁边，四指自然并拢，虎口稍分开，手掌略向内凹，手心中要有含着一个小气团的感觉。

②手腕要含蓄用力，不至于动作轻浮。

③行伸掌礼同时应欠身、点头、微笑，讲究一气呵成。

④如果两人面对面，均伸右掌行礼对答；两人并坐时，右侧一方伸右掌行礼，左侧一方伸左掌行礼。

（四）叩指礼

叩指礼是以手指轻轻叩击茶桌来行礼，且手指叩击桌面的次数与参与品茶者的情况直接相关。叩手礼是从古时的叩头礼演化而来的，古时的叩手礼是非常讲究的，必须屈腕握空拳叩指关节。随着时间的推移，逐渐演化为将手弯曲，用几个指头轻叩桌面，以示谢意。

长辈或上级为晚辈或下级斟茶时，下级和晚辈需用双手指作跪拜状叩击桌面两三下。

晚辈或下级为长辈或上级斟茶时，长辈和上级只需用单指叩击桌面两三下即可。

平辈之间互相敬茶或斟茶时，单指叩击桌面表示“谢你”；双指叩击桌面表示“我和我先生（太太）谢谢你”；三指叩击桌面表示“我们全家人感谢你”。当然，也要遵从各地习俗。

（五）注目礼和点头礼

注目礼是用眼睛庄重而专注地看着对方，点头礼即点头示意。这两个礼节一般在向客人敬茶或奉上某物品时用到。另外，表演时与观众的目光交流和点头示意也是一种礼节。

【任务训练】

1. 行茶礼仪训练。
2. 茶事服务常用礼节训练。

【拓展链接】

叩指礼的由来

中国有着悠久的种茶历史，又有着严格的敬茶礼节，还有着奇特的饮茶风俗。

中国饮茶，从神农时代开始，少说也有四千七百多年了。茶礼有缘，古已有之。“客来敬茶”，这是中国汉族最早重情好客的传统美德与礼节。直到现在，宾客至家，主人总要沏上一杯香茗。喜庆活动，也喜用茶点待客。开个茶话会，既简便经济，又典雅庄重。所谓“君子之交淡如水”，也是指清香宜人的茶水。

茶礼中有一种“屈指代跪”，就是在别人给你倒茶时，把右手食指、中指并拢，自然弯曲，以两手指豆轻轻敲击桌面，人们形象地称其为“屈指代跪”。

这种茶俗相传起源于清代乾隆年间。众所周知，乾隆皇帝曾经七下江南，是个“爱玩”的皇帝。有一次在江南茶馆喝茶，他一时兴起，抓起茶壶给臣子们倒水，可把大家惊坏了，按彼时规矩，无论皇帝给的什么东西都属于赏赐，接受者要跪下谢恩，但在公共场合，又不想暴露身份，怎么办？情急之下，一个人想出了主意，就是如前所说那么做的，屈指代跪，大家也都跟着学。不想之后竟成了一种茶俗。实际上，屈指代跪的风俗，究竟是不是起源于乾隆朝，也说不太准。但人家给你倒茶的时候，总要有点动作，以示感激，这确应该。就我所走过的一些茶区而言，一般有两种方式：或者以手扶杯，至少要伸一下手，有一个扶杯子的趋势；或者用手指轻击一下桌面。但都无须刻意，有那么个意思就行了，礼的本质，还在于心。

资料来源：据360百科整理。

【项目小结】

- 茶艺服务人员应具备的仪容、仪表、仪态等基本礼仪。
- 鞠躬礼、伸掌礼、叩指礼等在茶艺中经常用到，用以得体表达宾主品茶时的礼仪。
- 茶艺基本礼仪包括行茶礼仪动作等。

【项目练习】

1. 编排一个以茶待客情景，注意茶艺基本礼仪知识的运用。
2. 背诵一首茶诗。

项目六

轻旋春水淡香生——泡茶技艺

【理论目标】

- 熟练掌握绿茶玻璃杯冲泡技艺流程。
- 熟练掌握红茶的清饮冲泡技艺和调饮冲泡法的流程。
- 熟练掌握青茶冲泡技艺的流程。
- 熟练掌握普洱茶壶冲泡技艺的流程。
- 熟练掌握白茶冲泡技艺的流程。
- 熟练掌握黄茶冲泡技艺的流程。
- 熟练掌握花茶冲泡技艺的流程。
- 熟练掌握点茶技艺。

【实践目标】

了解各类茶的冲泡技巧，掌握各类茶的泡茶要素，根据不同的茶性进行冲泡，提升茶艺技能。

任务一　茶的基本冲泡技艺

【基础知识】

一、茶的基本冲泡流程

泡茶分为三个阶段：第一阶段是准备；第二阶段是操作；第三阶段是结束。茶的冲泡方法有简有繁，要根据具体情况，结合茶性而定。各地由于饮茶嗜好、地方风俗习惯的不同，冲泡方法和程序也会有一些差异。但不论泡茶技艺如何变化，要冲泡任何一种茶，除了备茶、备水、烧水、配具之外，都应共同遵守以下泡茶程序。

泡茶的基本礼仪

茶的基本冲泡技艺

项目	任务内容
温具	用热水冲淋茶壶，包括壶嘴、壶盖，同时烫淋茶杯。随后将茶壶、茶杯沥干。其目的是提高茶具温度使茶叶冲泡后温度相对稳定，不使温度过快下降，这对较粗老茶叶的冲泡，尤为重要。
置茶	按茶壶或茶杯的大小用茶，置一定数量的条叶于壶（杯）中。如果用盖碗泡茶，那么，泡好后可直接饮用，也可将茶汤倒入杯中饮用。
冲泡	置茶入壶（杯）后，按照茶与水的比例，将开水冲入壶中。冲水时，除乌龙茶冲水到壶口外，通常以冲水八分满为宜。如果使用玻璃杯或白瓷杯冲泡细嫩名茶，冲水以七分满为宜。冲水时，在民间常用“凤凰三点头”之法，即将水壶下倾、上提三次，其寓意一是表示主人向宾客点头、欢迎致意；二是可使茶叶和茶水上下翻动，使茶汤浓度一致。
奉茶	奉茶时，主人要面带笑容，最好用茶盘托送给客人。如果直接用茶杯奉茶，放置客人处后，手指并拢伸出，以示敬意。这时，客人可右手除拇指外其余四指并拢弯曲，轻轻敲击桌面，或微微点头，以表谢意。
赏味	如果饮的是高级名茶，那么，茶叶一经冲泡后，不可急于饮茶，应先观色察形，接着端杯闻香，再啜汤赏味。赏味时，应让茶汤从舌尖沿舌两侧流到舌根，再回到舌尖，如此反复二三次，以留下茶汤清香甘甜的回味。
续水	一般当客人已饮去2/3（杯）的茶汤时，就应续水入壶（杯）。如果茶水全部饮尽时再续水，那么，续水后的茶汤就会淡而无味。续水通常二三次就足够了。如果还想继续饮茶，那么应该重新冲泡。

二、生活中的泡茶技艺

千百年来，茶一直是中国人生活中的必需品。无论有没有客人来，爱茶之人都习惯冲泡一壶好茶，慢慢品饮。

生活中泡茶的技艺很简单，每个人都可以在闲暇时间坐下来，为自己或家人冲泡一壶茶，解渴怡情的同时，也能增加生活趣味。一般来说，生活中的泡茶技艺流程如下：

生活中的泡茶技艺

步骤	操作内容
洁具 温具	清洁茶具的同时温壶。 用沸水烫洗各种茶具，以保证茶具被彻底清洗。因为茶具的温度直接影响着茶汤的成色和质量好坏。
置茶	置茶时，需要注意茶叶的用量和冲泡器具。茶叶量需要统计人数，并且按照客人的口味喜好决定茶叶的用量。 一般来说，生活泡茶往往会选用茶壶和茶杯两种茶具。选茶壶时，先从茶叶罐中取出适量的茶叶置于茶荷中；用茶杯时，可以按照一茶杯3~5g的标准进行茶叶的放置。
注水	注水之前要注意水温，不同类的茶需要水的温度不同。
倒茶	先将壶口表面茶汤的沫刮去，再将茶汤倒入公道杯中，使茶汤均匀。
分茶	将公道杯中的茶汤倒入茶杯中，以七分满为最佳。
敬茶	分别将茶杯奉给客人品尝，也可由每个人自由端起茶杯品茶。
清理	包括两个部分——清理茶渣和清理茶具。

三、待客中的泡茶技艺

“客来敬茶”一直是我国从古至今留存下来的待客习惯。无论是在家庭待客，还是在办公室待客，我们都要掌握待客泡茶的技艺与礼仪。待客中的泡茶技艺与生活中的泡茶技艺没有太多变化，只需要注意手法和注重礼仪，需注意以下几点：

待客中的泡茶技艺

项目	注意事项
选取茶具	待客茶具虽不需要多精致昂贵，但要尽可能干净整齐，最好是成套的茶具。 如来访客人人数不多，停留时间不是很长，可以选用茶杯，保证一人一杯即可。 如超过5人，则选择泡茶器。泡茶器一般可以选壶、杯和盖碗。
选取茶叶	如家中茶叶种类丰富，泡茶前可以询问客人的口味及喜好，为不同的客人选择不同的茶叶。 茶叶量投放多少也要根据客人的喜好及人数来决定，客人喜欢喝浓茶，就多放一些茶叶；客人喜欢喝淡茶，就减少茶叶量。 如果客人的人数较多，要在茶壶或泡茶器里放入与容器容量相当的茶叶，并注意不要因为客人较多就盲目增加茶叶投入的数量。
泡茶奉茶	在家待客泡茶，不要求手法多完美，但一定要注意泡茶中注意的问题： 如放茶壶的时候不能将壶嘴对着他人，否则是失礼的，寓意请客人赶快离开； 茶杯要放在茶垫上面，一是尊重传统中的泡茶礼仪，二是保持桌面的洁净； 进行回旋注水、斟茶、温杯、烫壶等动作时要用到单手回旋时，右手必须按逆时针方向、左手必须按顺时针方向动作，寓意“来、来、来”表示欢迎，反之则变成暗示“去、去、去”了； 斟茶时只可斟“七分满”，寓意“七分茶三分情 ”之意； 奉茶时，要用托盘将茶端上来，不要用手直接碰触，这样既表示对客人的尊敬之意，也表示待客的隆重。

【拓展链接】

为何泡茶时第一泡是倒掉的?

1. 为了清洁

泡茶时把第一泡倒掉，目的是洗去茶表面的脏东西。这一习惯与工夫茶道有关。工夫茶茶道的泡法在广东、福建、台湾等南方地区比较多。喝工夫茶一般选乌龙茶。这些茶是需要炒制的。以前不具备现代化生产条件，炒茶都是人工在一个铜鼎里用手炒。为了卫生起见，人们在泡茶时习惯性地洗洗茶，把第一泡茶倒掉不喝，久而久之，这一习惯成了工夫茶道的一道工序。在泡茶待客时，主人先冲掉一遍，用茶碗盖刮去漂在上面的泡沫，一是清洁茶表面的浮灰，二是表示对客人的尊重。

2. 为了醒茶

醒茶分干醒和湿醒。干醒是在冲泡前，湿醒则是第一道冲泡时，用适宜的水温使叶片舒展，洗去茶叶表面的浮灰，使茶能够达到最佳的冲泡状态，相当于给茶做个热身运动。

以铁观音为例，制作铁观音有一道工序叫“揉捻”，即在杀青后，制茶师傅用手将原叶包揉成颗粒状，此道工序是成就铁观音外形特征（即我们常说的“蜻蜓头，螺旋体，蝌蚪尾”）的关键。泡铁观音时，首泡茶的作用就是醒茶。第一道冲泡，铁观音的叶片在热水的滋润下舒展开来，达到热身后的状态；接着再次冲泡，茶叶开始充分接触热水，茶的内含物质才慢慢地渗透出来。流行的说法是，第三泡的铁观音最好喝，无论是香气还是滋味口感，都是最佳的。

3. 烘托气氛

招待客人时，客人主人面对面坐着，第一泡洗茶的茶汤虽然清淡，但也有茶香，用它洗完茶杯后淋在茶盘上，茶香飘出来，还没开始喝，客人就闻到茶香了，让人急不可待想品一品，品茶的气氛马上就来了。

值得注意的是，不是泡所有茶，第一泡都要倒掉的。像原料等级高的茶，就不需要洗。比如大多数绿茶（龙井、碧螺春、黄山毛峰），原料比较嫩的红茶（如金骏眉），它们是由全茶芽或一芽一叶制成的，原料等级高，第一泡就可以喝了。

像原料等级低，多为粗老叶制成的茶，如老白茶，还有加工工序比较复杂，需要渥堆发酵，长期存放的黑茶类，还是洗洗再喝为好。

资料来源：“茶情报”公众号（chaqingbao007），2022-01-01.

四、办公室中的泡茶技艺

生活在职场中的人们，常常会感觉到身心疲惫，尤其是午后，更是昏昏欲睡，缺少精神，这时，如果泡上一杯鲜爽的青茶或一杯浓浓的奶茶，不仅会提神健脑，还会解除疲劳；同时还会使办公室的气氛更加惬意，工作更有活力。

办公室泡茶技艺

步骤	操作内容
选择茶叶茶具	办公室空间有限，所以我们可以选择简单的原料及茶具，例如袋泡茶和简单的茶杯。好处是：我们可以根据自己的爱好和口味选择茶包中的茶品。原材料虽然简单，但可以在最短的时间里为自己泡上一杯好茶。 以奶茶为例：首先要选的原料是袋泡茶、牛奶、糖和玻璃杯，一般来说我们常选红茶来做奶茶的基茶。因为红茶的茶性温和，可以起到暖胃养身的效果。很多上班族都喜欢随身携带红茶包。

续表

步骤	操作内容
泡茶	办公室泡茶过程要简单得多。袋泡茶冲泡的时候，先向杯中冲入沸水1/3即可，然后，将红茶包浸入杯中，过一两分钟后，提起茶叶包上下搅动，这样可以使茶叶包充分接触到沸水，有效地浸泡出茶的内含物。
加入牛奶、糖	茶内含物充分浸出后，加入牛奶，加入量取决于每个人的口味。一般来说，加入浓茶的不超过30毫升，加入中度茶的不超过20毫升，加入淡茶的不超过15毫升。 加糖的时候根据个人喜好，并不一定要加糖才能得到香醇的奶茶，有些人不适宜食用太多的糖，需要我们酌情添加。

办公室泡茶就是这么简单，只需要以上三个步骤即可。工作之余，我们完全可以为自己泡上一杯香浓的茶，忙碌时也不忘了享受生活。

【任务训练】

1. 实训茶的基本冲泡技艺。
2. 实训待客泡茶技艺。

【拓展链接】

泡茶会遇到的误区

茶有保健功能，茶叶冲泡，方法要科学，才能冲泡出茶叶的原滋原味，同时达到保健的功效。错误的泡茶方法有时不仅会破坏茶本身的味道，还会破坏茶的功效。

误区一：用手抓取茶叶。

这虽然是个小细节，但也是泡茶过程中最常见的错误。直接用手抓取茶叶不仅会使茶叶沾上手中的细菌，影响健康，并且若是将多取的茶叶放回，改变茶叶存储环境，将不利于茶叶保存。因此，取茶时最好备上茶则，避免用手直接接触茶叶。

误区二：所有茶叶皆用沸水冲泡。

茶叶的种类繁多，茶性也不相同，泡茶的水温自然因茶而异，而且同一种类不同级别的茶泡茶的水温标准也不一致。一般来说，越粗老的茶叶，水温应越高。例如，乌龙茶、普洱茶的茶叶较为粗老，须用 100℃的沸水冲泡，而绿茶的芽叶较嫩，80℃左右沸水冲泡最佳。

误区三：茶叶长时间浸泡。

一般而言，茶叶浸泡 3 至 4 分钟，茶中的八成有益物质已析出。另外，若长时间浸泡茶叶，茶水会增加苦涩味。

误区四：直接将茶放入保温杯冲泡。

冬天天气寒冷，为使茶水较长时间保持高温，很多人会用保温杯泡茶。然而，这不仅会损失茶叶的营养成分、茶香减少，且增加苦涩味。

误区五：习惯于泡浓茶。

泡一杯浓度适中的茶水，一般需要10克左右的茶叶。有的人喜欢泡浓茶，茶水太浓，浸出过多的咖啡碱和鞣酸，对胃肠刺激性太大。泡一杯茶以后可续水再泡3~4杯。

泡茶的基本原则很简单，无非就是“茶水比、水温、时间”这三要素。

任务二　冲泡绿茶的基本技艺

【基础知识】

一、绿茶茶具的配置

名优绿茶，一般都兼备“色、香、味、形”四大优点，其中干茶外形在茶叶审评时占25%的分数。而茶汤和叶底各占10%的分数。而为了便于充分欣赏名茶的茶形、汤色和叶底，并且防止水温过高闷坏了茶，通常宜选用敞口厚底无花玻璃杯。一是可以保持茶香。玻璃杯不易吸香，能更好地保持绿茶的清香。二是能够及时散热，避免闷黄茶叶。玻璃杯传热、散热快。三是可以极好地观赏茶舞。玻璃杯质地透明，晶莹剔透，用玻璃杯泡茶，明亮翠绿的茶汤、芽叶的细嫩柔软、茶芽在沏泡过程中的上下起伏、芽叶在浸泡过程中的逐渐舒展等情形，可以一览无余，是一种动态的艺术欣赏。特别是冲泡各类名优绿茶，玻璃杯中轻雾缥缈，清澈碧绿，芽叶朵朵，亭亭玉立，赏心悦目，别有风味。

而大宗绿茶外形粗糙，观赏价值较低，可选用茶壶冲泡，闻其香，尝其味，不见其形。“老茶壶泡”，一则可保持热量，利于茶浸出物溶解于茶汤，提高茶汤中有益于身体健康的成分；二则较粗老的茶叶缺乏观赏价值，且耐泡，但用来待客不太雅观，用壶泡或盖碗泡，可避免失礼之嫌。

二、泡茶的水温及茶水的比例

泡茶的水温要因茶而异，切忌闷坏了茶。同样是名贵绿茶，但不同品种的绿茶因茶性不同，所以对水温要求差别很大。一般来说，冲泡水温的高低影响到茶中可溶性浸出物的浸出速度，水温越高，浸出速度越快，在相同的时间内，茶汤的滋味越浓。

如冲泡碧螺春水温 75℃左右就足够了，龙井茶一般要 80℃ ~85℃水温即可，而黄山毛峰因有鱼叶保护，所以要求用 100℃沸水冲泡。用玻璃杯冲泡绿茶不加盖。需注意的是，冲泡绿茶的水温是将水烧开后再冷却至所需温度；若是处理过的无菌生水，只需烧到所需温度即可。

在日常生活中，最忌讳用开水瓶、保温杯等器皿冲泡绿茶，这样极易闷坏了茶，使茶“熟汤失味”，即茶汤失去鲜爽度和嫩香，变得苦涩沉闷。

茶叶冲泡时，茶与水的比例称为茶水比。茶水比不同，茶汤香气的高低和滋味浓淡也各异。茶叶与水要有适当的比例，水多茶少味道淡薄，茶多水少则茶汤会苦涩不爽。

三、冲泡的次数、时间

一般茶在冲泡第一次时，茶中的物质能浸出 50%~55%，第二次能浸出 30%，第三次冲泡能浸出 10%，第四次只能浸出 2%~3%，与白开水无异。

茶的滋味是随着冲泡时间的延长而逐渐增浓的。一般冲泡后 3 分钟左右饮用最好。时间太短，茶汤色浅，味淡；时间太长，香味会受损失，茶汤颜色会变成老黄色，滋味也会苦涩。

四、绿茶冲泡的基本技艺

绿茶的冲泡

绿茶属不发酵茶，根据杀青方式和最终干燥方式的不同，可分为蒸青绿茶、炒青绿茶、烘青绿茶、晒青绿茶。成品干茶呈绿色，冲泡后，茶汤呈浅绿或黄绿色，具“清汤绿叶”的特点。绿茶根据其品类的不同、品级的不同，可采用不同的冲泡方式。一般名优细嫩绿茶采用杯泡法，中档绿茶可采用盖碗冲泡，大宗绿茶可采用壶泡法。

（一）名优绿茶——玻璃杯冲泡

绿茶玻璃杯冲泡

步骤	操作方法
备具	① 茶艺师上场，行鞠躬礼，落座。 ② 茶叶罐、茶道组、茶巾、水盂、茶荷分置于茶盘两侧。 ③ 玻璃杯按“一”字或弧形排开，摆放在茶盘上。 ④ 烧开的水凉汤备用。 ⑤ 茶巾折叠整齐备用。
赏茶	① 双手捧起茶荷，送至客人面前请客人欣赏干茶外形、色泽及嗅闻干茶香气。 ② 必要时向客人介绍茶叶的类别、名称及特性。
洁杯	① 水注入杯中1/3，注水时采用逆时针悬壶手法。 ② 手伸平，掌心微凹，右手端杯底，将水杯平放在左手上，双手向前搓动，用滚杯的手法将水倒入水方。
置茶	绿茶投茶方式有三种：上投法、中投法、下投法。 ① 上投法：将水注入杯中七分满，将干茶轻轻拨入已经注水的玻璃杯中。 ② 中投法：将水注入杯中1/3，将干茶拨入已注水的玻璃杯，再注水至杯中2/3处。 ③ 下投法：将干茶轻轻拨入杯中，加水至七分满。
温润泡	① 降了温的开水沿杯壁注入杯中约1/4，注意避免直接浇在茶叶上，以免烫坏茶叶。 ② 手托杯底，右手扶杯身，以逆时针的方向旋转三圈，使茶叶充分浸润。 ③ 浸润时间掌握在15~50秒，视茶叶的紧结程度而定。
冲泡	“凤凰三点头”的手法注水至七分满，水壶有节奏地三起三落水流不间断，使水充分激荡茶叶，加速茶叶中有益物质的析出。
奉茶	① 右手轻握杯身中下部，左手托杯底，双手将茶放到方便客人拿取的位置，按主次、长幼顺序奉茶。 ② 放好茶后，使用礼貌用语“请喝茶”或“请品饮”，同时伸右手行伸掌礼示意。
品茶	① 持杯。女性一般以左手手指轻托茶杯底，右手持杯；男性可单手持杯。 ② 赏茶。先闻香，次观色，再品味，而后赏形。 闻香：将玻璃杯移至鼻前，细闻幽香； 观色：移开玻璃杯，观看清澈明亮的汤色； 品味：趁热品饮，深吸一口气，使茶汤由舌尖滚至舌根，细品慢咽，体会茶汤甘醇的滋味； 赏形：欣赏茶叶慢慢舒展，芽笋林立，婷婷可人的茶舞。
谢客	及时续水，整理茶桌上的茶具，行礼谢客。

（二）中档绿茶——盖碗冲泡

中档绿茶在外形上与名优绿茶相比观赏性稍逊，因此，适合于盖碗泡法，以闻香、品味为主，观形次之。

绿茶盖碗冲泡

步骤	操作方法
备具	①茶艺师上场，行鞠躬礼，落座。 ②将茶叶罐、茶道组、茶巾、水盂、茶荷分置于茶盘两侧。 ③将盖碗按“一”字或弧形排开，摆放在茶盘上。 ④烧开的水凉汤备用。 ⑤茶巾折叠整齐备用。
赏茶	①将茶荷双手捧起，送至客人面前请客人欣赏干茶外形、色泽及嗅闻干茶香气。 ②必要时向客人介绍茶叶的类别、名称及特性。
洁具	见温杯洁具视频。
置茶	左手持茶荷，右手拿茶匙，将茶叶从茶荷中依次拨入盖碗内，通常每个盖碗内投茶2~3g干茶。
润茶	①将降了温的水注入碗中没过茶； ②盖上碗盖，左手托碗底，右手扶碗身，逆时针方向回旋三圈，使茶叶充分浸润； ③浸润时间掌握在15~50秒，视茶叶的紧结程度而定。
冲泡	沿盖碗内壁高冲水至茶碗七分满，迅速将碗盖稍加倾斜地盖在茶碗上，使盖沿与碗沿之间有一空隙，避免将碗中的茶叶闷黄泡熟。
奉茶	双手持碗托，将茶奉给宾客，同时行点头礼。
品饮	①闻香：端起盖碗置于左手，左手托碗托，右手三指捏盖钮，逆时针转动手腕让碗盖边沿浸入茶汤，右手顺势揭开碗盖，将碗盖内侧朝向自己，凑近鼻端左右平移细闻茶香。 ②观色：嗅闻茶香后，用碗盖撇去茶汤表面的浮叶，边撇边观赏汤色，然后将碗盖左低右高斜盖在碗上（盖碗左侧留一小缝）。 ③品味：用盖碗品茶男女有别。女士左手托碗托，右手大拇指和中指持盖顶，将盖略微倾斜，品饮；男士右手大拇指、中指捏住碗沿下方，食指轻搭盖钮，提起盖碗，手腕向内旋转90° 使虎口朝向自己，从小缝处小口啜饮。男士可免去左手托碗托。
谢客	及时续水，整理茶桌上的茶具，行礼谢客。

（三）大宗绿茶——壶泡法

大宗绿茶无论是外形还是内质，其色、香、味、形都比较逊色，缺少观赏性，若用玻璃杯冲泡反而显得不雅，一般采用壶泡法。茶界历来有“嫩茶杯泡，老茶壶泡”之说。一般选用瓷壶或紫砂壶冲泡。

绿茶玻璃壶泡法

步骤	操作方法
备具	①茶艺师上场，行鞠躬礼，落座。 ②将随手泡、茶道组、玻璃壶、玻璃品茗杯、公道杯、茶叶罐、茶荷、茶巾、茶垫、水盂分置于茶船上和两侧。
洁具	①将壶盖打开，将开水按逆时针方向沿壶口冲水壶的1/4，将壶盖盖上。 ②左手拿起茶巾，右手持壶，逆时针轻轻旋转两圈，使壶内外充分加热。 ③依次将壶内的水分别注入品茗杯中，再将杯中水倒入水盂。
置茶	①左手将茶荷拿起来，右手持茶匙，将茶叶轻轻地拨入玻璃壶内。 ②茶叶用量按壶大小而定，一般以每克茶冲50毫升水的比例投茶。
润茶	①采用回旋注水法，向壶内注水1/4，将壶盖上。 ②左手拿起茶巾，右手持壶，逆时针转动壶2~3圈，使茶叶慢慢浸润、舒展。
冲泡	润茶后，将开水以回旋低斟的手法冲入壶内，待水没过茶叶后，改为高冲法，将壶注满，盖上壶盖。
分茶	①茶叶在壶中浸泡2分钟左右，将茶壶中的茶汤倒入公道杯，为避免闷黄茶叶，将壶盖揭开放在一旁。 ②将公道杯中的茶汤分别倒入品茗杯中，以茶汤入杯七分满为标准。
奉茶	双手持茶垫，将茶奉给宾客，同时行点头礼，以手示意请客人喝茶。
品茶	闻香：细闻茶香。 观色：观赏汤色。 品味：女性左手托杯底，右手持杯；男性右手持杯。
谢客	及时续水，整理茶桌上的茶具，行礼谢客。

【任务训练】

1. 实训玻璃杯冲泡绿茶。
2. 实训盖碗冲泡绿茶。

【拓展链接】

西湖龙井茶的传说

传说乾隆皇帝下江南时，来到杭州龙井狮峰山下，看乡女采茶，以示体察民情。这天，乾隆皇帝看见几个乡女正在十多棵绿荫荫的茶篷前采茶，一时兴起，也学着采了起来。刚采了一把，忽然太监来报："太后欠安，请皇上急速回京。"乾隆皇帝随手将一把茶叶向衣袋内一放，日夜兼程赶回京城。其实太后只因山珍海味吃多了，一时肝火上升，双眼红肿，胃里不适，并没有大碍。此时见皇儿来到，只觉一股清香传来，便问带来什么好东西。

皇帝也觉得奇怪，哪来的清香呢？他随手一摸，啊，原来是杭州狮峰山的一把茶叶，几天过后已经干了，浓郁的香气就是它散出来的。太后便想尝尝茶叶的味道，宫女将茶泡好，茶送到太后面前，果然清香扑鼻，太后喝了一口，双眼顿时舒适多了，喝完了茶，红肿减轻，胃不胀了。太后高兴地说："杭州龙井的茶叶，真是灵丹妙药。"乾隆皇帝见太后这么高兴，立即传旨下去，将杭州龙井狮峰山下胡公庙前那十八棵茶树封为御茶，每年采摘新茶，专门进贡太后。至今，杭州龙井村胡公庙前还保存着这十八棵御茶，到杭州的旅游者中有不少人还专程去察访一番，拍照留念。

任务三　冲泡红茶的基本茶艺

【基础知识】

红茶是世界上消费量最大的一类茶，最早的红茶是福建崇安（今武夷山）的小种红茶。在清代，由于红茶的出口生意兴隆，福建、江西、湖南、广东、台湾等地都大力生产红茶。后红茶的制法传到印度、锡兰（今斯里兰卡）等国，并成为世界生产红茶的主要国家，打破了我国红茶在国际市场的垄断地位。

红茶属全发酵茶类，特点是"红叶红汤"。我国红茶分为三类：小种红茶、工夫红茶、红碎茶。从世界范围讲，有四大高香型红茶，即中国祁门工夫红茶、印度大吉岭红茶、印度阿萨姆红茶、斯里兰卡乌瓦红茶。世界各地饮红茶者居多，红茶饮用广泛，其饮法也各不相同，红茶的饮法分为清饮和调饮两种方法。清饮，即茶汤中不加任何调料，使茶发挥本性固有的香气和滋味；调饮，则在茶汤中加入调料，以佐汤味，比较常见的是在红茶茶汤中加入糖、牛奶、蜂蜜、柠檬、咖啡或香槟酒等。

一、红茶茶具配置

我国饮茶多以清饮为主，冲泡红茶既可选用杯泡、盖碗泡和壶泡，还可选用工夫茶具冲泡。工夫红茶多用壶泡法（紫砂壶、瓷壶、玻璃壶）和工夫泡法，因为工夫红茶具有香高、色艳、味醇的特点，用壶泡能更好地体现它的香高、味醇的特点。

一般红碎茶多选用白瓷、红釉瓷、暖色瓷的壶杯具、盖杯或咖啡壶具，它的侧重点是观赏汤色。

二、泡茶水温及茶水比例

冲泡红茶的水温均以初沸为最宜。

1. 清饮法

水温：细嫩红茶 90℃水冲泡；粗老红茶、低档红茶则需要 100℃水冲泡。

茶水比例：条红茶 1∶50~1∶60；红碎茶 1∶70~1∶80。

2. 调饮法

水温：100℃水冲泡。

茶水比例：随品饮者口味。

三、冲泡次数和时间

1. 清饮法

次数：工夫红茶可冲泡 2~3 次。

时间：30~60 秒。

2. 调饮法

次数：红碎茶只可冲泡 1 次。

时间：3~5 分钟。

四、红茶冲泡的基本技艺

红茶清饮壶泡法

（一）红茶清饮壶泡法

中国红茶的冲泡方法有自己的鲜明特点，这与我国的文化有关，也是我们的祖先经过千百年的实践所总结出来的。我国饮红茶多以清饮为主，一杯好茶在手，静品细啜，慢慢体味，最能使人进入忘我的境界，油然生出一种快乐、激动、舒畅之情。

红茶清饮壶泡法

步骤	操作方法
备具	①将随手泡、茶道组、茶罐、茶荷、茶巾、水盂分别置于茶船两侧。 ②将瓷壶、瓷品茗杯、公道杯按一定图形摆放在茶盘上。

续表

步骤	操作方法
温具	①以回旋手法沿壶口向瓷壶内注入1/2水，烫洗瓷壶，使壶身内外加热。 ②将壶中水倒入公道杯中，再将公道杯中的水分别倒入品茗杯中，而后将杯中水倒入水盂。
赏茶	①用茶则将茶罐中的茶叶量入茶荷中。 ②双手将茶荷端起，请客人欣赏干茶的形状、色泽、香味。
置茶	用茶匙将茶荷里的茶叶拨入茶壶内。
润茶	以回旋手法向壶内注水没过茶叶，10秒左右将润茶水倒入水盂。
冲泡	①将沸水用“悬壶高冲”的手法逆时针缓缓冲进壶内。 ②静置2~3分钟。
出汤	将茶汤倒入公道杯内，均匀茶汤。
分茶	①将公道杯中的茶汤依次巡回倒入品茗杯至七分满。 ②将品茗杯放置杯托上。
奉茶	双手持茶托，将茶奉给宾客，同时行点头礼，以手示意请客人喝茶。
品茶	①闻香：细闻茶香。 ②观色：观赏汤色。 ③品味：品茗杯用“三龙护鼎”的手法持杯。
谢客	及时续水，整理茶桌上的茶具，行礼谢客。

（二）红茶清饮杯泡法

当今人们的生活节奏普遍加快，因此，人们常常没有那么多时间坐下来悠闲地品饮一杯红茶。那么，我们来介绍一种很简易的红茶冲泡法，可以让人们在出差中或在办公室里就能轻松喝到一杯香醇红茶。

红茶清饮杯泡法（适合办公室简易泡法）

步骤	操作方法
备具	飘逸杯、带把的玻璃茶杯（或带把的瓷杯）、随手泡、茶荷、茶匙、茶巾、水盂。
温具	①飘逸杯中注入少量热水，慢慢旋转杯子，烫遍杯子内壁。 ②将飘逸杯中的水倒入水杯中温杯，然后将水倒掉。
置茶	根据飘逸杯容量和个人喜好，投入适量的茶叶。
冲泡	①先向飘逸杯中注入少量的水，以没过茶叶为宜，然后尽快出汤倒掉。 ②以高冲手法再次向飘逸杯内注适量的水，静置1~3分钟，即可出汤。
品茶	将泡好的茶汤倒入茶杯中，注入七成满，即可品饮。

（三）红茶清饮盖碗泡法

红茶属全发酵茶，其特点“红汤红叶”。冲泡时优质的红茶茶汤贴茶碗处会有一圈“金圈”。“金圈”越厚，颜色越金黄，红茶的协调性往往越好。用盖碗冲泡红茶不仅有利于鉴赏红茶汤色，还能更好地品出红茶的醇味，就如唐代诗人崔珏“松雨声来乳花熟，咽入香喉爽红玉”所形容，品饮红茶的温柔、浪漫。

红茶清饮盖碗冲泡法

步骤	操作方法
备具	白瓷盖碗、品茗杯（内壁为白色）、公道杯、随手泡、茶荷、茶匙、茶巾、水盂、95℃水。
赏茶	①将茶荷捧至客人面前，请客人鉴赏干茶。 ②同时，可以简要介绍茶叶的品质特征。
温具	①右手提随手泡，按逆时针方向回转手腕一圈低斟，使水流沿碗口注入；然后提腕高冲；待注水量为碗总容量的1/3时复压腕低斟，回转手腕一圈及时断水，然后轻轻将水壶放回原处。 ②左手托住碗底，端起盖碗右手按逆时针方向转动手腕，双手协调令盖碗内各部位充分接触热水后，放回茶盘。 ③右手提盖钮将碗盖靠右侧斜盖，在盖碗左侧留一小隙；依前法端起盖碗平移于公道杯上方向左侧翻手腕，水从盖碗左侧小隙中流进公道杯中。 ④公道杯中的水从左至右一次注入品茗杯中，而后依次将杯中水倒入水盂。
置茶	将茶荷内的茶叶投到盖碗内，根据盖碗的容量和客人喜好，4~5g为宜。
润茶	向盖碗中注入少量的水，以没过茶叶为宜，然后尽快出汤倒掉。
冲泡	①沸水用“悬壶高冲”的手法逆时针缓缓冲进盖碗。 ②静置2~3分钟。
出汤	将茶汤倒入公道杯内，均匀茶汤。
分茶	①将公道杯中的茶汤依次巡回倒入品茗杯至七分满。 ②将品茗杯放置杯托上。
奉茶	①双手持茶托，将茶奉给宾客。 ②同时行点头礼，以手示意请客人喝茶。
品茶	①闻香：细闻茶香。 ②观色：观赏汤色。 ③品味：品茗杯用“三龙护鼎”的手法持杯。
谢客	①及时续水。 ②收杯谢客，整理茶桌上的茶具，行礼谢客。

（四）红茶调饮冲泡法

红茶性味甘温，可祛寒暖胃，更具抗氧化、降血脂、抑制动脉硬化等功能。同时，红茶是最适合调饮的茶类，饮用时添加糖、牛奶、蜂蜜等，调和成奶茶，还具有消炎、保护胃黏膜、帮助治疗胃溃疡的功效。

红茶调饮可谓是“水乳交融，各有其味”。有牛奶红茶、柠檬红茶、蜂蜜红茶、白兰地红茶、英式奶茶、各种水果红茶等。

红茶调饮冲泡方法与清饮冲泡方法相似，只要在泡好的茶汤中加入不同的调味品即可。

红茶调饮壶泡法

步骤	操作方法
备具	①将随手泡、茶道组、茶罐、茶荷、茶巾、水盂分别置于茶船两侧。 ②将瓷壶、带把瓷杯、公道杯按一定图形摆放在茶盘上。
温具	①以回旋手法沿壶口向瓷壶内注入1/2水，烫洗瓷壶，使壶身内外加热。 ②将壶中水倒入公道杯中，再将公道杯中的水分别倒入瓷杯中，而后将杯中水倒入水盂。
赏茶	①用茶则将茶罐中的茶叶量入茶荷中。 ②双手将茶荷端起，请客人欣赏干茶的形状、色泽、香味。
置茶	用茶匙将茶荷里的茶叶拨入茶壶内。
润茶	以回旋手法向壶内注水没过茶叶，10秒左右将润茶水倒入水盂。
冲泡	①将沸水用“悬壶高冲”的手法逆时针缓缓冲进壶内。 ②静置2~3分钟。
出汤	将茶汤倒入公道杯内，均匀茶汤。
分茶	①将公道杯中的茶汤依次巡回倒入瓷杯。 ②将瓷杯放置杯托上。
调饮	①根据客人的口味和喜好在瓷杯中加入牛奶（或糖、蜂蜜、柠檬、白兰地、冰块等）。 ②用茶匙轻轻搅拌使其融合。
奉茶	双手持茶托，将茶奉给宾客，同时行点头礼，以手示意请客人喝茶。
品茶	①闻香：细闻茶香。 ②观色：观赏汤色。 ③品味：慢慢品味。
谢客	及时续水，整理茶桌上的茶具，行礼谢客。

【任务训练】

1. 实训红茶清饮瓷壶冲泡。
2. 实训红茶清饮盖碗冲泡。
3. 实训红茶调饮玻璃壶冲泡。

【拓展链接】

红茶“冷后浑”现象

不知道大家有没有发现：刚冲泡好的红茶，汤色本是橙红透亮的，但放凉之后却出现了浅褐色或橙黄色浑浊。这一现象称为“冷后浑”，这是什么原因造成的呢？

在红茶的加工过程中，茶多酚酶促氧化从而形成茶黄素和茶红素。

茶黄素是红茶滋味和汤色的主要品质成分，是汤色“亮”的主要成分，也是形成茶汤“金圈”的主要物质。其含量越高，汤色明亮度越好。

茶红素是构成红茶汤色的主体物质，具有美化汤色的作用。通常，茶红素含量过高，会使得茶汤滋味淡薄，汤色变暗褐；而含量过低，则茶汤红浓度不够。

“冷后浑”的形成和茶黄素、茶红素有什么关系吗？研究表明，茶黄素、茶红素可是茶汤“冷后浑”的重要原因！

当在高温状态时，茶黄素、茶红素各自呈现游离状态，溶于热水当中；但当温度降低，茶黄素、茶红素以及茶叶中其他多酚类物质便与茶汤中的咖啡碱发生络合反应，从而形成了在较低水温下难以溶解的物质，使茶汤呈现出浑浊状态，这便是“冷后浑”的形成。

“冷后浑”是好是坏？

“冷后浑”的程度、色泽往往与茶的品质有很高的相关性，是否产生“冷后浑”及“冷后浑”的颜色如何，主要决定于红茶之中的茶黄素、茶红素的含量。

在优质红茶中，茶红素、茶黄素的含量较高，能够使得茶汤产生“冷后浑”，在茶汤的边缘也容易形成金黄色的“金圈”。因此，形成“冷后浑”的红茶，并非品质欠佳，反而是品质更优！

但是，可别把所有的浑浊现象都归为“冷后浑”！那应该怎么判断是不是“冷后浑”呢？

通常情况下，“冷后浑”的茶汤重新升温后，茶汤是会恢复透亮明澈的！因此，我们可以通过加热茶汤进行判断。

资料来源：杏子．“悦读茶书会”公众号（yueduchashuhui），2021-11-20.

任务四　冲泡青茶的基本茶艺

【基础知识】

青茶，又称乌龙茶，属半发酵茶，具有绿茶的鲜爽清纯，红茶的醇厚甘爽，花茶的浓郁芳香，集众美于一身，独具特色。青茶以其香型丰富多变，滋味浓酽有风骨，韵味无穷，“绿叶红镶边”等品质特征，吸引着人们。

一、青茶茶具的配置

我国青茶品种繁多，茶叶外形有很大差异，如铁观音呈螺钉状，台湾冻顶乌龙外形紧结呈半球状，武夷岩茶、凤凰水仙系列、台湾文山包种、台湾东方美人等茶叶呈条索形，因此，外形不同，投茶量有所不同，所选泡茶器具也不相同。

冲泡乌龙茶宜选用宜兴紫砂壶或瓷质盖碗，紫砂壶、闻香杯、品茗杯组合茶具冲泡乌龙茶效果会更佳。选壶时应根据品茶人数多少来选择大小适宜的壶。另外，还可以选择盖碗、白瓷小杯系列。

二、泡茶水温及茶水比例

首先，器温和水温要双高，这样才能使乌龙茶的内质发挥得淋漓尽致。冲泡乌龙茶的水温最好要 95℃ ~100℃的沸水，但不可“过老”。

唐代茶圣陆羽把开水分为三沸：“其沸如鱼目，微有声，为一沸；缘边如涌泉连珠，为二沸；腾波鼓浪，为三沸。”一沸之水还太嫩，用于冲泡乌龙茶劲力不足，泡出的茶香味不全。三沸的水已太老，水中溶解的氧气、二氧化碳气体已挥发殆尽，泡出的茶汤不够鲜爽。唯二沸的水称为“得一汤”。正如“天得一以清，地得一以宁”一样，只有用二沸的“得一汤”冲泡乌龙茶，才能使茶的内质之美发挥到极致。

茶与水的比例为 1∶20，一般投茶量 6~8g（约占茶壶容积的 1/3）。

三、冲泡次数和时间

冲泡乌龙茶应视其品种、室温、客人口感以及选用的壶具来掌握出汤时间。对于初次接触的乌龙茶，温润泡后的第一泡可先浸泡 15 秒左右，然后视其茶汤的浓淡，再确定是延时还是减时。当确定了出汤的最佳时间后，从第四泡开始，每一次冲泡均应比前一泡延时 10 秒左右。好的乌龙茶“七泡有余香，九泡不失茶真味”。

四、青茶冲泡的基本技艺

紫砂壶冲泡乌龙茶

（一）乌龙茶紫砂壶冲泡

乌龙茶是介于不发酵茶（绿茶）与全发酵茶（红茶）之间的一种茶类。乌龙茶既具有绿茶的清香和花香，又具有红茶醇厚的滋味。叶片边缘因发酵呈红褐色，中间部仍保持着天然绿色，形成“绿叶红镶边”的特色。

高级乌龙茶有特殊的“韵味”，如武夷岩茶具有“岩骨花香”之岩韵，铁观音具有“音韵”，使得乌龙茶引人关注。乌龙茶的品饮特点是重“品香”，先闻其香后尝其味，十分讲究泡法。

冲泡乌龙茶可使用紫砂壶沏泡，以发挥出乌龙茶的茶汤品质特征。紫砂茶具较好地展现了乌龙茶的香气、滋味、汤色等品质特征，掩饰了乌龙茶茶形、叶底的不足。

乌龙茶紫砂壶冲泡法

步骤	操作方法
备具	①茶艺师上场，行鞠躬礼，落座。 ②茶叶罐、茶道组、茶巾、茶荷分置于茶盘两侧。 ③紫砂壶摆放在茶盘的中心位置，茶杯以一定构图位置（集中或并列）摆放于紫砂壶前方，茶盅摆放在壶盖的一侧，如果使用滤网，可将茶盅和滤网、滤网架分列于壶盖的两侧，茶席的构图应体现实用性与艺术性结合的原则。 ④随手泡煮水二至三沸后备用。 ⑤将茶巾折叠整齐备用。
赏茶	①用茶针将茶叶从茶叶罐中轻轻拨入茶荷，圆形紧实的茶可用茶则取茶。 ②将茶荷双手捧起，送至客人面前，请客人欣赏干茶外形、色泽及嗅闻干茶香气。 ③如有必要，用简短的语言介绍即将冲泡的茶叶的品质特征和文化背景。

续表

步骤	操作方法
温壶	①揭开壶盖，以回旋注水法温壶，盖上壶盖，浇淋壶身。 ②壶内的水注入架上滤网的茶盅，再将茶盅中的水从左至右依次注入闻香杯和品茗杯。 ③用茶夹分别将闻香杯、品茗杯夹起，将杯中的水倒在茶船上，将品茗杯，闻香杯摆回茶垫上。
置茶	①单手（左右手均可）开盖，逆时针转动手腕将壶盖置于茶盘上。 ②左手拿茶荷，右手拿茶匙，两手放松，缓缓将茶叶拨入紫砂壶中，注意投茶时不要将茶叶洒落到茶盘上。 ③疏松条形茶用量为茶壶容积的2/3左右，球形及紧实的半球形茶的用量为茶壶容积的1/3左右。
摇香	摇香的目的是使茶香借着热度散发出来，并使开泡后茶质易于释放展现。 ①茶入壶后，迅速盖上壶盖，双手捧茶壶轻轻前后晃动几下。 ②将壶盖打开一条缝，嗅闻摇香后的茶味，有助于进一步了解茶性。在摇香的过程中应该动作优美、轻盈，闻香时，壶盖开口不要太大。
洗茶	①将100℃的沸水高冲入壶，待水沫溢出壶口时，用壶盖轻轻抹去，淋去浮沫，盖上壶盖。 ②立即将茶汤注入茶盅，分于各闻香杯中。洗茶之水可用于闻香。
冲泡	①用逆时针悬壶高冲的手法注水至紫砂壶，使水充分激荡茶叶，加速茶叶中有益物质的溶出。 ②左手拿起壶盖逆时针推掉壶口的浮沫，以使茶汤清醇纯净。
烫杯	①用手洗法转洗闻香杯，再用茶夹法从左至右依次转洗品茗杯。 ②洗后的每个闻香杯和品茗杯都分别在茶巾上沾干外壁和杯底的残水。
分茶	①冲泡1分钟后，将茶汤注入茶盅。 ②茶水分注到闻香杯中至七分满。 台湾茶人把斟茶称为投汤，投汤有两种方式：①将茶汤倒入公道杯，用公道杯向各茶杯分茶（优点：各杯的茶汤浓度均匀，没有茶渣）。②用泡壶直接向杯中斟茶（优点：茶香散失少，茶汤热；缺点：茶汤浓淡不易均匀）。
奉茶	①扣杯、翻杯。奉茶前，先将品茗杯逐个扣于相对应的闻香杯上，再翻转使品茗杯在下闻香杯在上。 ②如果茶客围坐较近，可直接用双手端取品茗杯，先在茶巾上轻按一下，吸净杯底残水放在双杯垫上（可不用），双手端杯垫奉茶。 ③如果茶客坐得比较远，则需双手将茶端放到奉茶盘上，用奉茶盘送到客人面前，按主次、长幼顺序奉茶。 ④使用礼貌用语“请喝茶”或“请品饮”，并行伸掌礼。

续表

步骤	操作方法
品茶	①闻香：将闻香杯凑近鼻端细闻茶香。 ②观色：用“三龙护鼎”的手法端起品茗杯，观赏茶汤颜色。 ③品味：小口啜饮，使茶汤在口腔中停留一会儿，徐徐咽下，充分领略茶汤的滋味。
收杯	①将杯具清洗干净，整齐摆放在茶盘上，用茶巾将茶盘擦拭干净。 ②行鞠躬礼谢客。

（二）乌龙茶盖碗冲泡法

盖碗冲泡能较好地将乌龙茶的香气、滋味、汤色等品质特征展示出来。

乌龙茶盖碗冲泡

步骤	操作方法
备具	白瓷盖碗、品茗杯（白瓷小杯）、公道杯、随手泡、茶荷、茶匙、茶巾、水盂、100℃沸水。
赏茶	①将茶荷捧至客人面前，请客人鉴赏干茶、嗅闻香气。 ②同时，可以简短介绍茶叶的品质特征。
温具	①右手提随手泡，按逆时针方向回转手腕一圈低斟，使水流沿碗口注入；然后提腕高冲；待注水量为碗总容量的1/3时复压腕低斟，回转手腕一圈及时断水，然后轻轻将水壶放回原处。 ②左手托住碗底，端起盖碗右手按逆时针方向转动手腕，双手协调令盖碗内各部位充分接触热水后，放回茶盘。 ③右手提盖钮将碗盖靠右侧斜盖，在盖碗左侧留一小隙；依前法端起盖碗平移于公道杯上方向左侧翻手腕，水从盖碗左侧小隙中流进公道杯中。 ④将公道杯中的水从左至右依次注入品茗杯中，而后依次将杯中水倒入水盂。
置茶	将茶荷内的茶叶投到盖碗内，根据盖碗的容量和客人喜好，5~7g为宜。
润茶	向盖碗中注入少量的水，以没过茶叶为宜，然后尽快出汤倒掉。
冲泡	①将沸水用“悬壶高冲”的手法逆时针缓缓冲进盖碗。 ②静置1~2分钟。
出汤	将茶汤倒入公道杯内，均匀茶汤。
分茶	①将公道杯中的茶汤依次巡回倒入品茗杯至七分满。 ②将品茗杯放置杯托上。
奉茶	①双手持茶托，将茶奉给宾客。 ②同时行点头礼，以手示意请客人喝茶。

续表

步骤	操作方法
品茶	①闻香：细闻茶香。 ②观色：观赏汤色。 ③品味：品茗杯用“三龙护鼎”的手法持杯。
谢客	①及时续水。 ②收杯谢客，整理茶桌上的茶具，行礼谢客。

【任务训练】

1. 实训乌龙茶紫砂壶冲泡。
2. 实训乌龙茶盖碗冲泡。

【拓展链接】

用紫砂壶泡茶的好处

紫砂壶之所以受到茶人喜爱，一方面是由于紫砂壶造型美观，风格多样，独树一帜；另一方面也是因为它在泡茶时有许多优点。

①不夺茶香。这个当然是老生常谈，紫砂器以无土气的粗砂（也就是紫砂）制作，泡茶色香味皆蕴，既不夺茶香也无熟汤气。用紫砂壶泡茶，只要对茶性和水温的掌握没有错误，基本都可以泡出比其他茶具（如陶、瓷）更好喝的茶。

②茶汤隔夜不馊。常说紫砂壶泡茶“暑月不馊”，其实意思是夏天泡茶放一夜茶汤不会变馊，而不是放很久也不会馊，若放上几天，那当然会坏掉的。

③透气。紫砂是双气孔结构的多气孔材质，透气性好但不会渗漏，可以吸收茶汤，泡茶日久会在壶内累积茶锈，即使不放茶叶，沸水冲入也会有淡淡茶香，这也是一壶侍一茶的原因。

④用久生古玉光泽。紫砂壶泡茶内养，洗涤擦拭外养，日久生光，也就是常说的养壶，养得好的紫砂壶色润、古朴，非常喜人。

⑤耐冷热性好。骤冷骤热之下不会惊裂（壶有暗伤、朱泥壶除外），即使冬季也不会因温度骤变而胀裂。

⑥导热慢，不易烫手。紫砂壶导热慢、耐烧，保温性也好，因此对于半发酵茶来说，紫砂是当之无愧的最佳选择。

⑦可塑性强，造型多变。紫砂壶可塑性较强，尤其是经过长时间陈腐的泥料，也造就了紫砂壶器型多变，品种繁多。

⑧颜色多变，不确定性高。紫砂不上釉，但同样泥料不同温度下可以表现出不同的颜色，这也是紫砂的魅力所在。

⑨紫砂器往往与文人雅士、佛家僧众结缘，因此紫砂壶身的诗词画作多反映了一个时代的人文风尚，其艺术性和人文价值非常高。

任务五　冲泡黑茶的基本茶艺

【基础知识】

黑茶是讲究冲泡技巧和品饮艺术的茶类。黑茶冲泡过程中除了要展示茶的色、香、味、韵外，还特别追求新鲜自然和陈香滋味。优质黑茶的外形结实有光泽，香气陈香浓郁，汤色栗黄明亮，叶底柔软有活性。优质黑茶的陈香清幽淡雅而多变，主要有荷香、兰香和樟香。荷香清幽淡雅，若冲泡不得法会稍纵即逝，宜用滚沸的开水快速冲泡，快速出汤。兰香是王者之香，冲泡时也应用滚沸的开水快速冲泡，快速出汤，以免兰香失散。

一、黑茶茶具配置

黑茶讲究沸水冲泡，因此，最好选择铸铁壶烧水，因为铸铁壶可以把水烧到 100℃，有利于泡出黑茶的味道。宜选择粗犷、大气的茶具，以容量较大的紫砂壶或陶壶为宜。品茗杯则以内壁挂白釉的紫砂杯为佳。玻璃杯和白瓷杯也可以，更便于观赏黑茶迤逦汤色。

二、泡茶水温及茶水比例

选水：泡茶用水可选泉水、井水、矿泉水、纯净水。

水温：因为黑茶茶叶粗老，所以冲泡黑茶的水温要求 100℃为宜。

茶水比例：投茶量为 1∶30~1∶50，盖碗投茶量为 5~8 克，茶壶投茶量为壶的二至四成。港台、福建、两广等地习惯饮酽茶，云南也以浓饮为主，只是投茶量略低于前者。江浙、北方喜欢淡饮。亦可根据客人喜好而定。

三、冲泡次数和时间

黑茶属后发酵茶，如熟普经过人工渥堆又长期存放，难免会有灰尘，所以，冲泡时必须要温润泡（2 次），第一次速度要快，只是将茶叶洗净即可，不可将茶的味道浸泡出来。第二次是为了唤醒茶叶的味道（又叫醒茶），所以注水盖过茶叶，20~30 秒出水。根据茶叶紧压程度，压得紧的茶叶时间稍长；压得松的茶叶则时间稍短；散茶时间可以再短一些，5~10 秒。

第一泡 10 秒，第二泡 15 秒，第三泡后依次冲泡 20 秒。一般黑茶可冲泡 7~8 泡，越往后浸泡的时间越长。冲泡次数越多，茶叶营养物质浸出越少。

四、黑茶冲泡的基本技艺

黑茶又称为边销茶，因产地和工艺上的差别，有湖南黑茶、湖北老青茶、四川边茶、广西黑茶、云南黑茶，黑茶压制的砖茶、饼茶、沱茶等紧压茶，是少数民族不可缺少的饮品。黑茶干茶色泽乌润，汤色红亮如琥珀，茶味醇厚，陈茶润滑、回甘。可以壶泡、盖碗泡、飘逸杯泡。下面以壶泡为例介绍黑茶泡法。

黑茶紫砂壶泡法

步骤	操作方法
备具	①将随手泡、茶道组、茶罐、茶荷、茶巾、水盂分别置于茶船两侧。 ②将紫砂壶、紫砂品茗杯（内壁白色）、公道杯按一定图形摆放在茶盘上。
赏茶	①用茶则将茶罐中的茶叶量入茶荷中。 ②双手将茶荷端起，请客人欣赏干茶的形状、色泽、香味。
温具	①以回旋手法沿壶口向紫砂壶内注入1/2水，烫洗紫砂壶，使壶身内外加热。 ②将壶中水倒入公道杯中，再将公道杯中的水分别倒入品茗杯中，而后将杯中水依次倒入水盂。
置茶	用茶匙将茶荷里的茶叶拨入茶壶内。
润茶	①熟茶要润两遍茶。 ②第一遍快冲快出。 ③第二遍20~30秒出水。
冲泡	①将100℃的沸水用“低斟”的手法沿壶壁缓缓注入，使茶汁慢慢浸出。 ②第一泡10秒后出汤，第二泡15秒出汤，第三泡后一次20秒，至七八泡后适当延长浸泡时间。
出汤	将茶汤倒入公道杯内，均匀茶汤。

续表

步骤	操作方法
分茶	①将公道杯中的茶汤依次巡回倒入品茗杯至七分满。 ②将品茗杯放置杯托上。
奉茶	手持茶托，将茶奉给宾客，同时行点头礼，以手示意请客人喝茶。
品茶	①闻香：细闻茶香。 ②色：观赏汤色。 ③味：品茗杯用“三龙护鼎”的手法持杯。
谢客	及时续水，整理茶桌上的茶具，行礼谢客。

【任务训练】

实训黑茶紫砂壶冲泡。

【拓展链接】

如何泡好普洱老茶

一款好茶，茶好是基础，冲泡则是赋予其二次生命的过程。正确合理的冲泡方法，是对老茶的尊重，是对岁月的尊重，也是对喝茶人的尊重，更是展现老茶魅力的必需。那么老茶要怎么冲泡呢?

1. 选器

对于老茶来说，用紫砂壶来冲泡是比较好的选择，老茶配好壶，才能相得益彰。水，可选用山泉之水或纯净水。

2. 醒壶醒茶

醒壶和醒茶的工序非常重要，冲泡前先沸水醒壶，用沸水将紫砂壶里外浇透，控制好壶温，使投茶注水时，壶壁不至于因吸收热量而降低冲泡茶叶所需的热量。

根据所选器皿的大小，品饮人数的多少，确定适当的投茶量。冲泡老茶，水温一定要高，老茶经过十几年沉淀，已经进入一种平稳转化状态，高温才能把其中隐藏的内质激发出来。冲泡时，注水要平缓轻快，可围绕壶口旋转注水。整个冲泡过程中保持冲泡温度与力度的稳定。

3. “闷泡”与“留根”保耐泡度

从第六泡可以即入即出，高温下快速出汤，能在激发滋味的同时减轻涩味。六泡之后需逐泡增加“闷泡”时长，每次不要增加太多，5秒、10秒、

15秒、20秒地逐次增加，“闷泡”时长根据茶汤的滋味饱满程度和是否出现水味来定。

在第九泡以后，冲泡时可以增加淋壶次数，增加壶内温度，以进一步激发茶的内质，提升香气。从第十二泡开始，在每次出汤时不要一次出完，留三分之一茶汤在壶内，和下一次冲泡时一起出汤，俗称“留根”，这也能保持后续的茶汤滋味饱满度，增加老茶耐泡度。

泡老茶，从入手到醒茶再到冲泡，每一步都有技巧、有深意。泡老茶是一个不断探索和学习的过程，你每走进一步，就越能体会到每一步的乐趣。

资料来源：“茶情报”公众号（chaqingbao007），2022-03-14.

任务六　冲泡白茶的基本茶艺

【基础知识】

白茶是我国特有的珍稀茶类，属于轻微发酵茶，主要产于福建的福鼎、政和、松溪、建阳等县市。白茶不炒不揉为日晒茶，总体特色“天青地白”，即色泽灰绿，叶背多白色茸毛。随着陈放，茶色灰绿转深，毫色则转银灰。陈放三四年，还会出现淡淡的花香茶气，素有“一年茶，三年药，七年宝”之说。存放的时间越长，茶味就越发醇厚和香浓，药用价值也会越高。品鉴茶汤时，讲究“毫香蜜韵”，即毫香足显，蜜香浓郁。新茶鲜爽，老茶浓厚胜之。

一、白茶茶具配置

新白茶的冲泡与绿茶基本相同，老白茶适合煮着喝，会更好地发挥其药用功效。因此冲泡新白茶宜选择无色无花的玻璃杯，可以欣赏到杯中茶的形和色，观赏“满盏浮花乳，芽芽挺立”的景观，更好地品其味、闻其香，赏白茶独特的韵味。

而老白茶经过陈放，在口感上有特殊之处。冲泡得当的老白茶，滋味甘醇，有着如同巧克力一般的顺滑感，轻啜茶汤，觉得无限温柔。除了汤水的柔和细腻，老白茶的香气也十分有特色，最为常见的是药香，闻干茶，便可感受到如同干草药一般的气息，捧一把在手中，香气受到手掌热量的作用，愈加浓郁起来。冲泡后，香气进一步释放，有的老白茶（寿眉饼、贡眉饼）还会有枣香，如同冬日里熬的腊八粥一般，甜蜜蜜。如果没有使用正确的冲泡方式，老白茶的滋味便会大打折扣，甚至会把香气泡没了。不论你喝的是陈年白毫银针、白牡丹，还是老寿眉、老贡眉，都能用煮茶壶诠释。煮茶，也是现在的一种主流泡茶法，尤其适合寒冷的天气。而用于煮茶的茶具也比较多元化，从紫砂壶到玻璃壶到陶壶等，材质多。对于大部分茶友来说，玻璃壶是最容易驾驭的，因其材质透明，可清楚观察到汤色的变化，能够很好地控制出水时间，实时把握煮茶时长。且玻璃壶的容量大，煮一壶茶可供多人饮用。

二、泡茶水温及茶水比例

选水：泡茶用水选山泉水最好，纯净水也可以。

水温：新名优白茶用 75℃ ~85℃的水温冲泡，老白茶沸水煮。

茶水比例：茶壶投茶量为 5~8 克；玻璃杯每杯投茶量为 2 ~3 克。

三、冲泡次数和时间

新茶冲泡时间 5 分钟后饮用，时间过长和过短都不利于茶香散发与茶汤滋味辨别。煮老白茶的时间，以烧开为宜。一般白茶可冲泡 3~4 次。

四、白茶冲泡的基本技艺

（一）玻璃壶煮老白茶

陈年的老白茶有非常好的保健功效，福鼎自古就有“一年茶、三年药、七年宝”的说法，老白茶更适合煮着喝。煮着喝的老白茶特别适用于经常吸烟、喝酒、熬夜、经常使用电脑者、中老年人及需要延缓衰老的爱美女性。

玻璃壶煮老白茶

步骤	操作方法
备具	①玻璃壶、电磁炉、茶道组、茶荷、茶巾、水盂分别置于茶船两侧。 ②品茗杯、玻璃公道杯、茶垫按一定图形摆放在茶盘上。
赏茶	双手将茶荷端起，请客人欣赏老白茶干茶的形状、色泽、香味。
温具	①旋手法沿壶口向玻璃壶内注入1/2水，烫洗玻璃壶，使壶身内外加热。 ②将壶中水倒入公道杯中，再将公道杯中的水分别倒入品茗杯中，而后将品茗杯中水依次倒入水盂。

续表

步骤	操作方法
置茶	茶匙将茶荷里的茶叶拨入玻璃壶内。
润茶	开水注入壶内，没过茶叶，茶叶温润后迅速将茶汁倒掉。
煮茶	①高冲的手法将水注入壶内至七分满，将玻璃壶放到电磁炉上进行熬煮。 ②茶水烧开后，将电磁炉设为保温。
出汤	茶汤倒入公道杯内，均匀茶汤。
分茶	①公道杯中的茶汤依次倒入品茗杯至七分满。 ②品茗杯放置杯托上。
奉茶	①手持茶托，将茶奉给宾客。 ②行点头礼，以手示意请客人喝茶。
品茶	①香：端起品茗杯，用“三龙护鼎”的手法持杯，细闻茶香。 ②色：观赏汤色。 ③味：小口啜饮，充分体会茶汤的滋味。
谢客	及时续水，整理茶桌上的茶具，行礼谢客。

（二）白茶玻璃杯泡茶法

当年的白茶，含有丰富的氨基酸物质，这些氨基酸具有退热、祛暑、解毒的功效。用玻璃杯冲泡白茶，最大的好处便是观赏性，尤其是在冲泡白牡丹和白毫银针时，茶叶身姿更显优美。除了具有观赏价值，玻璃杯泡茶十分方便，适合上班族、旅行一族。特别是长期对着电脑工作的朋友，有时候一坐就是好几个小时，这时候泡一杯白茶放在电脑前，喝茶方便。

白茶玻璃杯泡法

步骤	操作方法
备具	①茶艺师上场，行鞠躬礼，落座。 ②茶道组、茶荷、茶巾、水盂分置于茶盘两侧。 ③玻璃杯按“一”字或弧形排开，摆放在茶盘上。
赏茶	①茶荷双手捧起，送至客人面前请客人欣赏干茶外形、色泽及嗅闻干茶香气。 ②必要时向客人介绍茶叶的类别、名称及特性。
温杯	①水注入杯中1/3，注水时采用逆时针悬壶手法。 ②手伸平，掌心微凹，右手端杯底，将水杯平放在左手上，双手向前搓动，用滚杯的手法将水倒入水盂。
置茶	将2克或3克茶叶轻轻拨入杯中。

续表

步骤	操作方法
温润泡	①开水沿杯壁注入杯中约1/4，注意避免直接浇在茶叶上，以免烫坏茶叶。 ②手托杯底，右手扶杯身，以逆时针的方向旋转三圈，使茶叶充分浸润。 ③冲泡时间掌握在15~50秒，视茶叶的紧结程度而定。
冲泡	①“凤凰三点头”的手法注水至七分满，水壶有节奏地三起三落水流不间断，使水充分激荡茶叶，加速茶叶中有益物质的析出。 ②冲泡后使茶水静置3分钟方可饮用。
奉茶	①右手轻握杯身中下部，左手托杯底，双手将茶放到方便客人拿取的位置，按主次、长幼顺序奉茶。 ②放好茶后，使用礼貌用语“请喝茶”或“请品饮”，同时伸右手行伸掌礼示意。
品茶	①端杯：女性一般以左手手指轻托茶杯底，右手持杯；男性可单手持杯。 ②赏茶：先闻香，次观色，再品味，而后赏形。 闻香：将玻璃杯移至鼻前，细闻幽香； 观色：移开玻璃杯，观看清澈明亮的汤色； 品味：趁热品饮，深吸一口气，使茶汤由舌尖滚至舌根，细品慢咽，体会茶汤甘醇的滋味； 赏形：欣赏茶叶慢慢舒展，芽笋林立，婷婷可人的茶舞。
谢客	及时续水，整理茶桌上的茶具，行礼谢客。

【任务训练】

1. 实训白茶玻璃杯冲泡。
2. 实训煮老白茶泡法。

【拓展链接】

寿眉是品质最差的白茶吗？

白茶，分白毫银针、白牡丹、寿眉、贡眉四种。其中白毫银针的价格最高，其次是白牡丹，贡眉的价格对比寿眉也要高一些，寿眉是白茶中产量最大，价格最便宜的茶。别看寿眉价格最低，原料最粗老，但是这并不代表它就是白茶中品质最差的茶叶，这是因为：

1. 贵的茶不一定好喝、好看

茶叶价格高还是低，好喝还是不好喝，在一定程度上取决于个人喜好。白毫银针、白牡丹虽然有很好的外形，但喝起来的口感是偏向于比较清淡的，对于喜欢浓茶的人来说不算是好茶；而经过时间陈化下的陈年寿眉，煮饮后有着非常醇厚的茶香，在懂茶的人眼里，这就是个宝。

2. 陈年寿眉功效好

寿眉价格虽然低，但它经过时间陈放后的饮用价值却是非常高的。陈年寿眉的口感非常醇厚，茶性温和无刺激，具养胃的功效。

3. 寿眉陈化速度快

寿眉的茶梗比较多，有利于白茶陈化，寿眉是白茶中陈化速度最快的一个品种。

相较于采摘等级高的白毫银针、白牡丹、贡眉，寿眉并不能说是白茶中品质最差的茶，只可以说是各有千秋。

资料来源："茶情报"公众号（chaqingbao007），2022-03-16.

任务七　冲泡黄茶的基本茶艺

【基础知识】

"懒同红绿斗清香，别有奇佳分外芳。"黄茶属轻发酵茶类，加工工艺近似绿茶，只是在干燥过程的前或后，增加一道闷黄的工艺，促使茶多酚、叶绿素等物质部分氧化，这是形成黄茶品质特点的关键工艺。

黄茶是中国的特产，黄茶的品质特点就是"黄叶黄汤"，而湖南岳阳则是被誉为中国的黄茶之乡。黄芽茶具有"清六经之火，通七窍之灵"的保健功效。

一、黄茶茶具配置

黄茶与绿茶的茶性相似，所以在冲泡品饮时，可以参照绿茶的冲泡方法。君山银针、蒙顶黄芽、霍山黄芽等属黄芽茶类，适宜用玻璃杯泡饮。沩山毛尖、鹿苑毛尖、北港毛尖等属于黄小茶类，适宜用盖碗冲泡。而广东大叶青、霍山黄大茶、皖西黄大茶等属于黄大茶类，宜选用瓷壶冲泡。

二、泡茶水温及茶水比例

选水：泡茶用水选山泉水或矿泉水为上，其次是纯净水。

水温：冲泡名优黄茶用75℃的水温。

茶水比例：1∶50，玻璃杯每杯投茶量为3克。

三、冲泡次数和时间

冲泡时间 5 分钟内饮用，时间过长和过短都不利于茶香散发、茶汤滋味辨别。玻璃杯冲泡黄茶适用“下投法”或“中投法”。一般黄茶可冲泡 3~4 次。

四、黄茶冲泡的基本技艺

黄茶玻璃杯泡法

步骤	操作方法
备具	①将茶叶罐、茶道组、茶巾、水盂、茶荷分置于茶盘两侧。 ②将玻璃杯按“一”字或弧形排开，摆放在茶盘上。 ③将烧开的水凉汤备用。 ④将茶巾折叠整齐备用。
赏茶	①将茶荷双手捧起，送至客人面前请客人欣赏干茶外形、色泽及嗅闻干茶香气。 ②必要时向客人介绍茶叶的类别、名称及特性。
温杯	①将水注入杯中1/3，注水时采用逆时针悬壶手法。 ②左手伸平，掌心微凹，右手端杯底，将水杯平放在左手上，双手向前搓动，用滚杯的手法将水倒入水盂。
置茶	将干茶拨入玻璃杯，每杯3g茶叶。
温润泡	①将降了温的70℃左右开水沿杯壁注入杯中约1/3，注意避免直接浇在茶叶上，以免烫坏茶叶。 ②用杯盖盖在杯上，茶芽慢慢舒展开来，慢慢下沉。
冲泡	用“凤凰三点头”的手法注水至七分满，有节奏地三起三落水流不间断，使水充分激荡茶叶，使茶叶慢慢舒展开来。
奉茶	①右手轻握杯身中下部，左手托杯底，双手将茶放到方便客人拿取的位置，按主次、长幼顺序奉茶。 ②放好茶后，使用礼貌用语“请喝茶”或“请品饮”，同时伸右手行伸掌礼示意。
品茶	①端杯。女性一般以左手手指轻托茶杯底，右手持杯；男性可单手持杯。 ②赏茶。先闻香，次观色，再品味，后赏形。
谢客	及时续水，整理茶桌上的茶具，行礼谢客。

【任务训练】

实训黄茶玻璃杯泡法。

【拓展链接】

君山银针茶传说

据说君山银针茶的第一颗种子还是四千多年前娥皇、女英播下的。后唐的第二个皇帝明宗李嗣源，第一回上朝的时候，侍臣为他捧杯沏茶，热水向杯里一倒，马上看到一团白雾腾空而起，慢慢地出现了一只白鹤。这只白鹤对明宗点了三下头，便朝蓝天翩翩飞去了。再往杯子里看，杯中的茶叶都齐崭崭地悬空竖了起来，就像一丛破土而出的春笋。过了一会，又慢慢下沉，就像是雪花坠落一般。

明宗感到很奇怪，就问侍臣是什么原因。侍臣回答说这是君山的白鹤泉（即柳毅井）水泡黄翎毛（即银针茶）的缘故。明宗十分高兴，立即下旨把君山银针定为贡茶。自此君山银针名声远扬，流芳千古。君山银针冲泡时，根根茶芽立悬于杯中，极为美观。

任务八　冲泡花茶的基本茶艺

【基础知识】

花茶是我国特有的香型茶，属再加工茶类。主要是以烘青绿茶、红茶、乌龙茶做茶坯，与花香浓郁的茉莉花、白兰花、玳玳花、柚子花、桂花、玫瑰花、栀子花、米兰花等窨制而成。品质特征是：芬芳的花香加上醇和的茶味，即“茶引花香，花益茶味”。

一、花茶茶具配置

冲泡花茶，以维持香气不散失和显示茶坯特质美为原则。最好选用白瓷盖碗，以衬托花茶特有的汤色，保持花茶的芳香。对于茶坯细嫩的高级花茶，也可以选用带盖的玻璃杯，观赏茶叶在水中飘舞、沉浮，以及茶叶徐徐展开，复原叶形，渗出汤汁与汤色的变化过程。

二、泡茶水温及茶水比例

选水：泡茶用水选山泉水或矿泉水为上，其次是纯净水。

水温：冲泡花茶的水温视茶坯种类而定。以绿茶做茶坯的名优花茶用85℃的水冲泡；以红茶为茶坯的花茶用90℃的水冲泡；以乌龙茶为茶坯的花茶用100℃的水冲泡。

茶水比例：1∶50，玻璃杯每杯投茶量为3g。

三、冲泡次数和时间

冲泡时间3~5分钟内饮用，时间过长和过短都不利于茶香散发及茶汤滋味辨别。盖碗冲泡花茶适用“下投法”。一般花茶可冲泡3~4次，每泡茶闷茶时间应比前一次延长15秒。

四、花茶冲泡的基本技艺

花茶盖碗冲泡

步骤	操作方法
备具	①将茶叶罐、茶道组、茶巾、水盂、茶荷分置于茶盘两侧。 ②将3套盖碗按“一”字或弧形排开，摆放在茶盘上。 ③烧的水凉汤备用。 ④茶巾折叠整齐备用。
赏茶	①将茶荷双手捧起，送至客人面前请客人欣赏干茶外形、色泽及嗅闻干茶香气。 ②必要时向客人介绍茶叶的类别、名称及特性。
洁具	见温杯洁具视频。
置茶	将茶叶从茶荷中依次拨入盖碗内，通常每个盖碗内投入3g干茶。
润茶	①将降了温的水注入碗中没过茶； ②盖上盖碗，左手托碗底，右手扶碗身，逆时针方向回旋三圈，使茶叶充分浸润； ③浸润时间视茶叶的紧结程度而定。
冲泡	沿盖碗内壁高冲水至茶碗七分满，迅速将碗盖稍加倾斜地盖在茶碗上，使盖沿与碗沿之间有一空隙，避免将碗中的茶叶闷黄泡熟。
奉茶	双手持碗托，将茶奉给宾客，同时行点头礼。
品饮	①闻香：端起盖碗置于左手，左手托碗托，右手三指捏盖钮，逆时针转动手腕让碗盖边沿浸入茶汤，右手顺势揭开碗盖，将碗盖内侧朝向自己，凑近鼻端左右平移细闻茶香。 ②观色：嗅闻茶香后，用碗盖撇去茶汤表面的浮叶，边撇边观赏汤色，然后将碗盖左低右高斜盖在碗上（盖碗左侧留一小缝）。 ③尝味：用盖碗品茶男女有别。女士左手托碗托，右手大拇指和中指持盖顶，将盖碗略微倾斜，品饮；男士右手大拇指、中指捏住碗沿下方，食指轻搭盖钮，提起盖碗，手腕向内旋转90°使虎口朝向自己，从小缝处小口啜饮。男士可免去左手托碗托。
谢客	及时续水，整理茶桌上的茶具，行礼谢客。

【拓展链接】

冲泡普洱生茶

普洱生茶冲泡法

喝生普洱茶可以协助刮油消脂，很多人对其既期待又担心，期待的是它的茶滋味，担心的是怕自己的冲泡方法不当，毁坏了普洱茶的真味。每个人的泡法各异，泡出来的口感也就不一样，如何泡出一味好茶，可参见以下冲泡程序。

普洱生茶冲泡法

步骤	操作方法
备具	电热水壶、盖碗、茶杯、公道杯、茶夹、茶匙、茶漏、茶刀。
取茶	用电子秤，称取已备好的生茶（精确投茶量，泡出来的茶更醇厚），一般建议大家把投茶量定为6~8g（当然可根据盖碗大小或个人喜好增减投茶量）。
温杯	将沸水注入盖碗中约八分满，再次清洁茶具的同时提高茶杯温度，使茶香更好的释放。待手指感受到盖碗的温度后，即可将水倒入公道杯中。
投茶	趁着盖碗里的温度与水蒸气充足时，将茶叶投放至盖碗中，盖好盖子，使茶叶充分吸收水蒸气，起到初步醒茶的作用。
醒茶	将公道杯中的水均匀分至品茗杯中。醒茶，普洱的第一泡是不喝的，叫作醒茶，沿盖碗边沿定点注水，稍没茶面即可，待茶叶冒泡结束后，汤稍有色，叶片方舒，即可出汤。
润茶	普洱生茶主要以紧压茶为主，醒茶是唤醒沉睡中的普洱茶，醒茶之后，隔一分半钟，这一过程是润茶，润茶需要注意的是不要把杯盖拿开，茶叶敞露，叶表温度降低过快，会影响口感。
观汤色	普洱生茶茶汤金黄，凡是好的普洱茶皆汤色通透明亮，富有油润感。观赏汤色时，右手持杯，左手五指并拢，可辅助托持杯身，但左手的拇指不可外翘置于杯下，不可与杯底直接接触。
闻香	闻香是一个非常重要的环节，它能给人以嗅觉上的冲击，让我们感受到茶香之美。 公道杯香，亦称温香，压低公道杯口以鼻嗅其香。 叶底香，亦称熟香。 品茗杯香，亦称冷香或者挂杯香。 轻嗅其香，普洱生茶之香芬芳甘馥，幽静清郁，如花香沁人心脾。
定点注水	普洱生茶中有很多芳香物质。由于晒青茶会带有很多苦涩味，所以在冲泡时，注水要低斟。宜在盖碗离你最近的一边，选中一点，倒入热水。记得注水的时候，不要直接冲在茶叶上，沿着碗壁慢慢注入，注好水，盖上碗盖，即刻出汤。
分茶	将茶水以低斟的方式，从盖碗中倒入公道杯，目的是让茶水减少与公道杯之间的碰撞，让普洱生茶中的内含物质慢慢析出。
品饮	普洱生茶第三泡就可以品饮了，切忌匆忙倒茶，留有时间让客人喝后回味。

【任务训练】

实训盖碗冲泡花茶。

任务九　点茶技艺

点茶

【基础知识】

“点茶”早在宋代便已成为一种风靡整个社会的“斗茶”方式，人们在“不斗不欢”中自得其乐。无论是北宋蔡襄的《茶录》，还是宋徽宗赵佶的《大观茶论》，都详细记述了当时的点茶程序和茶汤审美的意趣。然而，这种“点茶”方式在中国于宋后消失，现今随中华文化复兴而被重新挖掘发扬，成为一种融合了现代茶科技与行茶方式的新型“玩茶”方法。

一、点茶茶具配置

点茶历史悠久，博大精深，吸取了儒、释、道的思想精华，拥有自己独有的点茶茶具。所需茶具：执壶、盏、茶筅、品茗杯、杯托、茶点盘、奉茶盘、抹茶罐、水盂、茶瓢、茶匙、茶匙架、茶巾。

二、点茶水温及茶水比例

点好一盏抹茶的关键点是水温、投茶量、注水方法和次数及持筅手法。

水温：水温不宜太高，应低于 85℃。

投茶量：茶量根据人数而定，投茶量为每人 0.5 克茶粉。

三、冲泡次数（注水次数）

环形注水一周，如此，可反复多次。根据《大观茶论》记载，最多可注水七次，一般注水三至五次即可。用茶筅在盏中击拂时，抹茶与空气充分调和，注水，击拂，直至饽沫丰富、细腻、绵长、柔滑。细腻、绵长、柔滑的饽沫不但好喝，还可以在饽沫上注汤写字或绘画，更添情趣。

持筅手法：手腕放松，由上至下似鹰爪状抓握住筅，手轻筅重，手腕不要僵硬，要灵活。

四、点茶技艺流程

点茶技艺流程

步骤	操作方法
备具	执壶、盏、茶筅、品茗杯、杯托、茶点盘、奉茶盘、抹茶罐、水盂、茶瓢、茶匙、茶匙架、茶巾。
入座	茶艺师入座。
行礼	行注目礼。
温具	①注水：左手持执壶，注水1/3盏。随后注水入品茗杯中，注水1/2杯。然后将执壶在茶巾上轻压一下放回原位。 ②温筅：右手持筅，从盏12点位置放入，沿盏壁逆时针转一圈，从3点钟位置取出茶筅，放回原位。 ③温盏：双手捧盏，逆时针方向，按先里、后右的方向旋转一圈。右手持盏，盏面垂直于水盂上，倒入温盏水，后移至茶巾上，盏底在茶巾上压一下吸干水渍。盏放回原位。 ④温杯：左手拿起一号杯交与右手，随后左手蜷起掌心向上托住杯底，还是按逆时针方向，按照先里、后右的方向旋转一圈。弃水后在茶巾上压一下吸干水分，放回原位。（依次同样手法温2号、3号杯）。
点茶	①置茶粉：取抹茶罐，放入左手，打开盖子，翻转盖子放于桌面，右手手心朝下，提起茶匙，茶匙与茶罐呈水平高度，匙头部搁于茶叶罐口，然后右手从茶匙末端滑下，托住茶匙柄部，手势换成写字时的“握笔”状，探入茶罐取茶粉。舀茶粉2匙至3匙，2~4克，放入茶盏，茶匙在盏3点钟位置轻敲一二下，以使粘在茶匙上的茶粉脱落在碗中。收回茶匙，放回原位。取茶盖盖回，交与取茶罐的那只手上，将茶罐放回原位。 ②调膏：左手持执壶沿盏壁注少量水入盏，右手持茶筅，从碗的12点钟方向入，将茶与水调成膏状，右手从碗的3点钟位置沿壁取出茶筅放回原位即可。 ③击拂： 一注水：环盏内壁从9、12、3、6、9点钟方向环一圈注少量水，注水毕，执壶放回原位。右手持茶筅，手轻扶住碗边，手腕带动茶筅在水中上下画“1”字，至泡沫细浓、密、白，提茶筅，从3点位置取出茶筅，放于原位。 二注水：同上。 三注水：同上，如果是最后一次注水，注意水位的高度以免击拂时溢出碗外。当泡沫至一定程度时提筅继续上下打沫至丰富、细浓、密、白、绵、滑时，轻慢提筅。 如能成形印（乳花）即初成，也可在此基础上继续击拂。
分茶	左手取品茗杯，右手持勺，舀盛饽沫及汤适量入杯七八分满。三杯要均匀。
奉茶	为客人依次奉茶。

【拓展链接】

五款高香中国茶

1. 七泡有余香当属铁观音

铁观音最迷人的地方就是其高扬的兰花香。试验研究表明，安溪铁观音所含的香气成分种类非常丰富，而且中、低沸点香气组分所占比重明显大于用其他品种茶树鲜叶制成的乌龙茶，因而安溪铁观音独特的香气令人心旷神怡。一杯铁观音，杯盖开启立即芬芳扑鼻，满室生香。

2. 万里群芳最，唯有祁门香

祁门红茶，简称祁红，中国历史名茶，主产于安徽省祁门县一带。“祁门香”是祁红的品质特征。祁红采制精细，焙作考究，被国际上公认为高香茶。日本人称祁红的茶香为玫瑰香，英国人称为“祁门香”。祁红与斯里兰卡的乌瓦红茶、印度的大吉岭红茶，并称为世界三大高香红茶。

3. 吓煞人香就在碧螺春

其实，碧螺春的香气并不是特别浓郁，但它的香气很有特点，含果香。碧螺春还有个特点是特别嫩，通常三万个茶芽头可以炒出一斤绿茶，而碧螺春芽头嫩，一斤茶要用五六万个芽头，而历史上采摘最多的纪录，能达到九万个芽头。

4. 形美香郁怎敌得过凤凰单丛

凤凰单丛茶属乌龙茶类，始创于明代，以产自潮安县凤凰镇乌岽山，并经单株（丛）采收、单株（丛）加工而得名。凤凰茶的等级由高到低分为单丛、浪菜、水仙，每个档次又分若干级次。凤凰单丛茶外形紧卷、壮直、油润，花香优雅，滋味浓郁甘醇，汤色橙黄清澈明亮，叶底青蒂绿腹红镶边，极耐冲泡的底力，构成凤凰单丛茶特有的色、香、味内质特点。

5. 香不过肉桂，醇不过水仙

武夷岩茶，素有“香不过肉桂，醇不过水仙”的说法。水仙和肉桂是岩茶当家品种。肉桂茶是以肉桂良种茶树鲜叶，用武夷岩茶的制作方法而制成的乌龙茶，为武夷岩茶中的高香品种。奇香异质，香气高扬，带有焦糖香的独特魅力；而水仙则是醇和悠长，茶香细腻而持久。

肉桂成品茶外观条索紧实、色泽乌润砂绿，香气浓郁、辛锐似桂皮香，滋味醇厚甘爽带刺激性，汤色橙黄至金黄、透亮，叶底绿叶红镶边显软亮。入口醇厚回甘，咽后齿颊留香。浓香型即传统型，重发酵足火功。

中度焙火的肉桂在传统工艺基础上进行了一些改良，突出武夷肉桂品种的香气，冲泡出的茶汤色泽金黄，香气高远。

【项目小结】

- 不同茶类冲泡技艺不同。
- 茶艺技能的基本功包括茶具的取放、水的控制、沏茶浸泡时间及行茶动作等。
- 泡茶用具有主茶具和辅助茶具之分。

【项目练习】

1. 编排一个以茶待客情景，注意茶艺基本知识的运用。
2. 熟记泡茶的基本流程。
3. 背诵一首茶诗。

项目七

伴茗之魂赏茶艺——茶艺表演

【理论目标】

- 了解茶艺表演的含义、要素、类型及艺术特征。
- 熟悉茶艺表演解说词编创内容。
- 了解茶席设计的概念、设计要素。
- 掌握茶席设计技巧。
- 掌握各类茶的茶艺表演流程。

【实践目标】

● 熟练驾驭各类茶的茶艺表演流程，精准控制细节，能根据不同情境灵活调整，提供优质茶艺服务。

● 具备创新意识与团队协作能力，能创新表演形式，融入个人创意，通过团队合作完成茶席设计与表演，提升综合实践能力，推动茶艺艺术发展。

送南屏谦师

〔宋〕苏轼

道人晓出南屏山，来试点茶三昧手。
忽惊午盏兔毛斑，打作春瓮鹅儿酒。
天台乳花世不见，玉川风腋今安有。
先生有意续茶经，会使老谦名不朽。

任务一　茶艺表演

【基础知识】

一、茶艺表演的含义

茶艺表演是在茶艺的基础上产生的，它是通过各种茶叶冲泡技艺的形象演示，科学地、生活化地、艺术地展示泡饮过程，使人们在精心营造的幽雅环境氛围中，得到美的享受和情操的熏陶。茶艺表演是茶文化精神的载体及动态表现形式。

二、茶艺表演的六大要素

茶艺是在茶道精神和美学理论指导下的茶事实践，是一门以茶为媒的艺术生活。茶艺表演是在茶艺基础上产生的，在冲泡各种茶叶的技艺演示过程中，突出美学追求，包括人之美、茶之美、水之美、器具美、环境美、技艺美等六要素。

1. 人之美

人是万物之灵，是社会的核心，人是茶艺最根本的要素，同时也是最美的要素。人的美有两层含义，一是作为自然人所表现的外在形体美；另一方面是作为社会人所表现出的内在的心灵美。人的美大致分为形体美、服饰美、发型美、仪态美、神韵美、语言美、心灵美等几个方面。

2. 茶之美

唐代诗人杜牧在《题茶山》中赞道："山实东南秀，茶称瑞草魁。"把茶比喻是"美的魁首"。面对茶，我们要从艺术的角度去鉴赏茶的名之美、形之美、色之美、香之美、味之美。

3. 水之美

早在唐代，陆羽在《茶经》中对宜茶用水就作了明确的阐述。他说："其水用山水上、江水中、井水下。"张大复在《梅花草堂笔谈》中提出："茶性必发于水。八分之茶，遇十分之水，茶亦十分矣；八分之水，试十分之茶，茶只八分耳。"以上论述均说明了在我国茶艺中精茶必须配美水，才能给人至高的享受。

4. 器之美

受“美食不如美器”思想的影响，我国自古以来无论是饮还是食，都极看重器之美。早在唐代，陆羽在《茶经》中就设计出了24种完整配套的茶具。在当代，茶已经有上万种，而茶具更是琳琅满目种类繁多。按茶具质地来分类，可分为陶土茶具、瓷器茶具、玻璃茶具、金属茶具、漆器茶具、竹木茶具、其他茶具等七大类；按茶具的功能分类，可分为烧火器具、煮水器具、承载器具、盛茶器具、泡茶器具、饮茶器具、辅助器具、清洁器具、储物器具等。选择茶具应因茶制宜、因人制宜、因艺制宜、因境制宜，发挥自己的创造性，根据美学法则进行合理搭配。

5. 境之美

中国茶艺要求在品茶时做到环境、艺境、人境、心境四境俱美，才能达到中国茶艺至美的境界。包括：环境美，就是要求窗明几净，装修简素，格调高雅，气氛温馨，使人有亲切舒适感；艺境美，茶通六艺——琴、棋、书、画、诗、曲，以六艺来助茶，重在营造艺境；人境美，即品茗人数以及品茗者的人格所构成的人文环境；心境美，品茗是心的歇息、心的放牧、心的澡雪，品茶时好的心境靠茶人对人生的彻悟。

6. 艺之美

主要包括茶艺程序编排的内涵美和茶艺表演的动作美、神韵美、服装道具美等方面。总之，要达到茶艺美，就必须人、茶、水、器、境、艺六要素俱美，六美荟萃，相得益彰，才能使茶艺达到尽善尽美的完美境界。

三、茶艺表演的类型

中国是茶的故乡，中国的茶文化可以上溯到神农尝百草的炎帝时期，随着茶文化的不断发展，茶文化的展现形式越来越丰富了。近些年来，茶艺表演越来越受关注。

1. 根据编创茶艺表演内容分类

（1）民族茶艺表演

取材于特定的民风、民俗、饮茶习惯，以反映民俗文化等方面为主的，经过艺术的提炼与加工，以茶为主体的茶艺表演。如“纳西族龙虎斗”“白族三道茶”“藏族酥油茶”等。

（2）仿古茶艺表演

取材于历史资料，经过艺术的提炼与加工，大致反映历史原貌为主体的茶艺表演。如“唐代宫廷茶礼”“宋代茶艺”“清代茶艺”“韩国仿古茶艺表演”等。

（3）地域风情茶艺表演

取材于各个不同地域特定的文化内容，经过艺术的提炼与加工，以反映某一特定文化内涵为主体，以茶为载体的茶艺表演，如“赣南擂茶”“惠安女茶俗”“婺源农家茶”等。

（4）宗教式茶艺表演

即对于各宗教饮茶习俗进行搜集、整理后的演示，如“禅茶茶艺”“道茶茶艺”“太极茶道”等。

（5）现代式茶艺表演

出于现代生活需要而根据一定理念创作的茶艺表演，如“红茶茶艺”“龙井茶茶艺”“菊花茶茶艺”等。

（6）外国式茶艺表演

即仿照外国的饮茶风情与情调进行演示，如“日本茶道”“韩国茶礼”“英式下午茶”等。

2. 根据功能的茶艺表演分类

（1）表演型茶艺表演

以艺术展示为目的，在特定的舞台上表演，以艺术性来吸引眼球，因此，大多有明确创意，有艺术加工的成分。如“西湖龙井茶艺表演”“安溪铁观音茶艺表演”“茉莉花茶茶艺表演”等。

（2）时尚创新型茶艺表演

中国茶艺既是一门古老的传统艺术，又是一门新兴的学科，在传承历史的基础上，融入时尚元素，不断创新发展。

（3）生活型茶艺表演

就是把日常饮茶过程完整地展示出来，以喝好一杯茶为原则。

（4）营销型茶艺表演

一种是茶艺馆内的茶艺表演，以香茗佳艺为特色，突出其对宾客的吸引力；另一种是茶叶店内的茶艺表演，以宣传茶叶的品牌为目的，突出对消费者的亲和力。

四、茶艺表演的艺术特征

1. 静——茶之性

茶树默默生长在大自然中，禀山川之灵气，得日月之精华，天然富有谦谦君子之风。自然条件决定了茶性微寒，味醇而不烈，与一般饮料不同，饮后使人清醒而不过度兴奋，更加安静、冷静、宁静、平静、雅静、文静。因此茶事活动一般都应具有静的特点。如果你专心把茶泡好，你自然就进去了，就“静”了。茶艺和一般的艺术不同，它是静的艺术，动作不宜太夸张，节奏也不宜太快，音乐不宜太激昂，灯光不宜太强烈。

2. 和——茶之魂

“和”既是中国茶道的核心，也是中国茶艺的灵魂。自孔子创立儒学以来，直到孟子、荀子等大家的丰富，“和”一直是中国儒家哲学的核心思想。历代茶人在茶事活动中常会注入儒家修身养性、锻炼人格的思想，同时也将儒家的一些精髓融入茶事之中，并提出茶具有中和、和雅、和谐、和平、和乐、和缓、宽和等意义。因此无论是煮茶过程、茶具的使用，还是品饮过程、茶事礼仪的动作要领，都要体现“和”的精神，茶艺表演不宜表现对立、冲突、争斗、尖锐的主题。

3. 雅——茶之韵

“雅”也是中国茶艺的主要特征之一，它是在“和”“静”基础上形成的神韵。在整个茶艺表演过程中，表演者应自始至终表现出高雅、文雅、优雅的气质，不能俗气、俗套、俗不可耐。

茶艺表演的这三个艺术特征，我们必须遵循，并在整个茶艺活动中体现出来。

五、茶艺表演解说词的创作

茶艺表演时为了帮助观众理解表演的主题和相关内容，使茶艺表演能更好地达到艺术效果，需要将表演内容解说给观众，因此，解说词的创作编写尤为重要。苏东坡有诗云:“戏作小诗君莫笑，从来佳茗似佳人。”他把质优的茶比喻成让人一见倾心的绝代佳人。“清宫迎佳人”即用茶匙将茶叶倾置入冰清玉洁的玻璃杯中，是一个置茶的茶艺表演解说词。一句简单的茶艺表演解说词竟然含有这么深的含义，难怪观众们在不知不觉间就为中国茶文化深深折服。

每一类茶在冲泡的时候可以有不同的茶艺表演解说词，但是有要遵循的创编规则。

（一）茶艺表演解说词的内容

一是要介绍茶艺表演的单位、茶艺队、表演队员；

二是要介绍所演示的茶类、产地、产茶历史和有关的典故；

三是要介绍冲泡时所用到的茶具及其特点；

四是要介绍茶叶冲泡的程序和操作要点及原理；

五是要介绍所演示茶类的品质特征。

茶艺表演如果涉及仿古或民族茶艺，其茶艺表演解说词除了主要内容之外，还可以用其他形式，比如可以用诗词朗诵来代替原有的茶艺表演解说词。

（二）茶艺表演解说词的创作

1. 有鲜明的主题

主题是茶艺表演的核心和灵魂。主题应该体现思想、意旨、哲思或情趣，通过人、事、情的叙述来凸显；一个茶艺表演，主题只能一个，杂不得。

2. 有规范的程式

规范的程式次序要求一是主体；二是表演者单位、姓名、角色；三是具体内容；四是结束语。

3. 有合理的内容

创作解说词时首先要考虑观看茶艺表演的群体类别，如果是专业人士，解说词则应简明扼要；如是普通观众，解说词要通俗易懂。

4. 有较强的艺术性

茶艺表演本身就具有很强的艺术性，要求解说词也应具有很强的艺术感染力。

【任务训练】

从表演的情节设置、动作设计、茶具选择、音乐搭配等方面入手，探讨它们是如何体现特定的文化背景、历史故事或地域特色的。

【拓展链接】

茶百戏

茶百戏是指点茶人运用汤瓶注水和茶匙击拂茶汤使茶汤表面出现类似

花鸟鱼虫等图案的一种游艺技法。这种技法使得汤面在较短的时间内出现写意的图案，观者通过想象来具化茶汤出现的水纹表现。茶百戏这种玩法伴随着点茶法产生，也得益于斗茶的盛行而流传开来，成为一项绝技。这种游艺的具体操作手法今人已经无从得知，但我们也能从古人的诗词文汇中窥得一二。陶谷《生成盏》“茶而幻出物象于汤面者，茶匠通神之艺也。沙门能注汤幻茶，成一句诗，并点四瓯，共一绝句，泛乎汤表”；刘禹锡《西山兰若试茶歌》“白云满碗花徘徊”；陆游《临安春雨初霁》“晴窗细乳戏分茶”；杨万里《澹庵坐上观显上人分茶》“注汤作字势嫖姚”。

资料来源：周智修等．茶艺培训教材Ⅳ．中国农业出版社，2022：P147.

任务二　茶席设计

【基础知识】

一、茶席设计的概念

茶席，是为品茗者构建的一个人、茶、器、物、境的茶道美学空间，它以茶汤为灵魂，以茶具为主体，在特定的空间形态中，与其他的艺术形式相结合，共同构成的具有独立主题，并围绕主题进行表达的艺术组合。

茶席设计是由不同的要素构成的。由于人的生活和文化背景及思想、性格、情感等方面的差异，在进行茶席设计时可能会选择不同的构成因素，在这里，我们仅对一般的基本构成要素加以叙述。

二、茶席设计的基本要素

茶席设计源于茶艺表演，是茶文化的一种艺术表现形式。茶席设计就是将茶品、茶具组合、铺垫、插花、焚香、挂画、相关艺术品、茶点茶果、背景、音乐等元素以艺术形态表现出来，让人们得到美的享受。

1. 茶品

茶，是茶席设计的灵魂，也是茶席设计的核心。因茶，而有茶席。因茶，而有茶席设计。茶，在一切茶文化以及相关的艺术表现形式中，既是源头，又是目标。茶，应是茶席设计的首要选择。因茶而产生的设计理念，往往会构成设计的主要线索。

2. 茶具组合

茶具组合是茶席设计的基础，也是茶席构成因素的主体。茶具组合的基本特征是实用性和艺术性相融合。实用性决定艺术性，艺术性又服务于实用性。因此，在茶具的质地、造型、体积、色彩、内涵等方面，应作为茶席设计的重要部分加以考虑，并使其在整个茶席布局中处于最显著的位置，以便于对茶席进行动态的演示。

3. 铺垫

铺垫，指的是茶席整体或布局物件摆放下的铺垫物。也是铺垫茶席之下布艺类和其他质地物的统称。铺垫的直接作用：一是使茶席中的器物不直接触及桌（地）面，以保持器物清洁；二是以自身的特征辅助器物共同完成茶席设计的主题。铺垫物的质地、款式、大小、色彩、花纹等，应根据茶席设计的主题与立意，运用对称、不对称、烘托、反差、渲染等手段的不同要求加以选择。

4. 插花

插花，是指人们以自然界的鲜花、叶草为材料，通过艺术加工，在不同的线条和造型变化中，融入一定的思想和情感而完成的花卉的再造形象。茶席中的插花是为体现茶的精神，追求崇尚自然、朴实秀雅的风格。其基本特征是简洁、淡雅、小巧、精致。鲜花不求繁多，只插一两枝便能起到画龙点睛的效果；注重线条、构图的美和变化，以达到朴素大方、清雅绝俗的艺术效果。

根据花材的不同，插花可以分鲜花插花、干花插花、人造花插花和混合式插花；按插花器材和组合方式，分瓶式插花、盆式插花、盆景式插花、盆艺插花。

5. 焚香

焚香，是指人们将从动物和植物中获取的天然香料进行加工，使其成为各种不同的香型，并在不同的场合焚熏，以获得嗅觉上的美好享受。焚香在茶席中，其地位一直十分重要。它不仅作为一种艺术形态融于整个茶席中，同时，它美好的气味弥漫于茶席四周的空间，使人在嗅觉上获得非常舒适的感受。气味，有时还能唤起人们意识中的某种记忆，从而使品茶的内涵变得更加丰富多彩。

茶席中自然香料有：檀香、沉香、龙脑香、紫藤香、甘松香、丁香、石蜜、茉莉等。

香炉应摆放在茶席中不挡眼的位置，多放在茶席的左侧或下位，也可以放在背景屏风边上，不宜放在茶席中位和前位。做到香炉和香品不夺香、不抢风、不遮挡茶席的其他物件。

6. 挂画

挂画，又称挂轴。茶席中的挂画，是悬挂在茶席背景环境中书与画的统称。书以汉字书法为主，画以中国画为主，主要以茶事为表现内容，也可以表达某种人生境界、人生态度和人生情趣。

7. 茶点茶果

茶点茶果，是对在饮茶过程中佐茶的茶点、茶果和茶食的统称。其主要特征是分量较少，体积较小，制作精细，样式清雅。可根据不同的茶、不同的季节、不同的日子、不同的人来选择茶点、茶果。

8. 音乐

音乐的选播在茶席布置与茶艺表演中至关重要。它可以使茶室充满灵气，可以使茶艺表演充满神韵。音乐在茶席设计中的作用：营造艺境；陶冶性情；彰显茶艺主题；增强茶艺感染力。既可以作背景音乐，也可以作主题音乐。

在茶艺表演中，应当根据茶艺所反映的时代背景、社会阶层、民族地域以及茶艺所表达的主题思想来选择适合的音乐或歌曲。

9. 背景

茶席的背景，是指为获得某种视觉效果，设定在茶席之后的艺术物态方式。茶席的价值是通过观众审美而体现的。因此视觉空间的相对集中和视觉距离的相对稳定就显得特别的重要。单从视觉空间来讲，假如没有一个背景的设立，人们可以从任何一个角度自由欣赏，从而使茶席的角度比例及位置方向等设计失去了价值和意义，也使观赏者不能准确获得茶席主题所传递的思想内容。茶席背景的设定，就是解决这一问题的有效方式之一。背景还起着视觉上的阻隔作用，使人在心理上获得某种程度的安全感。

10. 相关工艺品

人们品茶，从根本上来说，是通过感官来获得感受。但影响感觉系统的因素很多，视、听、味、触、嗅觉的综合感觉，也会直接影响品茶的感觉。综合感觉会生发某种心情。相关工艺品，不仅能有效地陪衬、烘托茶席的主题，还能在一定的条件下，对茶席的主题起到深化的作用。

三、茶席设计技巧

1. 题材的选取

（1）以茶品为题材

茶，因其名称、形态、颜色、滋味、香气等特质各不相同，又因其历史文化背景、产地的自然景观、人文习俗、制茶工艺、饮茶习俗等各不相同，都可以成为茶席设计取之不尽的题材。

（2）以茶事为题材

一是重大的茶文化历史事件。一部中国茶文化史，就是由一个个历史文化事件构成的，如“神农尝百草”、陆羽及其《茶经》的问世等，都可以成为我们茶席设计的题材。

二是特别有影响的茶文化事件。指在某个时期特别有代表性甚至影响至今的茶事，如陆羽设计风炉、龚春制壶等。

三是自己喜爱的茶文化事件。令自己印象深刻，符合自己审美情趣的茶事。

（3）以茶人为题材

指爱茶之人、事茶之人、对茶有所贡献的人、以茶的品德作为自己的品德规范之人，均称为茶人。如神农、陆羽、卢仝、苏轼、陆游、皎然、宋徽宗赵佶、乾隆皇帝等都可成为茶艺设计题材。

2. 巧妙的构思

茶席设计的构思过程，就是对选取的题材进行提炼、加工，对作品的主题进行酝酿、确定，对表达的内容进行布局，对表现的形式和方法进行探索的过程。茶席设计的构思，要在“巧”和“妙”上下工夫。“巧”指的是奇巧；“妙”指的是妙极。

（1）茶席设计的生命——创新

①内容上的创新。新颖的内容，设计新颖的服饰，新颖动听的音乐，及其他茶席构成的新颖要素等，都是内容创新的组成部分。

②形式和布局结构上的创新。新颖的内容还要通过新的表现形式来体现。形式是艺术的外在感觉载体。例如，同样是表现花的内容，可用花茶，也可用花景；可用花器，也可用花香；可用插花来点缀，也可用屏风来体现。

（2）茶席设计的灵魂——内涵

内涵是指概念所反映的对象的本质属性的总和。茶席设计的内涵，就是它的灵魂所在。一是内涵的丰富性，二是内涵的深刻性。一个茶席设计作品是否有深度，主要是看它的思想内容。思想的深度，要通过娴熟和精练的艺术手法，将无形的思想不显山不露水地融于作品之中。

（3）茶席设计的价值——美感

①形式美。包括器物美、色彩美、造型美、铺垫美、背景美、结构美等。因茶席设计还需要作动态的演示，所以茶席的形式美还包括动作美、服饰美、音乐美及语言美等诸多内容。

②情感美。真：茶席内容所体现的纯真、率真、真实的感受和茶席形式表现中的真诚及人格力量。

善：茶席内容所体现的某种道德因素。以人为本、人文关怀等内容，都是善的具体体现。

美：心灵的触动和感化是情感美中最动人的一面，也是情感中保留最长久的一种感觉。

（4）茶席设计的精髓——个性

茶席的物态成分几乎全部可原质原型复制，如可重复生产的茶具、花器、香器、铺垫、工艺品、屏风、食品，包括茶本身。这些特性就要求人们的设计对它们在同质同型的基础上，作不同的合成再造，使之具有不同于其他再造的特殊性质，这就是茶席艺术的个性。主要体现在三方面：

一是个性特征的外部形式。如茶的品质、形态、香气；茶具的质感、色彩、造型；茶具组合的单件数量、大小比例、摆置距离、摆置位置；铺垫的质地、大小、色彩、形状、花纹图案等。只要属于人们可直接感知的，都属于茶席的外部形式。例如，同是煮水器，别人以不锈钢的随手泡和陶质紫砂炉为多，此时，若选用一个乡村原质的泥炉，就立刻会显得与众不同。

二是个性特征的角度选择。例如，表现茶文化代代传承的主题，可以从人物的角度加以体现，或将神农、陆羽、吴觉农、少儿茶人等作为线索；也可以从茶具的角度，以古意炉、壶和现代杯承做形似反差，实为相联的处理，就显得角度与众不同。

三是个性特征的思想内容。思想反映一定的深度，立意表现于一定的创新。这也是茶席设计中最体现功力的地方。如采用相同器物、相似结构设计的茶席，由于思想提炼深浅不同，立意形成内容不同，其个性的塑造也有本质的差异。

四、茶席设计赏析

茶席图集

（一）“古韵新茶”茶席

中式古典意境为主题的茶席，犹如一幅精心绘制的历史画卷，在现代空间中徐徐展开，展现出中国传统文化的深邃魅力。深木色圆形茶桌，以其沉稳的色调和自然的木质纹理，奠定了整个茶席古朴庄重的基调。与之相配的木质座椅，简洁而不失庄重，与茶桌相得益彰，仿佛将我们带回古代文人雅士的聚会场景中。

白色陶瓷茶具的选用堪称绝妙。其纯净素雅的色泽与茶桌的深沉形成鲜明对比，使得茶具在茶席上显得格外醒目。茶壶居于中心，茶杯环绕，这种对称式的摆放不仅体现了中式美学的秩序感，更在不经意间彰显了品茶仪式的庄重与典雅。每一件茶具都像是一件艺术品，静静地诉说着中国传统茶文化的源远流长。

红色桌旗无疑是茶席上的一抹亮色。红色在中国文化中象征着吉祥与喜庆，而桌旗上的传统图案则像是岁月留下的印记，承载着历史的厚重。它不仅为茶席增添了色彩上的层次感，更在视觉上营造出一种热烈而庄重的氛围，仿佛在向人们诉说着古老的故事。青花瓷作为中国传统瓷器的杰出代表，其清新素雅的蓝白配色和瓶身上精美的图案，无不体现出工匠的高超技艺。瓶中插着的几枝干花，虽无鲜花的娇艳，却有一种历经沧桑后的 淡然，与青花瓷瓶的古朴相互映衬，将自然之美与古典韵味完美融合。

茶席中红色与蓝白的对比，深色与浅色的衬托，每一种颜色都在自己的位置上发挥着独特的作用，共同营造出既庄重又清新，既沉稳又雅致的古典氛围。木质的自然质感传递出质朴宁静的气息，而陶瓷的优雅韵味则彰显了古典的精致与细腻。 通过各个元素的高低错落和前后排列，营造出丰富的空间层次感，让品茶者仿佛置身于深邃的古典世界中。这一茶席将中式古典元素巧妙地融合在一起，通过色彩、材质、布局等方面的设计，营造出一种宁静、幽雅且富有文化底蕴的品茶环境。

古韵新茶

（二）“凌瑶傲骨”茶席

“凌瑶傲骨”这一茶席主题，仿若在喧嚣尘世中开辟出一方静谧而坚韧的天地，将冬日的凛冽与生命的傲然完美融合，营造出一种深邃且富有诗意的意境。首先映入眼帘的是那如诗如画的植物布局。植物如同自然的使者，流淌于整个茶席空间，它们的枝叶似是轻柔的臂弯，将整个茶席温柔地环抱其中。这些植物并非随意摆放，而是带着一种生命的律动与秩序，它们的存在，像是在寒冷冬日里无声地诉说着生命的坚韧。每一片叶子、每一根枝干都仿佛在寒风中傲然挺立，这与主题中的“傲骨”相得益彰，传递出一种在逆境中坚守自我、不屈不挠的精神力量。

茶席上的花卉无疑是这方天地中的焦点。那绽放的粉色花朵，在绿色植物的簇拥下，恰似冰天雪地中一抹最艳丽的色彩，醒目却又不失和谐。它宛如冬日里的暖阳，用自己的色彩和姿态，为整个茶席注入了生机与活力。象征着在严寒中独自绽放的生命之美，是对“凌瑶傲骨”最直观的诠释。

茶具的摆放则体现了一种含蓄而典雅的东方美学。它们整齐而有序地静卧于茶席之上，与周围的植物、花卉形成一种默契的对话。茶具的材质与色泽，无不透露出古朴与庄重，仿佛在默默诉说着茶文化的源远流长。它们与主题中的“傲骨”相呼应，以一种内敛而沉稳的姿态，彰显出茶文化在岁月长河中的坚韧传承。

茶席的背景，墙上的字画与柔和的灯光交相辉映，营造出一种宁静而悠远的氛围。画轴中遒劲的枝干，红白对比色盛放的花朵，与茶席上的植物、花卉相互映衬，进一步强化了“凌瑶傲骨”的主题。

灯光的运用恰到好处，它如同冬日里的炉火，为整个茶席增添了一份温馨与柔和。灯光洒在茶具、植物和花卉上，形成了一种光影交错的美妙效果，仿佛在寒冷的冬日里为生命披上了一层温暖的羽衣。当品茶者坐于这方茶席前，品着香茗，便仿佛置身于一个超脱尘世的境界。在这寒冷的冬日里，周围的植物和花卉所传递出的顽强生命力，如同一种无形的力量，将品茶者紧紧包围。茶香袅袅升起，与植物的气息交融在一起，每一口茶都仿佛能品出生命的韵味。在这一方天地中，品茶者能够忘却外界的喧嚣与严寒，沉浸在这宁静而惬意的氛围中，感受着生命在逆境中绽放的傲然之美，体会到一种源于内心深处的负暄暖闲之感。

凌瑶傲骨

（三）“清欢”茶席

茶席的主题为“清欢”，营造出一种淡雅、宁静且富有诗意的意境，仿佛将品茶者带入一个超脱世俗的悠然之境。“清欢”一词，蕴含着简单、纯粹的快乐，是一种在平凡生活中发现美好、享受自然的心境。

茶席的布置从整体到细节都完美地诠释了“清欢”的韵味。桌布是深色的底色搭配浅色且富有山水意境的图案，仿佛将山川河流铺展于桌面之上，给人一种置身自然的感觉，体现了“清欢”中对自然之美的追求。这种自然之美，并非是华丽的、张扬的，而是一种质朴、宁静的美，就像在山间小溪旁寻得的一方静谧天地，让人的心灵得到片刻的安宁。

茶具的摆放整齐而有序，色调柔和，与桌布相得益彰。茶具的风格简约而不失精致，没有过多的华丽装饰，却在质朴中透露出一种高雅的气质，这正契合了“清欢”所蕴含的简单、纯粹的快乐。茶杯和茶壶的造型古朴，传递出一种在简单生活中品味茶香的悠然心境。在这一方茶席上，茶具不再仅仅是泡茶的工具，更像是生活中的伴侣，陪伴着品茶者在平淡的日子里寻找那一份属于自己的清欢。

茶席上花瓶中的插花姿态清新，花朵颜色淡雅，与整个茶席的色调相和谐。花朵的自然之美为茶席增添了生机与活力，仿佛在诉说着“清欢”所追求的在平凡事物中发现美好、享受生活的理念。

在这方茶席上，品茶者可以暂时忘却外界的喧嚣与纷扰，沉浸在此时宁静的天地中。茶香袅袅升起，与花朵的芬芳交融在一起，每一口茶都能品出自然的味道和生活的清欢。茶席所营造的意境，让品茶者仿佛置身于山水之间，享受着简单而纯粹的快乐，体会到“人间有味是清欢”的真谛。

清欢

（四）“萱草花”茶席

这组名为“萱草花”的茶席设计，整体呈现出宁静、幽雅的氛围。

在布局与构图方面，茶席较为对称，茶具和装饰物均匀分布，带来和谐、稳定之感，营造出正式庄重的氛围。同时，茶席有明显的层次感，通过不同高度的茶具和装饰物实现，增加了视觉趣味性。

色彩搭配上，绿色桌布作为主色调，象征自然与生机，给人清新、宁静之感，与萱草花主题相呼应。红色茶具在绿色背景下十分醒目，形成强烈色彩对比，增加视觉冲击力。橙色萱花作为点缀色，与红色茶具形成和谐色彩过渡，为茶席增添亮色，使其更生动。

茶具选择上，材质是陶瓷与玻璃结合，既有陶瓷质感，又有玻璃的透明感，设计简洁大方，红色外观与整体色彩搭配相得益彰，显得优雅温馨。电茶壶的选择体现了实用性，且茶具摆放考虑到泡茶流程，方便操作。

在装饰与细节方面，萱草花作为主要装饰元素，与主题契合，增加自然气息，且摆放位置精心设计，起到点缀和平衡作用。茶席上的细节处理得当，茶具摆放整齐，桌布铺设平整，体现了设计者的用心和对茶席文化的尊重。

萱草花

（五）“烟雨江南”茶席

“烟雨江南”这一主题意象深深植根于中国江南地区的传统文化。江南，自古便以水乡泽国、风景秀丽、文化繁荣而著称。其独特的地理环境孕育出了细腻、婉约的文化风格，体现在建筑、园林、诗词、绘画等诸多方面。江南的茶文化更是源远流长，茶席设计以“烟雨江南”为主题，旨在通过茶具和装饰的搭配，展现江南水乡的独特韵味和深厚文化底蕴。

以白色和绿色为主色调。白色象征江南的白墙黛瓦，给人以纯净、素雅之感；绿色寓意江南的清水绿荷，代表着清新与自然。粉色雨伞作为点缀色，如同春日盛开的花朵，为茶席增添了柔美与浪漫的气息，也体现了江南烟雨的朦胧之美。

在茶席中，莲花以插花形式呈现，同时也出现在茶具和桌布的图案上。莲花象征着江南水乡的纯洁与宁静，体现了江南文化中的高雅品质。粉色雨伞是江南的典型符号，其出现在茶席两侧，营造出江南烟雨的朦胧意境，让人联想到细雨中撑伞漫步在江南水乡的情景，增添了浪漫和诗意。茶具采用陶瓷材质，其质感和光泽度体现了江南的精致与典雅。茶壶把手采用竹质和藤质材料，增添了自然气息，使人联想到江南的竹林和田园风光。茶具的摆放错落有致，富有层次感，如同江南水乡错落的建筑和水道。

整个茶席通过对设计元素的巧妙组合，营造出一种宁静、柔美、浪漫且富有诗意的意境。

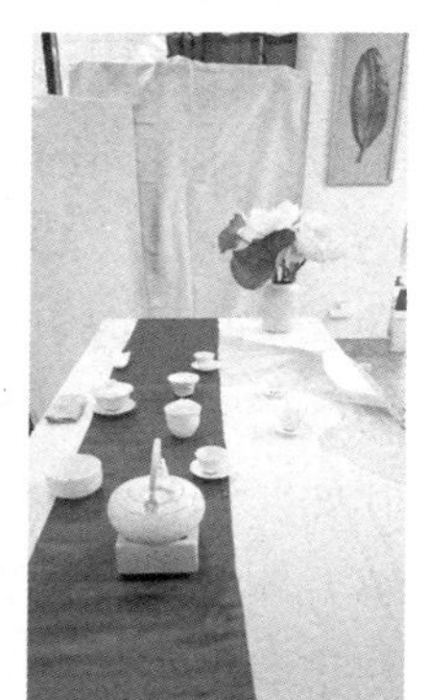

烟雨江南

（六）“邀月听秋”茶席

“邀月听秋”茶席以中秋思念亲人为主题，通过蓝色茶席布营造出海天一色的景象，主题与呈现方式紧密契合。在中秋之夜，以海天一色的场景来传达对远方亲人朋友的思念之情，富有诗意且能触动人们内心深处的情感，使品茶者在品茶过程中沉浸于对亲人的思念。

蓝色茶席布与背景中的满月星空共同营造出宁静、悠远的氛围。海天一色的景象给人以广阔无垠之感，仿佛置身于海边，在中秋夜遥望明月思念远方亲人。这种通过视觉元素实现的意境营造，让品茶者在品茶时既能享受茶香，又能在心灵上获得慰藉和放松。

透明的玻璃茶具在蓝色茶席布的映衬下显得清新雅致。玻璃茶具不仅能展示茶叶形态，还能与茶席意境相融合，给人纯净、透明之感。茶壶和茶杯设计简洁大方，体现简约之美，与宁静的海边景象相得益彰。

色彩搭配上，蓝色茶席布作为主色调，象征大海和天空，带来宁静、深邃的感觉。茶具的透明色与蓝色背景相呼应，形成和谐搭配。背景中的满月和星空为场景增添亮色，使茶席在宁静中不失灵动，营造出梦幻氛围。茶席上散落的茶叶如同海边细沙，这一设计巧妙地强化了海天一色的景象，增加了茶席的真实感，体现出设计者的用心。茶席上的插花装饰为整个场景增添了生机，使茶席在宁静中不失活力。在这种氛围下品茶，能让品茶者的心灵得到放松，思绪随着月光飘向远方的亲人朋友。

邀月听秋

（七）“长白茶韵”茶席

“长白茶韵”茶席将人参作为主要装饰元素，将长白山的地域特色融入其中。长白山盛产人参，人参的出现点明了“长白”主题，带来自然、原生态之感。其红色果实与白色根须形成鲜明对比，象征生命活力与自然纯净。绿色的茶旗象征大自然的生机与活力，与白色桌布搭配，如同长白山的白雪与森林相互映衬，营造出清新、宁静的自然意境。

茶具与茶席和谐统一，透明玻璃茶具的选择十分精妙。其透明材质能展示白茶的色泽和形态，与白茶淡雅、纯净的特质相契合，给人清澈、通透之感，仿佛将长白山的清泉融入茶席，强化了自然、纯净的意境。茶壶的藤编把手设计增添自然气息，使人联想到长白山的森林，带来质朴、原生态的感觉。

色彩搭配上，白色桌布作为主色调，象征白茶的纯净和长白山的白雪，给人简洁、素雅之感，能让品茶者心境宁静。绿色茶旗和人参的红色果实作为辅助色，形成鲜明对比。绿色代表自然生机，红色带来活力，三者搭配和谐，营造出既有宁静之美又不失灵动的意境。

整体布局简洁有序，茶具摆放整齐。这种简洁的布局符合白茶清新淡雅的特性，能让品茶者专注于茶本身，沉浸在“长白茶韵”营造的宁静、自然意境之中，成功营造出清新、自然、宁静且具地域特色的意境，让品茶者仿佛置身长白山美景中感受白茶韵味。

长白茶韵

（八）“伴秋”茶席

这组名为“伴秋”的茶席设计主色调为暖色，金黄色的茶席垫与红色的茶具相呼应，使人联想到秋天的枫叶和丰收的果实，而深色茶席布起到衬托和平衡作用。红色在中国文化中象征喜庆和热情，寓意着收获季节里人们内心的喜悦，金黄色则象征丰收和季节更迭。

茶具选择方面，多种茶具的摆放体现了对传统茶文化的尊重和传承。茶具材质是陶瓷，具有良好保温性能且能更好体现茶香，其简洁优雅的设计符合人体工学且具有观赏性。

装饰品中，橙红色花卉的加入增添了茶席美感，象征着秋天的生机与活力，其摆放位置起到点缀和引导视线的作用。香炉和茶宠等小型装饰品也有独特意义，香炉营造宁静氛围，茶宠具有吉祥寓意，为茶席增添趣味和文化底蕴。

背景与环境上，背景中的书画作品和传统中式家具强化了文化氛围，具古典韵味。柔和的灯光设计不仅让人感到舒适，还能更好地展示茶具和装饰品的细节。整体来看，“伴秋”这一主题通过茶席各元素得以充分体现。

茶席从色彩、茶具到装饰品都围绕秋天展开，同时融入大量传统文化元素。这一茶席设计营造出宁静、幽雅的氛围，让人在品茶时感受秋天的美好和传统文化的魅力。

伴秋

（九）“小满”茶席

“小满”茶席，其设计充满了诗意和雅致。

从整体布局来看，茶席采用了长条形的设计，给人一种延伸感和秩序感。茶席布上印有淡雅的花卉图案，色调柔和，与“小满”这个节气所蕴含的清新、饱满的氛围相契合。

茶席上的茶具摆放错落有致，中心位置放置了一套精美的陶瓷茶具，茶壶和茶杯上有细腻的花卉图案，与茶席布相呼应，展现出和谐统一的美感。茶壶旁边有一个小巧的茶勺，方便取用茶叶。在茶具的周围，还摆放了几只颜色各异的品茗杯，这些杯子颜色淡雅，有黄色、绿色和粉色等，给茶席增添了几分活泼和色彩感。每个杯子下方都有一个精致的杯垫，既美观又实用。

茶席的左上角放置了一个小型的香炉，香炉的设计古朴典雅，用于焚香，营造出一种宁静、祥和的氛围。香炉旁边还有一个小型的装饰物，是与茶相关的小摆件，增加了茶席的文化气息。右侧有一朵盛开的黄色兰花，兰花的姿态优美，花朵绽放，象征着“小满”时节万物生长、生机勃勃的景象。兰花的绿色叶子与茶席的色调相协调，使整个茶席更加自然和谐。“小得盈满 静待盛花”，“小满”茶席传达出一种对生活的感悟和期待，充满了禅意。

小满

【任务训练】

1. 以小组为单位，根据茶席设计构成要素，体现茶文化底蕴，设计一个主题茶席。

2. 以小组为单位选择一款茶，编创一个主题鲜明的表演型茶艺作品。

【拓展链接】

“茶泡”，是“泡茶”吗?

说到“茶泡”，大家会想到什么？“泡茶”这项操作？还是别的什么？那么“茶泡”和“泡茶”之间有没有关系呢？我们一起来看看《中国风俗辞典》中关于“茶泡”词条的解释吧。

茶泡：汉族民间待客食品，流行于江苏南京等地。《金陵岁时记》载：“盐渍白芹芽，杂以松子仁、胡桃仁、荸荠点茶，谓之‘茶泡’。客至则与欢喜团及果盒同献。果盒以山楂糕，镂成双喜字及福寿字式，最为精巧。”

袁崧生《戢影琐记·咏茶泡》诗云：“芹芽风味重江城，点入茶汤色更清，一嚼余香生齿颊，配将佳果祝长生。”“佳果”，指长生果，南京对花生米的俗称。

金陵小吃风味独特，品种繁多，自六朝时期流传至今已有千余年历史，品种多达百十个。《金陵岁时记》是一部专门记载清末至民国初年南京岁时节令民风民俗的著作，从元旦到除夕，尽录了南京的特色民俗和历史趣闻。其中记载要用松子仁、胡桃仁、荸荠这些点茶，称之为“茶泡”，这种典型佐茶食品，也侧面印证了金陵小吃品种繁多，在茶饮佐食方面也有典型的食品代表。

资料来源：旷达斋．“悦读茶书会”公众号（yueduchashuhui），2021-09-01.

任务三　表演型茶艺

【基础知识】

表演型茶艺源于生活，是指通过茶叶的冲泡和品饮等一系列形体动作，反映一定的生活现象，体现一定的主题思想；它依据一定的场景和情节，讲究舞台美术和音乐的配合，使人既得到熏陶和启示，也给人以审美愉悦的一种艺术形式。舞台表演型茶艺在中华大地的茶艺活动中百花齐放、推陈出新。

一、西湖龙井茶艺表演

西湖龙井
茶艺表演

西湖龙井茶以“形美、色艳、香高、味醇”四绝而名闻遐迩。相传杭州龙井村原是个荒凉的小山庄，村子里住着几十户穷苦人家。村头一户是位 80 多岁的老阿婆，没儿没女，无依无靠。老阿婆年老体弱，下不了田，就在房子后面照管着 18 棵老茶树。她为人厚道，心地善良，虽然自己过着穷日子，还要留些茶叶给上山下岭的穷人消暑解渴。

有一年除夕，大雪纷飞，老阿婆正担心没米下锅，这时屋门忽被推开，进来位银发白须的老者。老者边掸雪边问：“老阿婆，做什么呢？”老阿婆一边擦泪，一边答道：“富人过年，杀猪宰羊，肉山酒海，吃喝不尽；穷人过年，缺吃少喝，只得烧茶煮水。”老者又问：“烧茶做啥？”老阿婆说：“给过路的穷人行个方便。”

老者敬佩老阿婆乐善好施的慈悲心肠，有心想帮帮她。他东看看西瞧瞧，只见老阿婆家门旁有口堆满垃圾的旧石臼，里面长满乱草，苍翠碧青，好生旺盛。几根晶莹闪亮的蜘蛛丝从屋檐挂下来，直挂到旧石臼上，像是在偷吸仙汁。

老者目光炯炯地望着老阿婆说：“你不穷，你家屋墙角有宝贝哪！”老阿婆一惊，忙问：“我家有宝贝？”老者指着墙角那个石臼说；“瞧，这就是！”老阿婆眨巴着眼笑道：“别说笑话了，要是宝贝，就送给你吧。”老者说：“你可别后悔，我出重金买下了。”说罢，冒着大雪走了。老者走后，老阿婆心想，他既出重金买了，可这旧石臼太脏，于是找来勺子，把垃圾掏出来，倒到18棵茶树根上，又找了块抹布揩干净。

再说那老者第二天兴冲冲地带人来搬旧石臼。一看，愣住了，忙问：“那宝贝呢？你给弄到哪儿去了？”老阿婆指着旧石臼说：“这不是吗？我已给清理清爽了。”老者跺着脚说：“里面的垃圾才是宝贝，你给弄到哪儿去啦？”老阿婆说：“统统倒在屋后的老茶树上了。”老者一看，果然如此，说道：“真可惜，宝贝全在陈年的垃圾上，你埋在茶树根上，倒好了它们了。”

辞旧迎新，转眼到了第二年的春天。老阿婆屋后的18棵茶树枝粗叶茂，长满了葱绿的嫩芽，芽芽直立，在阳光的照耀下闪闪发光。用此嫩芽制成茶叶，泡后汤清明亮，香味持久，滋味甘鲜，别具一格。

后来，街坊邻居用老阿婆家的茶树籽播种在远近的山坡上。龙井一带漫山遍野长满了茶树，用此地茶树芽叶制成的茶就叫龙井茶。元人虞集有诗为证：“徘徊龙井上，云气起晴昼。澄公爱客至，取水挹幽窦。坐我檐莆中，余香不闻嗅。但见瓢中清，翠影落群岫。烹煎黄金芽，不取谷雨后。同来二三子，三咽不忍漱。”

西湖龙井茶艺表演

步骤	程序标准
西湖龙井介绍	龙井茶含氨基酸、叶绿素、维生素C等成分均比其他茶叶多，营养丰富，有生津止渴、提神益思、消食利尿、除烦去腻、消炎解毒等功效。若以杭州虎跑泉水冲泡，香清味洌，号称杭州“双绝”。在清明前采制的叫作“明前茶”，谷雨前采制的叫作“雨前茶”。素有“雨前是上品，明前是珍品”的说法。龙井茶泡饮时，但见芽芽直立，汤色清洌，幽香四溢，尤以一芽一叶、俗称“一旗一枪”者为极品。
焚香通灵	“茶须静品，香能通灵。”品茶之前点燃这支香，我们会以空明虚静之心，感悟茶带给我们的大自然美好气息。
静寄冰心	今天我们选用玻璃杯来泡茶。晶莹剔透的杯子清润如玉，它寄寓我们对尊贵客人的崇敬之情，恰似一片冰心，藏在玉壶之中。
玉壶含烟	冲泡只能用85℃左右的开水。在烫洗茶杯之时，我们让壶盖敞开盖，壶中的开水随着水汽的蒸发自然降温。现在壶口蒸汽氤氲，仿佛“玉壶含烟”。
冰清玉洁	用沸水清洁玻璃杯，并且给玻璃杯升温，能够更好地释放茶香。
绿茶仙姿	龙井绿茶一向有“四绝”——“形美、色艳、香高、味醇”，赏茶是欣赏她的第一绝“形美”。她纤柔而又韵致风华、隐翠又绿意泛情，宛如神话中的仙女。

续表

步骤	程序标准
群仙待浴	杯底的片片绿羽如仙女一般绰约，仿佛期待着春雨的沐浴。
润泽莲心	温润茶芽，扁平嫩绿的茶芽渐渐舒展开来，如梦初醒，龙井特有的炒豆香慢慢飘散出来。
高山流水	一湖春雨涨秋池，高山流水有知音。现在，温度适宜的开水依次高冲入杯，恰似高山流水，感遇知音。但注水只宜七分满，敬客要留三分情。
春染碧水	杯中的热水溶解了茶里的营养物质，逐渐变为绿色，整个茶水好像被春天染绿了一般。
绿云飘香	碧绿的茶芽，清绿的茶水，在杯中如绿云映空，氤氲的蒸汽使得茶香四溢，清香袭人。
敬奉茗露	双手捧杯，举杯过眉，送到客人面前。
初尝玉液	现在让我们趁热细品这刚刚沏好的玉液。头一口如尝玄玉之膏，云华之液，是不是感到色淡、香幽、汤味鲜雅呢!
再啜琼浆	这是品第二口。二啜感到茶汤更绿、茶香更浓、滋味更醇，并开始感觉舌根回甘，满口生津。
三品醍醐	品第三口茶时，我们所品到的已不再是茶，而是在品春天的气息、盎然的生机，在品人生美妙的韵味。
神游三山	茶要静品、茶要慢品、茶要细品。唐代诗人卢仝在品了七道茶之后写下了传颂千古的茶诗，他说："五碗肌骨清，六碗通仙灵，七碗吃不得也，唯觉两腋习习清风生。"在品了三口茶之后，静心去体会"清风生两腋，飘然几欲仙。神游三山去，何似在人间"的绝妙感受。

二、碧螺春茶艺表演

碧螺春茶艺表演

传说在很早以前，西洞庭山上住着一位美丽、勤劳、善良的姑娘，名叫碧螺。姑娘有一副清亮圆润的嗓子，十分喜爱唱歌。她的歌声像甘泉，给大家带来欢乐。大家十分喜爱她。与西洞庭山隔水相望的东洞庭山住着一位小伙子，名叫阿祥，以打渔为生，为人正直，武艺高强，又乐于助人，因而深得远近人们的爱戴。阿祥在打渔路过西洞庭山时，常常听见碧螺姑娘那优美动人的歌声，也常常看见她在湖边结网的情形，心里深深地爱上了她。

这时，太湖中出现了一条恶龙，它要太湖人民为它烧香，每年送一对童男童女供它奴役，还要碧螺姑娘做它的妻子，如果不答应，它就要刮恶风，下暴雨，掀巨浪，拔树摧房，打翻渔船，让太湖人民不得安宁。阿祥下决心要杀死恶龙。他手持渔叉，潜到湖底，趁恶龙不备，用渔叉猛刺恶龙。一人一龙展开一场天昏地暗、地动山摇的搏斗。最后，阿祥杀死了恶龙，但自己也因流血过多昏过去了。

乡亲们把为民除害的小伙子抬回了家。碧螺姑娘更是因为小伙子杀死恶龙，免除了她的灾难而十分感激。她把阿祥抬到自己家中亲自照料。可是，阿祥的病情一天天恶化，碧螺十分伤心。为了救活阿祥，她踏遍洞庭，到处寻找草药。有一天，姑娘发现一棵小茶树长得特别好。早春寒冷时节，小树却长出了许多芽苞，茶树周围有许多暗红色的血迹。姑娘知道这是由于阿祥鲜血滋润的结果。

她十分爱惜这棵小茶树，每天给小树浇水。早上怕茶树冻坏，对芽苞格外悉心照顾。清明过后不几天，小树伸出了第一片嫩叶。这时阿祥已水米不进，危在旦夕。姑娘泪珠直流，她来到茶树旁边，看到嫩绿的茶叶，心里想：这些茶叶是用阿祥的鲜血滋润的，我采几片叶子给阿祥泡水喝，也表一表我的心意吧。于是姑娘采下几片嫩芽，泡在开水里送到阿祥嘴边。一股醇正而清爽的香气，一直沁入阿祥的心脾，本来水米不进的阿祥顿觉精神一振，一口气把茶喝光，紧接着就伸伸腿伸伸手，恢复了元气。姑娘一见阿祥好了，高兴异常，她把小茶树上的叶子全采了下来，用一张薄纸裹着放在胸前，让体内的热气将嫩茶叶萎蔫。然后拿出来在手中轻轻搓揉，泡茶给阿祥喝。阿祥喝了这茶水后，居然完全恢复了健康。

可是，碧螺姑娘却一天天憔悴下去了。原来，姑娘的元气全凝聚在嫩叶上了。嫩叶被阿祥泡茶喝后，姑娘的元气却再也不能恢复了。姑娘带着甜蜜幸福的微笑死去，阿祥悲痛欲绝，他把姑娘埋在洞庭山顶上。从此，这儿的茶树总是比别的地方的茶树长得好。为了纪念这位美丽善良的姑娘，乡亲们便把这种名贵的茶叶取名为“碧螺春”。

碧螺春茶艺表演

步骤	程序标准
碧螺春介绍	“洞庭无处不飞翠，碧螺春香万里醉。”烟波浩渺的太湖包孕吴越，太湖洞庭山所产的碧螺春集吴越山水的灵气和精华于一身，是我国历史上的贡茶。新中国成立之后，被评为我国的十大名茶之一。
焚香静气	通过焚香来营造祥和、温馨的品茶氛围。
玉真初现	今天我们选用玻璃杯来泡茶。用开水再烫洗一遍本来已是干净的玻璃杯，做到茶杯冰清玉洁，一尘不染。

续表

步骤	程序标准
浮云缥缈	开盖散热，云雾蒸腾，犹如洞庭湖烟雾缥缈之势。
碧螺亮相	“碧螺亮相”，请大家鉴赏干茶。碧螺春其形如螺、其色如碧、其味如春。赏茶是欣赏它的外形。生产一斤特级碧螺春约需采摘七万个嫩芽，她条索纤细、卷曲成螺、满身披毫、银白隐翠，像民间故事中娇巧可爱且羞答答的碧螺姑娘。
雨涨秋池	唐代李商隐的名句“巴山夜雨涨秋池”是个很美的意境，“雨涨秋池”，向玻璃杯中注水，水只宜注到七分满，留下三分装情谊。
飞雪沉江	用茶针将茶荷里的碧螺春依次拨到已冲了水的玻璃杯中去。满身披毫、银白隐翠的碧螺春如雪花纷纷扬扬飘落到杯中，吸收水分后即向下沉，瞬时间白云翻滚，雪花翻飞，煞是好看。
敬奉嘉宾	将香茗奉给客人。
品香审韵	品饮碧螺春应趁热连续细品。第一口品饮碧螺春感到色淡香幽，汤味鲜雅；第二口感到茶汤更绿，茶香更浓，滋味更醇；品第三口时，品味太湖春天的气息，品味洞庭山盎然的生机，品味人生的百味。

三、君山银针茶艺表演

君山银针
茶艺表演

湖南省洞庭湖的君山出产银针名茶。据说君山茶的第一颗种子是四千多年前娥皇、女英播下的。后唐的第二个皇帝明宗李嗣源，将君山银针定为“贡茶”。

君山产茶历史悠久，唐代就已生产、出名，因茶叶满披茸毛，底色金黄，冲泡后如黄色羽毛一样根根竖立而一度被称为“黄翎毛”。相传文成公主出嫁西藏时就曾选带了君山茶。乾隆皇帝下江南时品尝到君山银针，十分赞许，将其列为贡茶。

君山银针茶艺表演

步骤	程序标准
君山银针介绍	君山银针产于洞庭湖中的君山岛。“洞庭天下水”，八百里洞庭“气蒸云梦泽，波撼岳阳城”。产于“君山神仙岛”的君山银针吸收了湘楚大地的精华，尽得云梦七泽的灵气，所以风味奇特，极耐品味。
风华秀丽	冲泡君山银针选用玻璃杯，透过晶莹剔透的玻璃茶具，可以观察到君山银针优雅起伏的茶舞风姿。
银针出山	用茶匙从茶叶罐中取出适量的君山银针放到茶荷中。

续表

步骤	程序标准
银盘献瑞	欣赏君山银针茶，品茶之前首先要鉴赏干茶的外形、色泽和气味。相传四千多年前舜帝南巡，不幸驾崩于九嶷山下，他的两个爱妃娥皇和女英前来奔丧，在君山望着烟波浩渺的洞庭湖放声痛哭，她们的泪水洒到竹子上，使竹竿染上永不消退的斑斑泪痕，成为湘妃竹。她们的泪水滴到君山的土地上，君山上便长出了象征忠贞爱情的植物——茶。君山银针茶便是娥皇、女英的真情化育出的灵物。
流云拂月	温杯是沏茶的重要步骤，杯体升温后不至于茶汤骤冷，影响汤味，旋转杯体，将温杯之水倒出。同时，也有洁净之意，为远客涤去一路风尘，静心享受一杯好茶。
金玉满堂	将茶叶投入到玻璃杯中，金黄油亮的茶芽缓缓落入杯底，寓意祝福诸位茶友家庭幸福，生活甜美，金玉满堂。
洞庭波涌	洞庭湖一带的老百姓把湖中不起白花的小浪称之为“波”，把起白花的浪称为“涌”。通过冲水，玻璃杯中会泛起一层白色泡沫，轻轻转动杯身，让茶芽温润，苏醒。
气蒸云梦	采用凤凰三点头的方法，往玻璃杯里注水至七分满。此时玻璃杯上方的升腾热气，犹如气蒸云梦般唯美。
雾锁洞庭	冲泡后，静心欣赏。玻璃杯中的热气形成一团云雾，仿似君山岛上长年云雾缭绕的景象。
湘女多情	君山银针的茶芽在热水的浸泡下慢慢舒展开来，芽尖朝上，蒂头下垂，在水中忽升忽降，时沉时浮，经过“三浮三沉”之后，最后竖立于杯底，随水波晃动，像是娥皇、女英在水下舞蹈。芽光水色，浑然一体，碧波金芽，相映成趣，煞是好看。
玉液凝香	手捧玻璃杯，送至客人面前。请客人将鼻子凑近，嗅闻君山银针茶汤玉液清纯的茶香。
三啜甘露	小口品啜君山银针茶汤，分三次品尝，细细感受其茶的醇厚、甘甜、鲜爽滋味，回味无穷。
收杯谢客	品罢存心逐白云，四面湖山归眼底。借由一杯君山银针，带大家感受洞庭湖绵延不绝的浩瀚之气。

四、白毫银针茶艺表演

白毫银针
茶艺表演

福建省东北部的政和县盛产一种名茶，其色白如银，形如针，据说此茶有明目降火的奇效，可治大火症，这种茶就叫白毫银针。

相传有一年，政和一带久旱不雨，瘟疫四起。在洞宫山上的一口龙井旁有几株仙树，树叶能治百病，因此要救得众乡亲，就必须要采得仙树来。很多勇敢的小伙子纷纷去寻找，但都有去无回。

村里有一户人家，家中有兄妹三人，志刚、志诚和志玉，兄妹三人商定轮流着去找仙树。这一天，大哥志刚出发前把祖传的鸳鸯剑拿了出来，对弟弟和妹妹说："如果发现剑上生锈，便是大哥不在人世了。"接着就朝东方出发了。他刚来到洞宫山下，只见从路旁走出一位老爷爷，老爷爷告诉他仙树就在山上龙井旁，但上山时只能向前看，不能回头，否则就采不到仙树！志刚听后，一口气爬到了半山腰，只见满山乱石，极其阴森恐怖，这时，他忽然听到背后一声大喊"你敢往上闯！"志刚大惊，猛一回头，霎时，他变成了一块石头立于这乱石岗中。

一天，志诚两兄妹在家中发现剑已生锈，知道大哥不在人世了。于是，志诚拿出铁镞箭对志玉说，我去采仙树了，如果发现箭镞生锈，你就接着去找仙树。志诚走到了洞宫山下遇见白发老爷爷，老爷爷同样告诉他上山时千万不能回头。但当他走到乱石岗时，忽听身后有志刚的声音"志诚弟，快来救我"，于是他猛一回头，也变成了块巨石。

志玉在家中发现箭镞生锈，知道二哥也回不来了。于是，找仙树的重任就落到了自己的肩上。志玉从家里出发后，在途中也遇见了白发爷爷，白发爷爷同样告诉她千万不能回头的话，并且还送给她一块烤糍粑。志玉谢过后继续往前走。不多时，志玉来到了乱石岗，忽闻奇怪的声音四起，于是她用白发爷爷给的糍粑塞住双耳，听到任何响动都坚决不回头。终于，她爬上山顶来到龙井旁，采下了仙树上的芽叶，并用井水浇灌仙树，仙树开花结籽了，志玉十分高兴，急忙采下种子，赶紧下山。过乱石岗时，她按老爷爷的吩咐，将仙树芽叶的汁水滴在每一块石头上，石头立即变成了人，哥哥志刚和志诚也复活了。兄妹回乡后，将种子撒满了山坡。传说这种仙树便是可采制白毫银针的茶树。

白毫银针茶艺表演

步骤	程序标准
白毫银针介绍	白毫银针，简称银针，又叫白毫，属白茶类。素有茶中"美女"之美称。其成品茶形状似针，白毫密披，色白如银，故而得名。白毫银针不经杀青、揉捻等工序，既不失植物的活性，又保存茶叶原初特有的营养，其味温和，有健胃提神之效，祛湿退热之功。
晶莹剔透 玉骨冰肌	今天选用的是玻璃茶具为大家冲泡白毫银针，以观赏银针白毫舒展的过程。

续表

步骤	程序标准
白毫银针 芳华初绽	白毫银针采摘于明前肥壮之单芽，它全身满披白毫，融茶之美味、花香于一体，是茶中珍品。
流云拂月 洁具清尘	冲泡白茶以用玻璃杯或瓷壶为佳。我们选用的是玻璃杯，可以观赏银针在热水中上下沉浮交错的情景。用沸腾的水温杯不仅为了清洁，也为了茶叶内含物能更快的释放。
静心置茶 纤手播芳	置茶要用心思。要看杯的大小，也要考虑饮者的喜好。有些人饮白茶，讲究香高浓醇，大杯可置茶7~8g；有些人喜欢清淡，置茶量可适当减少。即使冲泡量多，也不会对肠胃产生刺激。
雨润白毫 匀香待芳	茶，被称为南方之嘉木，而白毫银针，披满白毫，所以被我们称之为“雨润白毫”。先注沸水适量，温润茶芽，轻轻摇晃，叫作“匀香”。
乳泉活水 甘露源清	好茶要有好水，茶圣陆羽说，泡茶最好的水是山间乳泉，江中清流，然后才是井水。也许是乳泉含有微量有益矿物质的缘故。温润茶芽之后，悬壶高冲，使白毫银针茶在杯中翩翩起舞，犹如仙女下凡，蔚为壮观，并加快有效成分的释放，此时能欣赏到白毫银针在水中亭亭玉立的美姿。
捧杯奉茶 玉女献珍	茶来自大自然云雾山中，带给人间美好真诚。一杯白茶在手，万千烦恼皆休。
春风拂面 白茶品香	啜饮之后，也许您会有一种不可言喻的香醇喜悦之感。它的甘甜、清冽，不同于其他茶类。让我们共同来感受自然，分享健康。

五、正山小种茶艺表演

正山小种
茶艺表演

据传，明末清初时局动荡不安，百姓不能正常生活生产，桐木关是外地人入闽的咽喉要冲。在一年制茶季节里，有一支军队进入桐木关的庙湾，占驻了茶厂，百姓纷纷逃离家园，丢下在制茶叶避祸离去，士兵睡在百姓留下的茶青上。

待兵匪离境后，茶农回家继续加工待制的茶叶，发现因未能及时烘干的茶叶已变软变红并且发黏，但发出一种特别香味。茶农为挽回损失，决定把已经变软的茶叶搓揉成条并采取当地盛产的马尾松木加温烘干，这样一来原来红绿相伴的茶叶变得乌黑发亮，形成特有的一股浓醇的松香味，即桂圆干味，泡出来的茶口感极好。托客商出售，新产品一上市其品质深受客人喜爱。

正山小种茶艺表演

步骤	程序标准
正山小种介绍	正山小种茶是世界上最早的红茶，称为红茶鼻祖，福建武夷山深处汉族茶农于明朝中后期因机缘巧合创制而成。武夷山市桐木关是生产正山小种红茶的发源地，至今已有四百多年的历史。
胭脂凝玉	正山小种冲泡选用白瓷壶，如玉白瓷注入胭脂色的正山小种，凸显茶汤真本色，装点茶席一抹红晕。
初展仙姿	正山小种，茶叶呈灰黑色，茶条索肥壮、紧秀圆直、色泽乌润。
水润青玉	茶是圣洁之物，冲泡之前，我们静心洁具，用这清清泉水，洗净世俗和心中的烦恼，让躁动的心变得祥和而宁静，更能表达我对大家的崇敬之心。
佳茗入杯	“戏作小诗君莫笑，从来佳茗似佳人”宋代著名诗人苏东坡将茶比成让人一见倾心的绝代佳人。佳茗入杯即是将正山小种投入瓷壶中。
润泽香茗	正山小种第一泡茶汤我们一般不喝，直接注入茶船，其目的一是润茶，二是洗茶。
再注清泉	正山小种经过第一泡的润泽后，茶汁已充分浸出，所以出汤时间应该控制在10秒左右。
落霞秋水	将茶水倒入公道杯中，透过玻璃茶器，汤色如落霞映秋水，焕彩流光。
点水留香	将公道杯中的茶汤均匀分入品茗杯中，使杯中之茶的色、香、味一致。斟茶斟到七分满，留下三分是情意。
香茗酬宾	坐酌泠泠水，看煎瑟瑟尘；无由持一杯，寄与爱茶人。茶香悠然催人醉，敬奉香茗请君评。
收杯谢客	请大家细细品茶，尽情享受茶给您带来的安宁与温馨，谢谢！

六、大红袍茶艺表演

大红袍茶艺表演

关于大红袍的传说，《秀才挂红袍》说广为流传。传说有位秀才上京赶考，路过武夷山时病倒在路上。可巧，天心寺老方丈下山化缘，见到病倒的秀才，就叫人把他抬回寺中。方丈见秀才脸色苍白、体瘦腹胀，就将在九龙窠采制的茶叶用沸水泡开，端给秀才说：“你喝上几碗，慢慢就会好的。”

秀才又冷又渴，接过碗就喝，几口下肚，香沁心脾，消疲生津；再喝之后，腹胀减退，烦躁渐消，精神为之一振。如此歇息几天之后，秀才的身体基本康复了，他拜别方丈说：“方丈仗义相救，小生若金榜题名，定重返故地，修整庙宇，再塑金身！”

不久，秀才果然得中状元，并被招为驸马。秀才虽春风得意，但仍未忘报恩之事。一天，皇上见他闷闷不乐，问询他有何心事。秀才如实禀奏。皇上感其报恩心切，便任命他为钦差大臣前往视察。

到了天心寺，状元立即下马，走到前来迎接的老方丈面前，拱手作揖道："老方丈别来无恙！本官特来报答老方丈大恩大德！"方丈又惊又喜，双手合掌道："救人一命胜造七级浮屠，区区小事，状元公不必介怀，阿弥陀佛！"寒暄之后，谈及当年治病之事，状元问是何仙药，方丈说不是什么灵丹仙草，而是九龙窠的茶叶。状元听了认为那是救命的神茶，一定要亲自去看看。

于是，老方丈陪同状元登上了九龙窠，但见谷里云雾弥漫、泉水淙淙，三棵茶树精神抖擞地屹立在崖壁上。

状元深信此神茶能治病，意欲带些回京进贡皇上。此时正值春茶开采季节，第二天老方丈就带领寺内大小和尚攀岩采茶。采来的茶叶由最好的茶师加工制作，并用特制小罐盛装，由状元带回京城。此后，状元差人把天心寺整修一新，重塑了菩萨金身，了却了心愿。

回到朝中，状元听说皇后得病百医无效。状元便向皇上陈述了神茶的神奇药效，并取出茶叶呈上。皇上接过茶叶，郑重地说："倘若此茶真能显灵，使皇后康复，寡人定前往九龙窠赐封、赏茶！"皇帝命人熬煮茶汤让皇后服下。皇后饮服茶汤之后，但觉回肠荡气、痛止胀消、精神渐爽，连饮数日后身体逐渐复原了。后来皇上履行诺言，亲自到武夷山九龙窠，举行隆重的赐封"大红袍"盛典。

说也奇怪，等掀开大红袍时，三株茶树的芽叶在阳光下闪出红光，众人说这是大红袍染红的。后来，人们就把这三株茶树叫作"大红袍"了。大红袍从此就成了年年岁岁的贡茶。

大红袍茶艺表演

步骤	程序标准
大红袍介绍	大红袍产自世界自然、文化双遗产地武夷山，这里不仅是风景名山、文化名山，而且是茶叶名山，大红袍是清代贡茶中的极品，乾隆皇帝在品饮了各地贡茶后曾评价说："就中武夷品最佳，气味清和兼骨鲠。"
恭迎茶王	"千载儒释道，万古山水茶。"在碧水丹山的良好生态环境中所生产的大红袍"臻山川精英秀气之所钟，品俱岩骨花香之胜"。现在我们请出名满天下的茶王——大红袍。
焚香静气	我们焚香一敬天地，感谢上苍赐给我们延年益寿的灵芽；二敬祖先，是他们用智慧和汗水，把灵芽变成了珍饮；三敬茶神，茶那赴汤蹈火、以身济世的精神我们一定会薪火相传。

续表

步骤	程序标准
喜遇知己	乾隆皇帝曾赋诗说："武夷应喜添知己，清苦原来是一家。"这位嗜茶皇帝，不愧为大红袍的千古知音。现在就请大家细细地观赏名满天下的大红袍，希望各位嘉宾也能像乾隆皇帝一样，成为大红袍的知己。
大彬沐淋	时大彬是明代制作紫砂壶的一代宗师，他制作的紫砂壶被后人视为至宝，所以后代茶人常把名贵的紫砂壶称为"大彬壶"。在茶人眼里，"水是茶之母，壶为茶之父"，要冲泡大红袍这样的茶王，只有用大彬壶才能相配。
茶王入宫	将大红袍请入茶壶。
高山流水	武夷茶艺讲究"高冲水，低斟茶"。高山流水遇知音，这倾泻而下的热水，如瀑布在奏鸣着大自然的乐章。请大家静心聆听，希望这高山流水能激发您心中的共鸣。
乌龙入海	我们品茶讲究"头泡汤，二泡茶，三泡四泡是精华"。我们把头一泡的茶汤用于烫杯或直接注入茶盘，称之为"乌龙入海"。
一帘幽梦	第二次冲入开水后，茶与水在壶中相依偎，相融合。
春风拂面	用壶盖轻轻刮去茶叶表面的浮沫。
孕育芬芳	在壶的外部浇淋开水，以便让茶在滚烫的壶中孕育出香，孕育出妙不可言的岩韵。
玉液移壶	冲泡大红袍，用于泡茶的紫砂壶，称之为母壶；用于储存茶汤的公道杯，称之为子壶，把泡好的茶倒入公道杯之中称之为"玉液移壶"。
祥龙行雨	公道杯中的茶汤快速而均匀地注入闻香杯，称之为"祥龙行雨"，取其"甘霖普降"的吉祥之意。
凤凰点头	用点斟的手法斟茶称之为凤凰点头，象征着向各位嘉宾行礼致敬。
天地和合	把品茗杯扣合在闻香杯上称为天地和合，寓意天、地、茶的和谐。
鲤鱼翻身	把扣好的杯子翻转过来称为鲤鱼翻身，寓意事业发达，前程辉煌。
敬献香茗	把冲泡好的大红袍敬献给各位嘉宾。
细闻天香	大红袍的茶香锐则浓长，清则悠远，如梅之清逸，如兰之高雅，如熟果之甜润，如乳香之温馨。现在请大家细闻这妙不可言的天香。
三龙护鼎	三个手指持杯喻为"三龙"，茶杯如鼎，故名"三龙护鼎"，这样持杯既稳当又雅观。
鉴赏双色	大红袍的茶汤清澈明亮，呈深橙黄色，在观赏时请注意欣赏茶水的颜色以及茶水的杯沿、杯中、杯底会呈现出明亮的金色光圈，所以称之为鉴赏双色。
初品奇茗	品头道茶，品茶时我们啜入一小口茶汤不要急于咽下，而是用口吸气让茶汤在口腔中流动并冲击舌面，以便精确地品出这一泡茶的火功水平。
感受心香	大红袍的香气沁人心脾，怡情悦志，让我们带着丰富而浪漫的想象力，去感受大红袍的心香。

七、安溪铁观音茶艺表演

安溪铁观音
茶艺表演

"魏说"——观音托梦

1720年前后，安溪尧阳松岩村有个老茶农魏荫，勤于种茶，又笃信佛教，敬奉观音。他每天早晚一定在观音佛像前敬奉一杯清茶，几十年如一日，从未间断。有一天晚上，他睡熟了，蒙眬中梦见自己扛着锄头走出家门，他来到一条溪涧旁边，在石缝中忽然发现一株茶树，枝壮叶茂，芳香诱人，跟自己所见过的茶树不同。第二天早晨，他顺着昨夜梦中的道路寻找，果然在石隙间找到梦中的茶树。仔细观看，只见茶叶椭圆，叶肉肥厚，嫩芽紫红，青翠欲滴。魏荫十分高兴，将这株茶树挖回种在一口铁鼎里，悉心培育。因这茶是观音托梦得到的，取名"铁观音"。

"王说"——乾隆赐名

相传，安溪西坪南岩仕人王士让在南山之麓修筑书房，取名"南轩"。有一天，他偶然发现荒园间有株茶树与众不同，就移植在南轩的茶圃，朝夕管理，悉心培育，年年繁殖，茶树枝叶茂盛，圆叶红心，采制成品，乌润肥壮，泡饮之后，香馥味醇，沁人肺腑。乾隆六年（1741年），王士让奉召入京，谒见礼部侍郎方苞，并把这种茶叶送给方苞，方侍郎见其味非凡，便转送内廷，皇上饮后大加赞誉。因此茶乌润结实，沉重似铁，味香形美，犹如"观音"，赐名"铁观音"。

安溪铁观音茶艺表演

步骤	程序标准
安溪铁观音介绍	茶叶一片含千古文化，香茗一壶容万载风流。中国是茶的故乡，又是最早发现和利用茶的国家，茶是世界上三大无酒精饮料之一，既是大自然的杰作，也是人工产物。下面将要冲泡的是安溪铁观音，其品质特征是：茶条卷曲，肥壮圆结，沉重匀整，色泽砂绿，整体形状似蜻蜓头、螺旋体、青蛙腿。冲泡后汤色金黄浓艳似琥珀，有天然馥郁的兰花香，滋味醇厚甘鲜，俗称有"音韵"。
佳叶共赏	今天为大家冲泡的是安溪铁观音。
孟臣净心	逆时针两圈淋壶，提高壶身温度。
白鹤沐浴	将壶中的水倒入茶海中，温茶海、温漏网。
观音入宫	把茶漏放在壶口，用茶匙将茶叶拨到壶中。置茶量1/3（淡）或1/2（浓）。
润泽佳茗	沸水冲泡。逆时针两圈，可将紧致的茶叶润泡。

续表

步骤	程序标准
分承香露	俗话说“头泡水，二泡茶，三泡四泡是精华”，乌龙茶铁观音也有这样一说，头泡茶弃而不饮。将头泡茶水分别倒入闻香杯中，温杯。
悬壶高冲	使茶叶旋转而充分舒展开，凤凰三点头式注水，表示向宾客点头致意。
春风拂面	用壶盖把茶叶沫刮一下再盖上。
若琛出浴	将茶海中的水倒入品茗杯中温杯、清洗杯子。
内外养身	将闻香杯中的茶汤分别浇壶身，使壶里外温度一致，茶叶香散发充分。
高山流水	将品茗杯中的水倒在茶盘上，用晶莹的水线勾勒出南方特有的风情。
中和佳茗	茶叶静泡2~3分钟后，用低斟的手法将茶汤倒在茶海里，使茶的汤色均一。
平分秋色	将茶汤分别倒入闻香杯中，茶斟七分满，留下三分是情意，蕴含主人斟茶时“人人平等，天下茶人是一家”的寓意。
敬奉香茗	奉香茶给客人。
鲤鱼翻身	右手拿品茗杯扣在闻香杯上，再用双手食指与中指夹住闻香杯，拇指轻扶品茗杯边缘倒转。“鲤鱼翻身跃过龙门化龙升天而去，借此道程序祝福大家！”
喜闻幽香	将闻香杯轻轻提起，将杯沿搓转一圈，握在手中闻热茶香。
鉴赏汤色	观赏茶汤的色泽。
初品佳茗	一品为三口，即品味人生，人生三品一曰品清苦，二曰品甘冽，三曰回味。品茶时小口喝茶，使茶汤从舌尖到两侧，再到舌根，以判别茶汤的鲜美浓厚等。同时也可以体会茶汤的香气“芳茶灌六清，滋味播九曲”，让我们用心灵来品赏茶之滋味。
收杯谢客	今天的茶艺表演就到这里，谢谢大家！

八、安化黑茶茶艺表演

安化黑茶茶艺表演

汉代名臣张良好茶，谢官后，先云游天下，后带领众徒弟在位于雪峰山余脉的安化渠江神吉山张家冲隐居修道，因留恋这里的奇山异水，便定居于神仙屋场。此时，张良看到山下各处瘟疫肆虐，生灵涂炭，十室九空，便用渠江神吉山的茶叶制成茶片——后称薄片救治乡民。从此渠江茶名声大振，更因薄片方便携带和长时间收藏，百姓皆做此茶，常饮终生无疾。黑茶薄片由此被称为“宗祖薄片”，俗称“张良薄片”。

安化黑茶茶艺表演

步骤	程序标准
安化黑茶介绍	历史上，安化黑茶主要作为“边销茶”销售到西北少数民族地区，是官茶的一种。从安化到边疆，路途遥远，茶一度成为边区贵族的饮品。安化茯砖是安化黑茶中的紧压茶，茯砖茶有“金花”均匀地遍布茶砖，颜色金黄，如点点星光，给粗糙的茶叶增添了不少色彩。金花是安化茯砖特有的一种现象，它发花工艺神秘，具有神奇的药理功效，这是其他茶类无法达到的。
白云红霞展新姿	今天我们选用的是白瓷茶具。包括盖碗（又称三才杯）、公道杯、茶漏、品茗杯、随手泡、茶船、茶道组合。
金花盛开万点黄	安化茯砖旧时需在伏天筑制，且其药效似土茯苓，被称为“茯茶”或“茯砖”。安化茯砖茶色泽黑褐，扁平成块，金花茂盛，遍布砖内，色泽金黄，有助于调理肠胃，可消食，降血糖、血压，口感醇和，深受众多爱茶者的青睐。
和风细雨润万物	沸水轻柔注入盖碗中，转入公道杯，轻摇慢转，如和风细雨，清风拂面，借此道程序以沸水再次清洁茶具，提升杯温，使茶叶的色、香、味充分地体现出来。
金花迎入白玉宫	取适量茶叶，置于盖碗内，茶块放于杯底，显微镜下金花则是颗颗金黄，剔透如珠。
铅华褪去香初现	安化茯砖历经凡尘沧桑，经过润茶，剔除其尘封往事，去除烦杂。经过润茶使茶块充分温润和舒展，茶汁呼之欲出，茶香弥漫。
细水长流味更浓	安化茯砖茶冲泡应低斟慢注，注水时细长缓和，沿碗口右至左回旋入水，茶叶浸泡在沸水中，缓慢舒展，茶汤渐渐浓厚，汤色红亮剔透，金花香浓郁漫出。
斜阳曲水绕楼台	安化茯砖茶冲泡好以后，及时将茶汤倒入公道杯中，茶汤环绕流出，似曲水绕楼台，绵绵不尽，充满诗情画意。
平分秋色共品茶	将茶汤均匀斟入品茗杯中，斟茶七分满，留着三分情，用这杯清茶代表茶人的热情好客。
玉碗盛来琥珀光	安化茯砖茶生产历史悠久，品质独特，汤色明亮似琥珀，初入口时略带刺激，但很快茶味便回复平和醇正，吞咽后舌根部微涩，如果细细品味，便觉甘甜爽口。
全胜羽客醉流霞	品茶是一种诗化的艺术，目观汤色，鼻闻其香，口品其味，享受茶汤、茶香、茶味带来的诗意，进入俗念全消的忘言意境，沉醉在茶的世界中，享受喝茯茶，健康天赋的怡然。

九、普洱熟茶茶艺表演

普洱熟茶
茶艺表演

在巍巍无量山间，滔滔澜沧江畔，有一座美丽的古城普洱，是茶马古道的发源地。清朝乾隆年间，普洱城内有一大茶庄，庄主姓濮，祖传几代都以制茶售茶为业，到老濮庄主这代，他的茶几次被指定为朝廷贡品。

这一年，又到了岁贡之时，濮氏茶庄的团茶又被普洱府选定为贡品。以往都是由老濮庄主和当地官员一起护送贡茶入京，但这年，老濮庄主病倒了，只好让少庄主与普洱府罗千总一起进京纳贡。当时濮少庄主大约二十三四岁，再过几天就打算迎亲了，但是时间紧迫，皇命难违，濮少庄主万般无奈，只好挥泪告别老父和白小姐上路，临行前他们千叮咛、万嘱咐，叫他送完贡茶就赶快回乡。

濮少庄主随同押解官罗千总一道赶着马帮，一路上昼行夜宿、跋山涉水、日晒雨淋、风雨兼程。经过一百多天的行程，从春天走到夏天，总算在限定的日期前赶到了京城。濮少庄主一行在京城的悦来客栈住下，罗千总、押解官兵、马锅头和赶马汉子一伙人因是第一次到京城，不顾鞍马劳顿，兴冲冲地逛街喝酒去了，只有濮少庄主一人思念着家乡的老父及白小姐，没有心思去玩，留在客栈。他想，明天就要上殿进献贡茶了，不知贡茶怎样了。他剥开一个竹箬包裹一看所有的茶饼都变色了。濮少庄主一下子瘫坐在地上，他知道自己闯了大祸，把贡品弄坏了，那可是犯了欺君之罪，是要杀头的，说不定还要株连九族。他想到临行前卧病在床老父的谆谆教导，想到白小姐依依不舍的惜别，想到府县官员郑重的叮嘱和全城父老沿街欢送的情景，想到沿途上的种种艰辛。最后心想："罢了，罢了，与其明天殿前身首异处，不如今天就自我了断，免得丢人现眼。"回到自己住处，解下腰带拴在梁上，就往脖子上套去……

那边罗千总一伙酒足饭饱，买了些北京小吃带回来给少庄主品尝，一进客栈门，就大声叫嚷："少庄主，少庄主，快来尝尝京都小吃。"推门进屋一看，发现公子已经吊在梁上。罗千总大惊，急忙抽出腰刀，砍断腰带，放下少庄主。少庄主醒过来后就只知道流泪，什么也不说。罗千总觉得十分蹊跷，走进装茶的屋子，见一驮一驮的茶全部打开，细细一看，明白了少庄主自杀的原因，心想贡茶出了问题我也难逃干系，就拔出腰刀要往脖子上抹去。店小二等人听到动静，忙跑过来看，一问原因，店小二奇道："你这贡茶好得很嘛，又香又甜。"

这天，正是各地贡茶齐聚、斗茶赛茶的吉日，一大早，乾隆召集文武百官一起观茶品茶，各地进献的贡茶都在朝堂上一字排开，左边是样茶，右边是泡好的茶汤。突然间，他眼前一亮，发现有一种茶饼圆如三秋之月，汤色红浓明亮，犹如红宝石一般，显得十分特别。叫人端上来一闻，一股醇厚的香味直沁心脾，喝上一口，绵甜爽滑，好像绸缎被轻风拂过一样，直落腹中。乾隆大悦道："此茶何名？"太监忙答道："此茶为云南普洱府所贡。""普洱府，普洱府……此等好茶居然无名，那就叫普洱茶吧！"乾隆大声说道。罗千总可是听得实实在在，这可是皇上御封的茶名啊，他忙不迭地叩谢。

普洱熟茶茶艺表演

步骤	程序标准
熟普陈韵	陈韵是越陈越香，是形容好普洱茶，同样也是形容好人一生最切题的一句名言。好普洱茶和美好的生命历程一样，都必须经历一段漫长的成长岁月。在自然真实的环境中走过的普洱茶才会有陈韵，才会给予品茗者共鸣，去领会思古之幽情，引发历史之感悟，激起更强烈美感震撼。
岁月留香	黑、油、亮，是普洱的脸庞，那是高原阳光的恩赐；粗壮朴实，是普洱的身躯，那是山野寒风的功德。没有醉人的芬芳，也没有销魂的美艳，透过岁月的尘埃，展现的是她的厚重与沧桑。
涤尽凡尘	烹茶涤器，不仅是涤净茶器上的尘埃，更重要的是茶人自己纯净心灵的过程。
古木流芳	茶之宿命，早已因缘注定，唯有等水到来，生命才绽放华彩。
如梦初醒	茶叶紧压成饼，用沸水沁润，一点点浸润水分，一点点叶片舒展，古朴的风姿在沉睡中被唤醒，汤色渐变，韵味渐显。
润泽心田	在氤氲的水汽里，释放茶气，不急、不缓，小心翼翼地等待，待她芳香渐溢，润泽光鲜，期许一碗陈韵悠长。
回顾岁月	静下纷乱的思绪，轻轻洗去岁月的铅华，透过淡淡的馨香，淡淡的陈韵，赫然发现，这平平淡淡，竟是难得的时光。
时光倒流	茶汤红艳亮丽，表面上有一层淡淡的薄雾，乳白朦胧，仿佛把你带回到逝去的岁月，让你回味人世间的沧海桑田。
古道问茶	岁月静好，繁华依旧，过往的终究是历史的尘埃。唯有这圆润、包容的茶汤，才能让心灵沉静，在历史的长河中细品这平常而不凡的滋味。
神游古今	细细品味，你一定能品悟出历史的厚重和人生的真谛。有茶，人生何其乐。
行茶谢礼	今天的茶艺表演就到这里，谢谢大家！

十、茉莉花茶茶艺表演

茉莉花茶
茶艺表演

说起茉莉花，人们首先想到的是那首脍炙人口的民间小调《茉莉花》。茉莉属于常绿小灌木，花香清雅而幽远，符合茶道中朴实无华的境界要求。茉莉花为何会入茶呢？民间流传着一个动人的传说。

从前，北京有位茶商叫陈古秋，经常去南方购茶。有一年春天，他在购茶住的客栈前看到一位姑娘在卖身葬父。陈古秋对姑娘的遭遇深感同情，就取出银两帮助少女埋葬了她的父亲，并交给了她一些银两安排好以后的生活。三年后的春天，陈古秋又去南方购茶，客栈老板转交给他一包茶叶，说是两年前那位姑娘放在客栈，请他代为转交的。陈古秋不以为意，只将茶叶随意收起。那几年，陈古秋的茶叶销售一直很平淡，为了打开北方的茶叶市场，他去请教品茶大师，研究北方人爱喝什么茶。在冲泡茶叶的时候，陈古秋正好看到那位姑娘送他的那包茶叶，于是将茶叶冲泡好请大师品尝。大师将碗盖一打开，一股异香扑鼻而来，一位年轻貌美的姑娘双手捧着茉莉花出现在冉冉升起的热气当中，热气散去姑娘也消失不见了。陈古秋大感吃惊。大师惊叹道："过去只听说过'报恩茶'是茶中绝品，不想今天有幸见到，此茶是绝品，制茶会耗尽人的精力，制茶人也活不久矣。"两人感叹过后，大师忽然说："为什么这位姑娘手捧茉莉花呢？"两人将剩下的茶叶又反复冲泡，那姑娘还是手捧茉莉花出现。两人悟出是否姑娘提示他们茉莉花可以入茶。陈古秋尝试着将茉莉花加到茶中，经过反复研制，制出了芬芳鲜灵的茉莉花茶。

茉莉花茶茶艺表演

步骤	程序标准
茉莉花茶介绍	北方人喜爱的茉莉花茶，属于绿茶的再加工茶，又称香片。茉莉花茶是融茶味与花香于一体，茶引花香，花增茶味，相得益彰。茉莉花茶既保持了浓郁爽口的茶味，又有鲜灵芬芳的花香。冲泡品啜，花香袭人，满口甘芳，令人心旷神怡。
恭迎宾客	中国是文明古国，是礼仪之邦，又是茶的原产地和茶文化发祥地。茶陪伴中华民族走过五千年的文明历程。"一杯春露暂留客，两腋清风几欲仙"，客来敬茶是中华民族的优良传统。今天，我们用盖碗茶为大家敬上一式东方奉茶礼。
呈展茶席	瓷质盖碗、茶道组、随手泡、茶罐、茶荷。

续表

步骤	程序标准
敬宣茶德	中国茶文化融哲学、伦理、历史、文学、艺术为一体，是东方艺术宝库中的瑰宝。已故中国当代茶学泰斗庄晚芳教授将茶德归纳为四项：廉、美、和、敬。
精选香茗	中国茶按发酵程度可分为不发酵茶、半发酵茶和全发酵茶。北方人喜爱的花茶属于不发酵绿茶的再加工茶，又称香片。
理火烹泉	示意水壶的位置。
鉴赏甘霖	好茶要用好水来泡，这是爱茶人的古训。在现代生活中，用泉水、矿泉水、纯净水等泡茶效果较好。
摆盏备具	沏泡花茶要用盖碗，碗盖有利于保持香气和便于清洁。盖、碗、托三位一体，象征天、地、人不可分离。
流云拂月	有了好茶好水和适宜的茶具，还要讲究冲泡技艺。温盏是泡茶的重要步骤，它可以给茶碗升温，有利于茶汁的迅速浸出。
茉莉窨城	投放茉莉花茶入杯，芳香窨器。盖碗茶讲究香醇浓酽，每碗可放干茶3g。
云龙泻瀑	泡茶的水温因茶而异。冲泡花茶要用沸水。先注水少许，温润茶芽，然后悬壶高冲，使茶叶在杯中上下翻腾，加速其溶解。
初奉香茗	双手托盖碗，端举至客人面前。
陶然沁芳	在饮用盖碗茶时，用左手托住盏托，右手拿起碗盖轻轻拂动茶汤表面，使茶汤上下均匀。待香气充分发挥后，开始闻香、观色，然后缓啜三口。三口方知味，三番才动心。之后，便可随意细品了。
品评江山	对茶的品味因人而异。评茶方法有眼观、鼻嗅、口尝。花茶以形整、色翠、香气浓酽为好。
茶仓归一	道家认为，万物的一生一灭都遵循着“道”的循环规律。中国茶人自唐代开始提出了“茶道”的概念。古今茶人把温盏、投茶、沏泡、品饮、收杯、洁具、复归，看作是一次与大自然亲近融合的历程，是茶道精神的体现。

【任务训练】

选定一个中华茶文化相关主题的茶艺表演，依据主题，精心挑选茶品，搭配与之相符的茶具，选择合适的铺垫，布置背景，设计表演流程，编排动作，注重与主题契合，撰写设计理念阐述，说明各元素如何体现主题文化意蕴。

【拓展链接】

泡的是茶，修的是你

泡茶，看似很简单的一件事。但越是简单的事，越不容易做好。

在泡茶的过程中，每个人的心境不同，心性不同，泡茶的动作不同，泡出来茶汤的口感也各异。

大家都说：喝茶可以修身养性。日常生活中每一件细微的事情，用心做好了就是修身，就是养性。对于泡茶喝茶而言，每天认真、用心、又自然地泡茶，把每个细节做好了就是修行。

那么该如何对待茶，用心泡好一道茶呢？

1. 对茶要有恭敬心

不论你多么熟悉这道茶，多么熟悉你手中的茶具，每次泡茶时都要有一份恭敬心，恭敬你手中的每一道茶。用心摆好茶具，用心掌握投茶量，用心去感受茶，用心去体验每一道茶汤的滋味变化，及时调整每一次注水的动作与茶叶浸泡的时间。每一次注水、每一次斟茶，做到心随水，水随心。

2. 对茶要有平等心

不论你面前泡的是所谓名茶、高档茶、市值千金的茶，还是一道看似很普通很不起眼的茶，或熟悉得不能再熟悉的茶，请心平气和，一如平常地用心对待。泡茶时，茶的好坏并不重要，重要的是你对待茶的心态。每一次倒出来的茶汤，与其说是你在品茶，不如说是茶在检验你的心境与修养。

3. 以茶为师以茶为戒

你怎么对待茶，茶汤释放出来的就是什么味道。刚开始喝茶时，我们每个人似乎都是茶的师傅，都是品茶大师，我们常对茶指指点点，说这一道茶如何如何，评那一道茶怎样怎样。只有茶无语，静静地承受；只有茶无语，默默地释放。如以茶为师，我们可以学会坚忍；如以茶为戒，我们可以学会包容。

资料来源：“茶情报”公众号（chaqingbao007），2021-09-26.

【项目小结】

- 茶艺表演内涵、要素、类型及艺术特征。
- 茶席设计概念、基本要素、设计技巧。
- 各类表演型茶艺表演。
- 提升学生的审美情趣及艺术品位。

【项目练习】

1. 创设具有中华茶文化及其精神意蕴主题的茶席。
2. 根据你所喜欢的某类茶，编创一套表演型茶艺。
3. 背诵一首茶诗。

项目八

茶瓯香篆小帘栊——茶馆经营

【理论目标】

- 了解茶馆的发展历史。
- 了解茶馆的经营特点。
- 掌握茶馆的运营方式。
- 了解茶馆服务的基本要求。

【实践目标】

- 根据茶馆的市场情况，提出茶馆的经营策略。
- 能够对茶馆的服务提出改进意见。

喜园中茶生

〔唐〕韦应物

洁性不可污，为饮涤尘烦；

此物信灵味，本自出山原。

聊因理郡余，率尔植荒园；

喜随众草长，得与幽人言。

任务一　茶馆概述

【基础知识】

茶馆、茶艺馆是中国民俗文化与传统文化的产物，带有深刻的民族烙印。茶馆的产生发展与社会生活密切相关，并且体现出中国茶文化的传统品格，从而吸引人们参与其中，去感受它、去研究它。

一、茶馆的发展简史

（一）茶馆的萌芽

茶馆最早的雏形是茶摊，据《广陵耆老传》中记载，中国最早的茶摊出现在晋代。“晋元帝时有老姥，每日独提一器茗，往市鬻（yù）之，市人竞买。”也就是说，当时已有人将茶水作为商品带到集市进行交易了。

唐代是茶文化承前启后的重要时期。茶馆在这时期得到了确立。唐代封演的《封氏闻见记》曾记载：“开元中……自邹、齐、沧、棣，渐至京邑城市，多开店馆，煮茶卖之，不问道俗，投钱取饮。”当时茶馆名称繁多，如茶肆、茶坊、茶楼、茶园、茶室等，而且都与旅舍、饭馆结合在一起，尚未形成完全独立经营。

（二）茶馆的兴盛

宋以后城市集镇大兴，且一些大城市三更后仍夜市不禁，商贸地点不再受划定的市场局限。在热闹街市，交易通宵不断，这为茶馆发展提供了一个很好的契机，并促成了茶馆独立经营。接洽、交易、清谈、弹唱都可在茶馆见到，以茶促进人际交往的作用集中凸显出来。宋代不仅开封的茶馆、茶坊兴旺，其他各地大小城镇几乎都有茶肆，《清明上河图》形象生动地再现了那时茶馆的真实情景，宋代的茶馆文化成为市民茶文化的一个突出标志。

宋代茶馆已经讲究经营策略，为了招徕生意，留住顾客，店主常对茶肆作精心的布置装饰。有的茶坊内插花挂画，创造出和谐雅静的环境。陈师道《后山谈丛》记载，宋太祖曾将一幅蜀宫画图“赐东华门外茶肆”。苏东坡有“尝茶看画亦不恶”的诗句，可见在宋代茶馆里挂有字画的还不少，茶客可一边品茗一边赏画，也颇有情趣。宋代茶肆根据不同的季节卖不同的茶水，一般冬天卖七宝擂茶、馓子、葱茶，或卖盐豉汤。夏天卖雪泡梅花酒，花色品种很多。宋代茶馆的茶，主要投合普通市民的品位，一般是“泡茶”“姜茶”，既有放佐料的茶，也有不放佐料的清茶。

宋代茶馆的经营机制已比较完善，大多数实行雇工工作制，已出现了“茶博士”，茶博士是在茶馆里倒茶的伙计，服务周到细致，“敲打响盏”，高唱叫卖，以招徕顾客。茶博士的职业专门化比较强，如宋话本《万秀娘仇报山亭儿》中的茶博士陶铁僧，被主人解雇后，便无别的谋生本领。茶博士是宋代城市中很有特色的市民群体之一。

（三）茶馆普及

元代茶馆业是由宋至明的过渡时期，到明时，随着社会经济的发展，品茶之风更盛，清代茶馆业已经发展到一个鼎盛阶段。一方面明清的文人茶文化明显脱离大众和实际生活，文人注重饮茶的各种细节，过于追求文雅精致。另一方面，茶文化走入寻常百姓家，深入到千家万户，与日常生活紧密结合起来。茶馆、茶楼的普遍存在和茶俗的形成，是明清时期饮茶深入广大民众生活的最重要体现。民间市井细民偶有闲暇，多聚于茶馆品茗，此习清代尤以江南地区为盛。

明代的茶馆，较之宋代，最大的特点是更为典雅精致，茶馆饮茶十分讲究，对水、茶、器都有一定的要求，也注重环境的装饰，多悬挂字画，颇清丽喜人。明代市井文化的发展，使茶馆文化更加大众化。最突出的表现之一是明朝末年面向普通大众的茶摊上出售的大碗茶，开始出现在北京的街头。这种茶摊，只有一张桌子，几条凳子，几只粗瓷碗，十分简单，以贴近大众生活的优势而经久不衰。

清代，北京茶馆进入鼎盛时期，北京作为都城，市民人口激增，各地人文荟萃于斯。乾隆时期的《都门竹枝词》云：“胡不拉儿架手头，镶鞋薄底发如油。闲来无事茶棚坐，逢着人儿唤‘呀丢’。”又云：“太平父老清闲惯，多在酒楼茶社中。”可见当时茶馆之盛况。当时社会相对安定，人们喜欢无事闲坐茶馆，更有些八旗子弟，饱食终日，无所事事，爱打扮得光鲜体面，提着鸟笼泡茶馆。南京在乾隆年间就有著名茶馆鸿福园、春和园，日午则座客常满。茶叶有云雾、龙井、珠兰、梅片、毛尖等，同时供应瓜子、酥烧饼、春卷、水晶糕、烧麦等，南京秦淮河夜间还有茶市。

（四）茶馆的复兴

传统的茶馆在经历了近代的战争和社会动荡以后遭受了很大的破坏，但四川的成都和浙江的湖州一带的茶馆得到较好地保留且顽强地生存下来。改革开放以后不久，以成都为代表的巴蜀文化所在地的茶馆一直得到较好的延续，并且成为成都独特的都市风景。成都的茶馆，最大的特色在于它的简朴随意。任凭是风景名胜、禅寺道观，还是公园闹市、寻常巷陌，总有茶馆。方桌、竹凳随地一摆，铜壶盖碗开水一沏，茶香飘浮茶客自然来。

茶文化的复兴与茶馆的出现，不能不提到台湾，尤其是茶艺与茶馆。台湾是产茶地，但自 20 世纪 50 年代到 80 年代间，传统茶业因产业结构调整呈现萎缩的迹象。同时，在台湾的经济快速发展后，人们不自觉地会去寻“根”，以慰藉心灵，但人们发现其文化根基却在松动，正受“欧美风雨”的冲击。于是，在寻求新的文化消费模式中选择了“茶文化”。在 1976—1977 年，台湾的管寿龄开办了第一家茶艺馆。1978 年，台湾成立了以“茶艺”为工作内容的茶艺协会。茶馆也是在摸索过程中发展起来的，渐渐变成台湾大众休闲聚会的好去处，这是中国传统茶馆在台湾的回归和新发展。

20 世纪 90 年代初，茶艺馆在大陆开始出现并得以发展。它既体现了中华民族茶馆文化的特色，又赋予了新的内涵。如较早出现的“老舍茶馆”，让茶客们在古色古香的氛围里悠然品茶，同时饶有兴趣地欣赏传统艺术节目，既发思古之幽情，也受一番优秀民族文化的洗礼。上海的“宋园茶艺馆”“汪怡记茶艺馆”等都以传统茶文化融合民族文化的特点进行经营，如将茶与饮食文化以及现代娱乐相结合，可说是博采众长、古为今用的妙作。在茶艺馆里面喝茶，不会被干扰，音乐是轻的，说话也轻柔，宁静与悠闲真正回到了你的生活。广州人对茶艺馆的印象是“清心养性，闹中求静”八个字。在西安，雅致的茶坊发展很快，现已达百多家，这些茶坊营造了清幽的环境，格调高雅，并有古典情致。

二、茶馆的社会功能

茶馆作为展示和传播茶文化的重要窗口，对茶产品的消费也有极大的推动作用，拉近了整个茶产业链间的联系，对带动茶叶生产和消费、普及和推广中国传统茶文化起到了不可替代的作用。作为茶产业链延伸的一个重要环节，在“茶文化产业化，茶产业文化化”的理念倡导下，茶馆业发展的特点更加多元化。

1. 休闲功能

体闲的本意是于“玩”中求得身心的放松，以达到身体保健和体能恢复的目的。休闲的功能是多方面的，其主要功能是人们对体力和精力的调整；同时也是人们个性的一种充分展现；又是人们文化生活的一种补充方式。

通过品茶是获得休闲的很好途径。品茶要讲究茶、水、茶具和环境、心境的统一。其中的神妙之处，只有通过长期的细品，才能逐渐切实地体会到。从古到今，不管是城市，还是乡村，茶馆都是人们休闲时寻求的最佳场所之一。人们在茶馆除了品饮香茶、把玩壶具之外，还可以下棋、听戏等等。当然也可邀友小聚、海阔天空、神聊半日。总之，每个人都可以到茶馆放松一下，同时又可以找到各自的乐趣。

2. 审美功能

审美欣赏是人们的一种高层次的精神需求。饮茶之所以被看作是一种文化，主要是因为它在满足人们解渴的生理需要的同时还能满足人们审美欣赏、社交联谊、养生保健等高层次的精神需要。

20世纪70年代台湾开始开设茶艺馆，将泡茶的技艺呈现方式艺术化。在茶艺馆里，茶叶的冲泡过程，就是一项普及茶文化知识且充满诗情画意的艺术活动。沏泡者不但要掌握茶叶鉴别、火候、水温、冲泡时间、动作规范等技术问题，还要注意在整个操作过程中的艺术美感问题。冲泡技艺，大多都能给人以一种美的享受，包括境美、水美、器美、茶美和艺美。茶的沏泡艺术之美表现为仪表的美与心灵的美。仪表是沏泡者的外表，包括容貌、服饰、姿态、风度等；心灵是指沏泡者的内心、精神、思想、情感等，通过沏泡者的设计、动作和眼神表达出来。在安静典雅、整洁舒适、完美和谐的品茶环境里，进行审美欣赏活动，不仅能培养和提高人们对自然美、社会美和艺术美的感受能力、鉴别能力、欣赏能力和创造能力，而且还能帮助人们树立崇高的审美理想、正确的审美观念和健康的审美趣味。

三、茶馆种类

1. 复古茶馆

仿古式茶馆在装修、室内装饰、布局、人物服饰、语言、动作、茶艺表演等方面都以某种古代传统为蓝本，对传统文化进行挖掘、整理，并结合茶艺的内在要求重新进行现代演绎，从总体上展示古典文化的面貌，各种各样的宫廷式茶楼、禅茶馆等就是典型的仿古式茶馆。

2. 自然风情茶馆

自然风情式茶馆突出清新、自然的风格，或依山傍水，或坐落于风景名胜区，或是一所独门大院，它由室外空间和室内空间共同组成，往往营业场所比较大。室外是小桥流水、绿树成荫、鸟语花香，突出的是一种纯自然的风格，让人直接与大自然接触，增加品茗的意境。这种风格是与现代人追求自然、返璞归真的心理需求相契合的，但它对地址的选择、环境的营造有较高的要求，所以现代茶艺馆中此类型茶馆为数不多。

3. 人文庭院茶馆

人文庭院茶馆以江南园林建筑为蓝本，结合茶艺及品茗环境的要求，设有亭台楼阁、曲径花丛、拱门回廊、小桥流水等，给人一种“庭院深深深几许”的心理感受。室内多陈列字画、文物、陶瓷等各种艺术品，让现代都市人在繁忙的生活中去寻找回归自然、心清神宁的感觉，进入“庭有山林趣，胸无尘俗思”的境界。

4. 综合茶馆

综合茶馆的风格比较多样化，往往根据经营者的志趣、爱好，结合房屋的结构依势而建，各具特色。有的是家居厅堂式的，开放式的大厅与各种包房自然结合；有的拱门回廊，曲径通幽；有的清雅、古朴、讲究静雅；有的豪华、富丽，讲究高档气派。内部装饰上，名人字画、古董古玩、花鸟鱼虫、报刊书籍、电脑电视等各有侧重，并与整体风格自然契合，形成相应的茶艺氛围。一般以家居厅堂式的较为多见，既有开放的大厅，又有多种风格的房间，客人可以根据喜好作出选择。现代式茶艺馆往往注重现代茶艺的开发研究，在经营理念上紧跟时代潮流，强调规范化管理和优质服务，通过营造温馨舒适、热情周到的服务氛围来吸引顾客。

5. 民族风茶馆

民族风茶馆强调民俗乡土特色，追求民俗乡土气息，以特定民族的风俗习惯、茶叶茶具、茶艺或乡村田园风格为主线，形成相应的特点。民俗茶艺馆是以特定的少数民族的风俗习惯、风土人情为背景，装饰上强调民族建筑风格，茶叶多为民族特产或当地居民喜爱的茶叶，茶具多为民族传统茶具，茶艺表演具有浓郁的民族风情。

【任务训练】

调研不同风格的茶馆特点。

【拓展链接】

老舍与茶馆

老舍（1899—1966），原名舒庆春，字舍予，老舍是他最常用的笔名，另有絜（jié）青、鸿来、絜予、非我等笔名，北京人，著名作家。

饮茶是老舍先生一生的嗜好，他认为“喝茶本身是一门艺术”。他在《多鼠斋杂谈》中写道：“我是地道中国人，咖啡、可可、啤酒，皆非所喜，而独喜茶。”“有一杯好茶。我便能万物静观皆自得。”老舍本人茶兴不浅，不论绿茶、红茶、花茶，都爱品尝一番，兼容并蓄。他爱花茶，自备有上品花茶。我国各地名茶，诸如西湖龙井、黄山毛峰、祁门红茶、重庆沱茶，他无不品尝。他“茶瘾”很大，称得上茶中“瘾君子”，喜饮浓茶。一日三换，早中晚各来一壶。老舍先生出国或外出体验生活时，总是随身携带茶叶。

茶助文人的诗兴文思，有启迪文思的特殊功效，老舍的习惯就是边饮茶边写作。这可能由于饮浓茶能振奋精神，激发创作灵感。据老舍夫人胡絜青回忆，老舍无论是在重庆北碚或北京，他写作时饮茶的习惯一直没有改变过。创作与饮茶成为老舍先生一种密不可分的生活方式，茶在老舍的文学创作活动中起到了绝妙的作用。

在老舍的小说和散文中，也常有茶事提及或有关饮茶情节的描述。他的自传体小说《正红旗下》谈到，他的降生，虽是“一个增光耀祖的儿子”，可是家里穷，父亲曾为办不起满月而发愁。后来，满月那天只好以“清茶恭候”来客。那时家里“用小沙壶沏的茶叶末儿，老放在炉口旁边保暖，茶叶很浓，有时候也有点香味”。

话剧《茶馆》是老舍后期创作中最重要、最为成功的一部作品。老舍创作《茶馆》是有着深厚的生活基础的。他的出生地小羊圈胡同（今名小杨家胡同）附近就有茶馆，他每回从门前走过，总爱瞧上一眼，或驻足停留一阵。成年后也常与挚友一起上茶馆啜茗。所以，他对北京茶馆非常熟悉，有一种特殊的亲近感。1958年，他在《答复有关〈茶馆〉的几个问题》中说：“茶馆是三教九流会面之处，可以容纳各色人物。一个大茶馆就是一个小社会……我只认识一些小人物，这些人物是经常下茶馆的。那么，我要是把他们集合到一个茶馆里，用他们生活上的变迁反映社会的变迁，不就侧面地透露出一些政治消息么？这样，我就决定了去写《茶馆》。”老舍先生辞世后，他的夫人胡絜青十分关注和支持茶行业的发展。早在1983年，北京第一家个体音乐茶室“焘山庄”开业时，她曾手书对联一副“尘滤一时净，清风两腋生”送去，并亲自前往祝贺开张。

1988年尾，富有北京茶馆文化特色的“老舍茶馆”建成开业，这是中国文化生活中的一件盛事。茶馆坐落在前门西侧“大碗茶”商业大楼三楼，上楼口处迎面是一座老舍先生半身铜像，欣慰地注视着往来宾客。

资料来源：据搜狐网《文人与茶——中国茶文化》等多篇文章整理。

任务二　茶馆运营

【基础知识】

一、茶馆经营筹备

1. 确定市场定位

茶馆的市场定位就是根据茶艺市场的整体发展情况，针对消费者对茶艺的认识、理解、兴趣和偏好，确立具有鲜明个性特点的茶艺馆形象。在开设茶馆之前，茶馆的经营者必须在调查和研究的基础上，对消费者的消费需求和消费水平进行分析，以确定市场范围。通过定位，锁定目标消费者，明确他们选择茶艺馆的标准，有针对性地进行经营和管理，从而更好地吸引顾客，提高茶艺馆的经济效益和社会效益。

2. 选择经营地址

（1）建筑的结构

要了解建筑的面积、内部结构是否适合开设茶艺馆，是否方便装修，有无卫生间、厨房、安全通道等，对不利因素能否找到有效的补救措施。

（2）商业环境

了解周围企事业单位的情况，包括经营的状况、人员情况、消费上的特点等等；周围社区居民的基本情况，包括消费心理、消费习惯、收入高低、休闲娱乐的方式等消费的特点；了解周围其他服务企业的分布以及经营状况，主要了解中高档饭店分布等。必要时，可以进行较深入的市场调查，全面了解周围的消费状况，分析投资的可行性。

（3）场地租金

详细了解租金的数量、缴纳方法、有无优惠的条件、有无转让费等。因为租金是将来茶艺馆经营成本最主要的组成部分，所以必须慎重考虑，慎重作出决定。

（4）水电供应情况

了解水电供应是否配套、方便，能否满足茶艺馆的正常需要；水电设施的改造是否方便，有无特殊要求；排水情况；水费、电费的价格，收费的方式等。

（5）交通状况

交通是否方便，有无足够的停车位置，城管对停车的要求，交通管理状况等。交通与停车是否方便、安全，往往直接影响到客源多少。不良的交通环境，没有足够的停车场地，往往会给经营带来一定的难度。

（6）同业的经营状况

了解在一定地理范围内茶艺馆的数量、经营状况；了解其他茶艺馆的风格、经营特色、经营策略；调查整体竞争状况等。周围茶艺馆的经营状况在一定程度上反映出该地域茶艺馆消费的特色及发展趋势，通过对其他茶艺馆的了解，可以对经营环境有更全面的认识。

（7）当地的政策环境

当地政府及有关管理部门对投资有无优惠政策，了解工商、税务、公安、消防、卫生、文化等部门对服务企业管理的政策法规。

（8）投资的预算

根据资金实力，作出一个基本的投资预算。估算项目包括装修费用，购置物品以及茶具、茶叶的费用，招聘员工的费用，考察费用，证照办理费用，流动资金，办公费用，业务费用，人员工资，员工宿舍的房租及其他费用等。

（9）经营效益分析

根据投资估算及开业后日常费用估算，可以作出盈亏平衡分析，确定一个保本销售额。这样，根据市场调查所收集的资料及对未来经营状况的预测，与邻近其他茶艺馆经营状况的对比分析，再进行相关的比较，基本可以确定是否值得投资。

3. 人员招聘

招聘工作的质量直接影响到茶艺馆日后的经营管理工作。招聘人员合适，不仅有利于提高茶艺服务质量，而且还能够保证员工队伍的稳定性；如果选人不当，不但不利于管理，影响服务质量，而且还会造成较高的人员流动率，增加招聘与培训成本。所以对招聘工作必须给予足够的重视。

（1）招聘的准备工作

为了保证招聘工作的顺利进行，并给应聘者留下较好的印象，在招聘开始前招聘者必须做好以下准备工作：

①印制“应聘人员登记表”。

②定初试、复试的内容和方式。测试的内容包括茶艺知识、社会知识，应聘人员的能力、品质等。方式主要有口试、笔试、现场茶艺表演、具体操作等。

③确定员工的待遇。包括工资、奖金、福利、假期、食宿等。

④招聘负责人及初试、复试人员的确定。

⑤测试标准与考核办法的确定。

⑥确定初试、复试时间及结果的公布方式。

⑦落实面试、笔试、茶艺表演的场地以及所需物品。

（2）招聘员工的种类

主要包括服务人员和管理人员两大类。

①服务人员。服务人员主要负责茶艺馆的服务和销售工作。一般由领班、销售（店员）、收款、引座、保洁等岗位构成。服务员中最重要的人选是领班，需要具备较为丰富的实践经验，因此常由经验丰富的茶艺师担任此职。

②管理人员。管理人员的岗位包括经理、财务、采购、保管等。茶艺馆经理必须有丰富的管理工作经验，并熟悉茶艺馆的相关业务知识。财务人员包括会计和出纳，要能熟练掌握餐饮业会计制度，熟悉税务和银行的各项业务。采购人员要具有鉴别各种茶叶、茶具的能力，熟悉各供应地点和价格差异。保管人员要掌握保管各种茶叶及相关用品的知识和经验，有库房的管理经验。

（3）招聘过程

基本过程如下：

①报名。报名要有固定的地点，由专人负责。报名者要填写“应聘人员登记表”。

②初试。在应聘人员较多时，可以进行初试，淘汰一部分人，以提高复试质量。有的单位把报名过程就作为初试过程。初试可以采取口试的方式，通过与应聘者的交流了解其基本情况。测试者对每个应聘人员客观地作出判断。初

试结束后，测试者把各自的判断综合在一起，确定参加复试人员的名单。

③复试。复试可以采用口试、笔试、具体操作等不同形式。每个测试者都从不同的角度（如语言表达能力、思维反应能力、性格、技能等方面）给应聘者打分。复试结束后，综合各种测试的总体结果，确定录取人员名单。

④签约。录取人员名单确定以后，茶艺馆应以适当的形式公布出来，或直接通知相关人员，并与录取的人员签订劳动合同，在合同中明确工作内容、劳动报酬、福利待遇等相关条款。同时要告知员工培训的时间、地点及注意事项。

二、茶馆的运营策略

1. 主题经营

茶馆经营定位要明确，主题要鲜明，要向客人清楚地传达茶馆的经营理念。主题是茶馆的灵魂。只有主题鲜明的茶馆，才能办出特色，走出一条属于自己的发展之路。

以杭州为例，坊间茶馆有近千家，有以茶艺表演见长的，如太极茶馆；有以自助式茶点为经营模式的，如青藤茶馆、你我茶燕；有主打商务休闲的，如湖畔居；也有集博物、欣赏、品茶于一体的文化性茶馆，如紫艺阁茶馆等。

北京老舍茶馆是以人民艺术家老舍先生及其名剧命名的茶馆，始建于1988年，现有营业面积2600多平方米，是集书茶馆、餐茶馆、茶艺馆于一体的多功能综合性大茶馆，是京味茶馆文化的活化石和再现集萃地。在这古香古色、京味十足的环境里，客人每天都可以欣赏到一台汇聚京剧、曲艺、杂技、魔术、变脸等优秀民族艺术的精彩演出，同时还可以品用各类名茶、宫廷细点、北京传统风味小吃和京味佳肴茶宴。自开业以来，老舍茶馆接待了众多外国元首、社会名流和中外游客，成为展示民族文化精品的特色“窗口”和连接国内外人民友谊的“桥梁”。

2. 针对性销售

茶馆应该追求属于自己的特殊气质。茶馆经营者要分清消费对象，确定自己的客户群，如：针对商务人士的商务茶馆；针对休闲娱乐人员的休闲茶馆；针对球迷的球迷茶馆；专门为摄影爱好者提供交流场所的摄影沙龙茶馆；文人雅士咸集的书画茶馆、京剧茶馆、邮票茶馆等；针对茶艺茶道培训的茶人会所；针对漫画爱好者的卡通茶馆等。

广东茶艺乐园引入了台湾茶艺，主打普洱茶、铁观音、大红袍、单丛、正山小种、特色陈茶等，创立了“茶叶银行——普洱茶俱乐部”，为茶友营造合乎温湿度标准的干仓茶库，同时强调所有茶品来自云南六大茶山无公害茶园，吸引了大批稳定客源。

3. 特色化产品

好的茶馆一定拥有最有特色的产品，凭借不可复制的魅力独领风骚。这些茶馆可以侧重推销主题茶艺、传播茶文化，如和静园茶人会馆；推销独具风格的茶餐、茶点或者养生茶疗，如陕西福宝阁茶楼；展示茶文化的源、史、器、俗，如浙江月湖茶文化博物馆；提供中小型会务茶事服务，如杭州湖畔居；还有一些茶馆兼卖文玩古董，标榜自己“上山种茶，自种自卖”的产业倒溯模式，让顾客信赖其茶叶品质，从而产生极高的忠诚度。

浙江湖州第一滴水茶艺馆以安吉文化为主题，设计“中国竹文化书画碑廊”，主推安吉白茶、如意红、“第一滴水私房茶”，致力于“生态、健康、品质”的茶馆服务平台建设，茶、餐、水、景、材均是原生态产品。

湖南白沙源茶馆标榜白沙古井清澈、纯净的水源，并提供中西名茶、植物药茶，甚至红茶、咖啡，以及多款中西美点。提出了以心意划分出的“随意”“美意”“如意”“情意”“敬意”“禅意”六意茶，用心研制了表达六意茶道内涵的茶具、茶器、茶品。茶馆内有中外名茶近 90 个品种，还有 10 余个品种的咖啡，进口销售国外现代植物药茶。茶馆内长期陈列展卖各种奇石、名贵茶叶和茶具。每个座位配送纯净白沙水，有现作的西点、茶点和煲仔套餐等。

北京张一元天桥茶馆是一个非常富有传统特色的书茶馆。在茶馆内品茶与休闲的同时，还可以欣赏到评书、戏曲、杂技、相声等原汁原味的老天桥民俗文艺演出，为八方宾客提供了娱乐休闲与文化交流的平台。

4. 审美性空间

茶馆空间营造应该从观照客人的“眼耳鼻舌身意”几个方面入手：目之所及的装修风格、灯光明暗、色彩基调、字画装饰、茶席布置、茶器选配、茶食搭配、焚香挂画；耳之所及的音响效果、言语器具之声；嗅之所及的空气味道、花香茶香果香；品之所及的水之甘洁、茶之爽口；触之所及的空间给人带来的舒适度、茶汤的温度、眼神的接触等，都应该通盘考虑。茶馆可以通过茶器的精心搭配来突出茶的味道和茶席的主题，通过灯光设置的变化体现对客人无微不至的照顾，通过插花、焚香、挂画、工艺品的摆设来提升茶空间的品质，用心营造品茗整体环境。可以考虑融入商务、休闲、文化、艺术、复古、收藏、博物、哲学、民俗、风物等多种元素，将茶馆营造成或舒适、或诗意、或温馨、或高雅、或简洁、或恬静、或精致的茶空间。

5. 标准化服务

茶楼茶馆管理要规范，要有整套规章制度，并且让所有的工作人员严格遵守。基本要求包括：要保持门店整洁，台面、茶具干净，环境清静；工作人员保持仪态端庄，礼貌周到，着装、取茶、备器规范，泡茶心静，茶事服务符合标准；茶艺师先培训后上岗，熟练掌握各大茶类冲泡知识，保证茶艺流程规范；能主动介绍相关茶叶知识，正确解答顾客的疑惑；要讲究推销策略与方法，不强买强卖；更要注重与客人的互动及后期跟踪，建立客户信息档案，及时沟通，延伸服务链。茶馆日常管理应注重独立核算，专人负责，日日结算，提升个人效益，激发员工的共同责任意识。

台湾茶人范增平先生曾经说："茶馆没有统一、专业的管理，没有一套系统性的教育，就会出现同级不同水平的茶艺师；如果茶馆发展得好，有能力开连锁店，茶艺师就有了前途感，人才流失的情况也不会频繁发生，茶馆发展也将上一个台阶。企业只有靠全体员工齐心协力才能健康发展，光靠一个老板，绝对走不长远。"

云南弘益茶文化传播中心通过茶之书、弘益茶会、弘益大学堂、弘益手造、弘益茶故事等环节彰显其文化特色，专业的茶学讲师和精美的环境布局以及定期举办的雅集茶会使弘益茶道馆成为传递茶道美学的平台。

三、茶馆品牌打造

在当今市场经济条件下，在茶馆标准达标、服务质量达标的基础上，树立茶馆良好的品牌形象非常重要。

1. 树立以品牌为核心的战略

确立茶馆的品牌核心战略，把企业的品牌深刻地印入消费者的心中。品牌塑造的策略包括：品牌个性、品牌传播、品牌销售、品牌管理等策略。

（1）品牌个性

品牌个性包括品牌命名、包装设计、产品价格、品牌概念、品牌代言人、形象风格、品牌适用对象等。如杭州见山堂茶馆。这是一家清茶馆，茶馆的名字即是茶馆主人的名号，主人将茶与时令相配，春有龙井，夏有福建白茶，秋有岩茶，冬有红茶，而普洱茶则是一年中任何时候喝都适宜的。因主人是书法家，在见山堂，茶案之上半壁白墙悬挂着他笔走游龙的书法作品。茶馆的设计和定位是突出江南文人的生活方式，那便是一片茶叶、一滴墨汁，居处一竿竹，这便是文人雅士的理想居处。这就是见山堂茶馆的个性。

（2）品牌传播

品牌传播的内容主要有广告风格、传播对象、媒体策略、广告活动、公关活动、口碑形象、终端展示等。可以具体执行某一策略，也可以通过整合营销的方案实现大规模的品牌传播。整合营销是为了建立、维护和传播品牌，以及加强客户关系，而对品牌进行计划、实施和监督的一系列营销工作。

（3）品牌销售

品牌销售包括渠道策略、人员推销、店员促销、广告促销、优惠酬宾等。

（4）品牌管理

品牌管理有品牌精神理念的规划、品牌视觉形象体系的规划、品牌空间形象体系的规划、品牌服务理念和行动纲领的规划、品牌传播策略与品牌渠道策略的规划、公关及事件营销策略的规划等。包括队伍建设、营销制度、品牌维护、终端建设、士气激励、渠道管理、经销商管理等。

2. 品牌定位

茶馆由于投资及经营重点的不同，品牌定位亦不同。茶馆的定位就是根据茶艺市场的整体发展情况，针对消费者对茶艺的认识、理解、兴趣和偏好，确立具有鲜明个性特点的茶馆形象，以区别其他经营者，从而使自己的茶馆在市场竞争中处于有利的位置。定位实际上是要解决为谁服务（即目标顾客），提供什么样的服务（服务内容、档次），以什么方式服务（服务手段、方法）等问题。顾客消费都有特定的兴趣和偏好，不同的人选择标准存在一定的差异，在对茶馆的选择上就表现出一定的倾向性。通过定位，确定目标顾客，明确他们选择茶艺馆的标准，就能增强经营管理的针对性，从而更好地吸引顾客，提高茶馆的经济效益和社会效益。

品牌定位是使品牌在社会公众心目中占有一个独特的、有价值的位置的行动。品牌定位过高、定位过低、定位模糊或定位冲突都会危害品牌形象。例如，北京有个避风塘茶楼，开在人流量大的街区，青年人成为这里的主流消费者，价格也比较低。就像“避风塘”这个名字一样，它的定位就是让那些逛街感觉累的人、压力大的上班族们有个停留、交流的地方。

目前国家有了茶楼茶馆的星级评定标准与颁证机构，茶楼茶馆的等级划分根据经营场所、设施设备、提供的服务品质为依据，划分为五个星级，即五星级、四星级、三星级、二星级、一星级。星级越高，表示茶楼茶馆服务等级越高。茶馆不断提高自身的星级评定等级，是茶馆品牌形象塑造的重要手段。

3. 茶馆品牌维护

（1）形象与品牌发展的自我维护

品牌的自我维护手段主要渗透在品牌设计、注册、宣传、内部管理以及打假等各项品牌运营活动中。在品牌的设计、注册与宣传中渗透品牌的自我维护思想，是在品牌创立阶段就应考虑的。因此，在定义品牌阶段，可以将品牌发展的自我维护定义为“企业自身不断完善和优化产品，以及防伪打假和品牌秘密保护措施”，具体包括产品质量策略、技术创新策略、防伪打假策略与品牌秘密保护策略。

（2）形象与品牌发展的法律维护

品牌的法律维护包括商标权的及时获得，驰名商标的法律保护，证明商标与原产地名称的法律保护，以及品牌形象受损时的法律保护。“原产地名称的法律保护”也有类似情况。而“品牌形象受损时的法律保护”不仅因企业和产品不同而措施各异，而且适用的法律条款繁多。因此，将法律维护定义为主要通过商标的注册和驰名商标的申请来对品牌进行保护。

（3）形象与品牌发展的经营维护

品牌发展进入成熟期后，不仅要通过自我维护使产品得到不断更新以维持顾客对品牌的忠诚度，采取法律维护以确保使著名品牌不受任何形式的侵犯，更应该采用经营维护手段使著名品牌作为一种资源能得到充分利用，使品牌价值不断提升。品牌的经营维护是企业在具体的营销活动中所采取的一系列维护品牌形象、保护品牌市场地位的行动，主要包括顺应市场变化，迎合消费者需求；保护产品质量，维护品牌形象，以及品牌的再定位。

【任务训练】

选择一家茶馆，做一份营销策划书。

【拓展链接】

新媒体时代茶馆的经营与管理

不断创新，整合资源

在现代茶行业的经营中整合资源很重要。茶馆的经营者要善于了解和发现资源，积极了解新媒体环境下的各种信息，善于分析各个行业和各种角色的客户资源，多从客户的需求出发，把茶馆打造成一个平台。茶馆经营者要分析客户想在这个平台中得到什么资源，做好资源对接，从而加强客户对茶馆平台的黏性。通过新媒体技术，经营者将茶馆原有的传统线下优势与线上工具相结合，不断创新，实现资源整合。茶馆要对茶叶的质量进行严格的把控，通过追溯茶品供应商的产地、原料与加工环节信息，结合茶叶审评知识来把控产品质量，在茶品质量上提升客户的体验感知，从而稳定客源，有利于茶馆的发展。在把控茶产品质量的基础上，将茶文化推广融入品牌故事和产品中，开发与潮流贴合的茶文化衍生品及一系列的配套服务，做到产品与服务有文化有内涵，既可增加经营收入，又对茶馆的品牌增值和长久经营发展十分有益。例如，茶馆可以通过开设公众号、开发小程序、开通商城等形式，将茶馆的宣传产品和视频资源有机地结合在一起，通过品牌宣传、茶产品加工、茶品冲泡等图文和视频传播出去，让更多的消费者通过新媒体渠道来了解茶馆。茶馆利用互联网资源来扩大茶馆的宣传，拓宽传统的发展路径，从而使茶馆获得更好的发展。

提升文化品位，与时俱进

对于茶馆来说，不管是资源融合还是合作，其本质都是对传播渠道的优化组合。在吸引大量粉丝的基础上，更要逐步增强消费者对茶馆的忠诚度，谋求达到裂变传播。茶馆经营者应深入挖掘茶行业的文化内涵，使茶馆的产品与服务真正体现出文化品位。从硬件到软件，比如茶馆的场景安排，结合网络热门情境来实现同步更新，通过了解消费者的喜好来提高茶馆的创新力度。茶馆可以根据客户的喜爱，利用一些新媒体平台，比如微信公众号、心情留言墙以及一些电子调查问卷来收集整理和分析客户的喜好。结合客户偏好对茶馆的空间利用以及装饰摆件等做出适时的软装调整，设置不同风格的空间，既能够满足老客户的情怀，又不会让客户出现审美疲劳，还能够吸引更多新的客源，甚至能让客户对未来的每一次消费都充满了期待与惊喜。此外，茶馆创办体验感强的场景活动，举办沙龙、展览、商务活动、亲子活动等，将淡季的空闲时间与空间充分利用起来。

资料来源：张婉婷，詹潇洒．新媒体时代茶馆的经营与管理．福建茶叶，2021，43（11）：81–82.

任务三　茶馆服务管理

【基础知识】

服务是茶艺馆的核心产品和主要内容，服务质量是茶艺馆的生命。所以，加强服务管理就成为茶艺馆经营管理的重中之重。

一、茶馆服务的原则

1. 服务标准化

服务标准化是保证茶艺服务质量的最基本要求。客人的需要有基本和共同的一面，茶馆要满足客人的需要，必须制定并执行茶艺服务基本规范，保证茶艺服务的水准。

茶艺服务标准主要包括：迎宾服务、仪容仪表、言谈举止、礼仪礼节的标准；茶艺表演动作标准；有关服务的时间标准，如点茶、泡茶、结账的时间要求；茶叶、茶具、茶点等的质量控制标准；茶艺员的考核标准等。

有效的茶艺服务规范必须是在充分调查分析客人的需要，特别是目标市场客人的需要基础上，并结合茶馆的实际情况加以具体化。有效的茶艺服务规范必须是满足茶艺服务最基本的质量标准，即客人看见的都必须是整洁美观的；凡是提供给客人享用的茶饮产品必须是安全有效的；凡是茶艺服务员工对客人都是热情有礼的。有效的茶艺服务规范必须来源于基层又指导于基层。茶馆在拟定各类服务规范时，不仅要参照客人的基本需求，还要考虑到基层服务员工的操作需求。因此只有来自“群众”的服务规范才能很好地发挥其指导“群众”的作用。

2. 服务诚信化

诚信服务，简言之就是要求茶艺服务人员对顾客要以诚相待，真挚恳切，正直坦率，讲究信誉。随着我国市场经济的不断推进，广大消费者的知识、阅历正在不断提高，对其盲目低估加以欺骗是极不明智的行为。相反，如果茶艺服务人员在服务过程中对顾客诚实无欺，则必为顾客所信任，他们也会放心地进行交易，甚至会成为企业的忠诚顾客。有位著名的外国推销行家曾说过：“信誉仿佛一条细细的丝线，它一旦断掉，想把它再接起来，可就难上加难了。”事实的确如此，对任何一个茶馆企业来说，信誉就是生意存在下去的生命线，一旦失去了信誉，生意便会失去立足之本。

3. 服务情感化

情感，一般是指人们对于客观事物所持的具体态度。它反映人与客观事物之间的需求关系。从根本上讲，人们的需要获得满足与否，通常会引起其对待事物的好恶态度的变化，从而使之对事物持以肯定或否定的情绪。茶艺服务人员的不同情感，往往会导致不同的服务行为：要么是行为积极，要么是行为消极。真挚而友善的情感，具有无穷的魅力和感染力，强烈而深刻的情感，可以促使自己更好地为顾客服务。

茶艺服务人员在自己的工作之中，必须有意识地树立“三心”：一是要细心，即细心地观察顾客；二是要真心，即真心替顾客考虑；三是要热心，即热心为顾客服务。唯有细心、真心、热心这“三心”并具，才能够真正地感动“上帝”，实现茶艺服务人员服务顾客的目标，才能使顾客动心、放心、省心。

诚如一位营销专家所说：“只有在实心实意地帮助顾客的同时，自己才更容易在事业上获得成功，并且还可以品味到生活的无穷乐趣。”

4. 服务艺术化

实物产品给消费者带来生理上的基本满足，而服务产品则给消费者带来艺术上的享受，因此为能更好地展示茶艺之美，演绎茶文化的丰富内涵，茶艺服务人员在进行服务时就要充分体现出礼、雅、柔、美、静的服务艺术要求。

服务过程中，要注意礼貌、礼仪、礼节，以礼待人，以礼待茶，以礼待器，以礼待己。

茶乃大雅之物，尤其在茶艺馆这样的氛围中，服务人员的语言、动作、表情、姿势、手势等都要符合雅的要求，努力做到言谈文雅，举止优雅，尽可能地与茶叶、茶艺、茶艺馆的环境相协调，给顾客一种高雅的享受。

茶艺服务人员在进行茶艺服务时，动作要轻柔，讲话时语调要委婉、温和，展现出茶艺服务特有的柔和之美。

茶美，要求茶叶的品质要好，货真价实，并且茶艺服务人员要通过高超的茶艺把茶叶的各种美感表现出来。器美，要求茶具的选配要与冲泡的茶叶、客人的心理、品茗环境相适应。境美，要求茶室的布置、装饰要协调、清新、干净、整洁，台面、茶具应干净、整洁且无破损等。茶、器、境的美，还要通过人美来带动和升华。人美体现在服装、言谈举止、礼仪礼节、品行、职业道德、服务技能和技巧等方面。

茶馆最忌喧闹、喧哗、嘈杂之声，播放的音乐要轻柔、悦耳，交谈声音不能太大。茶艺服务人员在使用茶具时，动作要娴熟、自如、轻拿轻放，尽可能不发出声音，做到动中有静，静中有动，高低起伏，错落有致。心静，就是要求心态平和。茶艺服务人员的心态要在泡茶时能够通过语言、动作、表情等表现出来并传递给顾客。如果表现不当，就会影响服务质量，引起客人的不满。因此，管理人员要注意观察茶艺服务人员的情绪，及时调整他们的心态，对情绪确实不好且短时间内难以调整的，最好不要让其为顾客服务，以免影响茶艺馆的形象和声誉。

二、茶馆服务流程

1. 准备工作

茶艺馆在开门营业前，应做好各项准备工作，以迎接顾客的光临。首先应对其营业环境进行布置，为客人提供一个幽静、雅致且富有情调的品饮环境；其次要准备好营业时所需的各项用品，并熟悉茶（点）单及当日的特选茶叶、特选茶点；要了解重要宾客的情况和特别事项等。充分的准备工作是优良服务、有效经营的重要保证。

营业场所的卫生。茶艺馆的营业场所主要包括正门入口、大厅服务区、雅间、茶点（水）间、公共卫生间等。总体要求是清洁卫生，即看无杂物，听无噪声，闻无异味。任何杂乱、喧闹、不洁现象都会直接影响到对客服务质量。尤其是公共卫生间，由于茶饮服务的特殊性，使用频率一般较高，因此更要经常进行清理，以保持其整洁、卫生。为保持茶艺馆经营场所的环境与气氛，还要对温度、湿度、通风、采光、噪声以及空气卫生进行有效控制，确保茶艺馆环境的质量水平。

茶艺服务人员应根据每日茶叶销售情况，领取当日所需的各类茶叶，并备好配套的茶具。一般来说茶具会因所泡茶叶种类的不同而有所区别，在器具使用上有些是可以共用的，有些必须根据茶叶的冲泡要求进行个性选配。但无论如何，器具一定要洁净、齐整、无破损。

2. 茶艺服务工作

（1）欢迎顾客

茶艺服务人员在迎接顾客时，既要注意服务态度，更要讲究接待方法，只有这样才能使主动、热情、耐心、诚恳、周到的服务宗旨得以全面贯彻。具体来说，茶艺服务人员在迎接顾客时应站在门店大门的左侧。站立时，挺胸抬头，脚跟并拢，两腿绷直，目视前方，面带微笑，两手在身前（右手在上左手在下）叠合于腹部。当有顾客进店时，茶艺服务人员用左手拉开大门，右手按规范手势引导顾客进入。打开门的同时应当面带微笑、鞠躬 15° 迎接顾客，“您好，欢迎光临，请”。接待团队顾客时，应多次重复问候语，使每一位顾客都能听到。但要注意，重复问候并不是表情单一地简单重复，而要发自内心地欢迎每一位顾客的到来。问候时应当目视顾客，不可东张西望，因为这是极其不礼貌的。

（2）点单

客人入座后，茶艺服务人员应立即送上茶单，为客人提供点茶服务。一般来说，点茶服务可分为被动点茶和主动点茶两种方式。被动点茶是指以客人点茶为主，服务人员只要完整地记录客人的茶饮要求即可。这种点茶方式缺乏主动性，不能适时推销茶饮产品，容易造成茶饮产品特别是新产品的滞销。因此茶艺馆一般提倡主动点茶方式，即服务人员结合客人的个性特征为其推荐合适的茶饮产品，成功的推荐既可以使客人满意，又能为茶艺馆增加茶饮收入。

恰到好处地推荐茶饮产品是一项专业技巧，需要茶艺服务人员掌握好推荐时机，能够根据客人的状况和品饮季节进行推荐，并多用建设性的表述语言，使客人感到服务人员是站在他们的立场上，为他们提供服务，而不是在为谋求茶艺馆的利润进行推销。

（3）茶水服务

①茶叶展示。服务人员在正式冲泡前，应先向客人展示所点的茶叶，并进行简单的介绍。

②清洁茶具。虽然茶艺馆的泡茶用具都是干净卫生的，但出于尊重客人，在泡茶前还要用沸水再次冲淋茶壶、茶杯。这样不但可以使茶具更为明亮洁净，而且可以提高器具的温度，有利于茶香的蕴发。

③投放茶叶。在投放茶叶前，服务人员应向客人询问茶叶的投放量，以便进行正式冲泡。不同的客人对于茶汤的浓淡程度会有不同的要求，因此应根据客人的具体口味需求投放茶叶，掌握好茶汤的浓度。

④冲水。根据所冲泡的具体茶叶，将烧好的沸水凉至合适的温度，采用科学的手法冲入放好茶叶的壶中或杯中。

⑤闷茶。有些茶叶在冲水后需要闷泡一段时间，以利于茶香、茶味的释放。但并不是所有茶叶都需要此道工序，只有那些茶质粗老、外形紧结的茶叶

（如砖茶、沱茶等）才会有此程序，至于那些茶芽细嫩的茶叶，如名优绿茶等，则不需要此道程序，否则会弄巧成拙，影响茶汤的质量。

⑥分茶。将冲泡好的茶汤均匀地分到各杯中，茶汤不宜过满，斟至茶杯的七分满即可，如果是直接用玻璃杯冲泡，只需将茶杯礼貌地放在客人面前。分茶一定要注意茶汤的色泽、浓淡一致，必要时可以将泡好的茶汤先注入公道杯中，再进行沏倒。

⑦敬茶。双手捧住茶杯的下半部，双眼平视客人，面带微笑，将茶杯放在客人前面的茶桌上，并礼貌地说“请用茶”。

⑧品饮。待每位客人都拿到茶杯后，茶艺服务人员可引领客人进行茶叶的品饮。如向客人展示拿杯的手法，品饮茶汤的具体方法等。有些客人则不需要此项服务。

3. 送客服务

（1）收银

结账工作要求准确、迅速、彬彬有礼。客人可以到吧台结账，也可以由服务人员为客结账。茶艺馆的结账方式一般有现付、签单、信用卡等。

现付结账。当客人要求结账时，服务员迅速到吧台取来客人的账单，并将其放在垫有小方巾的托盘（或小银盘）里送到客人面前。为了表示尊敬和礼貌，放在托盘内的账单应正面朝下，反面朝上。如客人对账单有疑问时要耐心解释，必要时可请客人到吧台一起复查。客人付账后，服务员要立即将现金送到吧台，由收款员收款找零，并加盖“付讫”章。服务员将找零和给客人的发票回呈客人并表示感谢。

签单结账。设在饭店内的茶艺馆所接待的客人，如是住店客人可以采用签单的形式一次性结账，最后再按照茶艺馆与饭店事先的约定分成。客人签单时应出具有效房卡或房间钥匙，服务员也应对照房卡上的房号核对与客人所签是否一致。签单一般不在茶艺馆出具发票，而在饭店前台一次性收款时给客人。客人签完单后，服务员应向客人致谢，欢迎再次光临，然后将签过的账单送交吧台。

信用卡结账。认真检查客人提供的信用卡是否有损坏，检查信用卡上的辨认标志（包括行徽、卡号、保险码、签名条、有效日期、人名等）是否符合标准，检查信用卡是否属于银行黑名单上的卡号。信用卡过POS机后核对信用卡上资料与POS机里的是否一致。在POS机上输入消费金额（外币卡输入按汇率折算后的金额），确认打印消费卡纸，交予客人核对，请客人签字。将已签名的签单副联及结算单给客人。

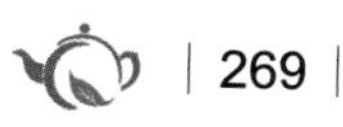

（2）送客

客人起身离去时，服务员应及时为客人拉开座椅，以方便客人行走，并注意观察和提醒客人不要遗忘随身携带的物品。代客保管衣物的服务员，要准确地将物品取递给客人。服务员要有礼貌地将客人送到茶艺馆门口，热情道别，并做出送别的手势，躬身施礼，微笑着目送客人离去。

（3）整理

客人在离开之前，不可收拾撤台。客人离去后，应及时检查桌面、地面有无客人遗留物品，如果发现应及时送还客人。按照规定的要求重新布置桌面，摆设茶具，清扫地面。服务柜台收拾整齐，补充服务用品。清洗、消毒茶具和用具，并按规定存放。经理检查收尾工作，召集服务人员简短总结，交代遗留问题的解决办法。

三、茶艺服务人员管理

茶艺师是茶叶行业中具有茶叶专业知识和茶艺表演、服务、管理技能等综合素质的专职技术人员。这也是茶艺师区别于其他服务人员的原因。茶艺师高出其他一些非专业人士的地方在于他们对茶的理解并不仅停留在感性的基础上，而是对其有着深刻的理性认识，也就是对茶文化的精神有着充分的了解。茶艺师是茶文化的传播者，茶叶流通的“加速器”，茶艺服务是温馨且富有品位的工作。

1. 纪律管理

加强劳动纪律和作风建设，对于茶馆发展是十分必要的。它是提高企业效益，提升企业发展潜力，永葆旺盛市场竞争能力的重要保证。严守操作规程是对茶艺服务人员的要求。茶艺师与顾客之间沟通是直接的，茶艺师的一举一动都直接体现茶馆的整体面貌，直接影响顾客的消费体验，从而影响到茶馆的效益。所以，在茶艺服务人员的管理上首先要规范纪律，所有人都要按照各自岗位的要求，认真履职，敬业奉献。

2. 培训提升

通过培训可以改善员工的绩效，进而改善部门和整个组织的绩效。培训应依据茶馆需求长期、持续、有计划地进行。茶馆里的服务人员学习茶艺，参加茶艺培训是很有必要的，这样能系统地给顾客讲茶、泡茶，实现有效销售，更重要的是通过培训改善环境与提升服务留住客人，这样茶馆才有办法立足。

3. 自我增值

在茶艺人员的管理上，要鼓励茶艺师不断地加强自我素质的提升，茶艺不是一蹴而就的技能，需要融合文化和自身修养持续学习。一名具有精湛技艺和丰富学识的茶艺师能够迅速地征服顾客，能为顾客提供有文化内涵的服务，从而让顾客体会到雅俗共赏的茶文化的内涵真谛，得到味觉与精神上的双重享受。只有鼓励工作人员不断地学习或者进修，才能更好地改变目前总体从业人员职称学历过低、技艺不专业、缺乏相应文化知识的现状，从而给整个茶艺界带来一股崭新的风气。

【任务训练】

模拟茶馆服务工作流程。

【拓展链接】

新式茶馆

在过去，提起中国茶，受众群体的老龄化特征十分明显。而现在，喝茶的“风”，正猛烈吹向年轻人，成为年轻人的生活时尚。“饮茶逐渐成为年轻人的一大爱好，现在大多数的到店客人都是从奶茶咖啡爱好者转过来的。”四川成都，90后茶艺师团喜这样向记者介绍道。

爱喝中国茶的年轻人越来越多，新式茶馆的走红也再次说明了这一点。新式茶馆扎堆活跃，归因于其在社交空间打造和产品创新上等特点，其门店成为网红打卡点，正不断吸引着“新世代”消费群体。美团数据显示，今年以来，围炉冰茶、围炉煮茶等新式茶馆商家数同比增长132%，相关团购订单量同比增长319%。新式茶馆风起年轻人爱上“围炉煮茶”。茶在中国有上千年的历史，新茶饮是中国茶在新时期的延伸。随着行业竞争日益激烈，新茶饮品牌不再拘泥于奶茶一种业态，咖啡、烘焙等业务也有涉足。90后的团喜，原在金融行业工作，业余时间在茶厂兼职。出于对茶饮的喜爱，她在去年辞职和朋友在成都开了家小茶馆。此前兼职过程中，她在云南临沧发现当地人在冬天热爱“火塘烤茶”，这种新奇的喝法，被她引进变成了“围炉煮茶”。“这种新的方式很受当地年轻人喜爱，开业后每天店里顾客爆满。”凭借大众点评等线上平台的运营，成为附近小有名气的新茶馆，受到不少年轻人的追捧，当前到店消费的客户中年轻人占了70%以上。

在成都，新式茶馆风起，服务零售不断释放消费潜力。美团数据显示，今年以来，四川新式茶馆商家数同比增长 250%，相关团购订单量同比增长 13.4 倍，成都为团购销量排行第一的城市。四川围炉冰茶、围炉煮茶等新式茶馆的搜索量同比增长 376.8%。茶艺师“新国标”出炉，新型茶艺师需求猛增，随着年轻消费群体和店主等新生代力量的加入，传统茶饮行业出现不少新变化。

随着国潮市场场景创新和新中式消费的热度不断上升，新式茶馆行业发展快、潜力大。预计到 2030 年，整体市场规模将接近 2000 亿元人民币，未来仍有较大上行空间。并且以 90 后、Z 世代为代表的年轻客群也开始加入茶消费大军。有关让年轻人喝茶的市场氛围也从未停止。从围炉煮茶风靡全国，到围炉冰茶的创新，都受到年轻人热捧。热潮之下，新型茶艺师也成为年轻人的就业新选择。

来源：孟浩 . 喝茶何以成年轻人的生活时尚？成都日报，2023-09-03（003）.

【项目小结】

- 茶馆、茶艺馆是中国民俗文化与传统文化精神的产物，带有深刻的民族烙印。
- 茶馆在唐代兴起，在宋代兴盛，在明清时期普及。
- 中国茶馆的主要经营方式随着社会经济的进步也越来越多样化。
- 经营一家茶馆要在经营管理的同时注重茶馆的文化传播功能。

【项目练习】

1. 选取两个具有代表性的茶馆品牌，一个是本地知名茶馆，一个是全国连锁茶馆品牌。研究它们在品牌定位、品牌个性塑造、品牌传播与维护等方面的策略与措施。

2. 调研茶馆服务人员的管理方法。

参考文献

1. 徐明，于宏 . 茶艺与茶文化 . 中国经济出版社 . 2012 年 .
2. 贯红文，赵艳红 . 茶文化概论与茶艺实训 . 清华大学出版社 . 2010.
3. 罗学亮 . 中国茶道与茶文化 . 金盾出版社 . 2014 年 .
4. 陈文华，余悦 . 茶艺师（基础知识）. 中国劳动社会保障出版社 . 2009.
5. 赵艳红 . 茶文化简明教程 . 北京交通大学出版社 . 2013.
6. 杨涌 . 茶艺服务与管理 . 东南大学出版社 . 2007.
7. 余杨，宋志敏 . 茶文化与茶饮服务旅游教育出版社 . 2014.
8. 朱永兴，周巨根 . 茶学概论 . 中国中医药出版社 . 2013.
9. 徐晓村 . 茶文化学 . 首都经济贸易大学出版社 . 2014.
10. 陆机 . 传统茶艺 . 东方出版社 . 2010.
11. 鄢向荣 . 茶艺与茶道 . 天津大学出版社 . 2013.
12. 程启坤等 . 茶及茶文化 . 上海文化出版社 . 2010.
13. 叶羽 . 中国茶诗 . 中国轻工业出版社 . 2004.
14. 乔木森 . 茶席设计 . 上海文化出版社 . 2010.
15. 王玲 . 中国茶文化 . 九州出版社 . 2009.
16. 陈小平 . 茶艺服务技术 . 西南交通大学出版社 . 2014.
17. 杨学富 . 茶艺 . 东北财经大学出版社 . 2015.
18. 林治 . 中国茶艺学 . 中国出版集团世界图书出版公司 . 2011.
19. 王莎莎 . 茶文化与茶艺 . 北京大学出版社 . 2015.
20. 马小玲，潘素华 . 茶艺 . 高等教育出版社 . 2023
21. 少林木子 . 悠香古韵茶典故 . 内蒙古文化出版社 . 2010.
22. 王庆 . 评茶员（2016 版）. 中国茶叶流通协会 . 2016.
23. 陈文华，余悦 . 国家职业资格培训教程茶艺师 . 中国劳动社会保障出版社 . 2004.

24. 詹梓金 . 茶艺师（初级）. 中国劳动社会保障出版社 . 2008.

25. 张木树 . 茶艺师（中级）. 中国劳动社会保障出版社 . 2008.

26. 陈俊彬 . 茶艺师（高级）. 中国劳动社会保障出版社 . 2008.

27. 杨玉琴 . 英式下午茶的慢时光 . 河南科学技术出版社 . 2017

28. 周智修，江用文，阮浩耕 . 茶艺培训教材 . 中国农业出版社 . 2021

29. 周继红，王岳飞 . 第一次品绿茶就上手（第 2 版）. 旅游教育出版社 . 2023.

图书在版编目（CIP）数据

茶艺与茶文化 / 潘素华，李柏莹主编. -- 3版.
北京 : 旅游教育出版社, 2025. 3. -- (新形态一体化教材). -- ISBN 978-7-5637-4850-1

Ⅰ. TS971.21

中国国家版本馆CIP数据核字第2025HV2517号

新形态一体化教材

茶艺与茶文化（第3版）

潘素华　李柏莹　主编

策　　划	赖春梅
责任编辑	赖春梅
出版单位	旅游教育出版社
地　　址	北京市朝阳区定福庄南里 1 号
邮　　编	100024
发行电话	（010）65778403　65728372　65767462（传真）
本社网址	www.tepcb.com
E - mail	tepfx@163.com
排版单位	北京旅教文化传播有限公司
印刷单位	天津雅泽印刷有限公司
经销单位	新华书店
开　　本	710毫米×1000毫米　1/16
印　　张	17.75
字　　数	258 千字
版　　次	2025 年 3 月第 3 版
印　　次	2025 年 3 月第 1 次印刷
定　　价	52.00 元

（图书如有装订差错请与发行部联系）